土木工程专业本研贯通系列教材

防灾减灾工程学导论

邢国华　主　编

邓龙胜　杨利伟　副主编

中国建筑工业出版社

图书在版编目（CIP）数据

防灾减灾工程学导论 / 邢国华主编；邓龙胜，杨利
伟副主编. — 北京：中国建筑工业出版社，2023.10
土木工程专业本研贯通系列教材
ISBN 978-7-112-28645-4

Ⅰ. ①防… Ⅱ. ①邢… ②邓… ③杨… Ⅲ. ①灾害防
治—高等学校—教材 Ⅳ. ①X4

中国国家版本馆 CIP 数据核字(2023)第 069406 号

责任编辑：李笑然　吉万旺
责任校对：李美娜

土木工程专业本研贯通系列教材

防灾减灾工程学导论

邢国华　主　编

邓龙胜　杨利伟　副主编

*

中国建筑工业出版社出版、发行（北京海淀三里河路 9 号）
各地新华书店、建筑书店经销
北京红光制版公司制版
北京云浩印刷有限责任公司印刷

*

开本：787 毫米×1092 毫米　1/16　印张：17　字数：376 千字
2023 年 5 月第一版　　2023 年 5 月第一次印刷
定价：**49.00** 元（赠教师课件）
ISBN 978-7-112-28645-4
（41089）

在全球气候变暖背景下，我国极端天气事件多发、频发，地震、飓风、高温、暴雨、洪涝、地质灾害等自然灾害易发高发。随着新型城镇化、建筑工业化持续推进，基础设施、高层建筑、城市综合体、水电油气管网等加快建设，各类承灾体暴露度、集中度、脆弱性不断增加，灾害风险的系统性、复杂性持续加剧。面对复杂严峻的自然灾害形势，防灾减灾工作中对专业基础知识的学习和专业理论的掌握尤为重要。

本书针对常见的灾害类型，详细论述了各类灾害的危害、防灾减灾方法及发展趋势。全书共分为7章，在概要介绍灾害类型、危害及相关防灾减灾工程的基础上，详细论述了地质灾害、地震灾害、风灾灾害、火灾灾害、洪水与洪涝灾害等的基本特征、评价方法、防灾减灾措施和对策等，并阐述了城市防灾减灾规划的主要内容、方法、流程及趋势。

本书可作为土木工程专业的本科生、研究生教材，也可供相关工程技术人员、教研及科研人员参考。

为支持教学，本书作者制作了多媒体教学课件，选用此教材的教师可通过以下方式获取：1. 邮箱：jckj@cabp.com.cn；2. 电话：(010) 58337285；3. 建工书院：http://edu.cabplink.com。

前　言

从古至今，灾害就一直与人类共存，给人类带来了巨大的损失，人类也为预防灾害和减轻灾害损失做了巨大的努力。尤其随着我国新型城镇化的发展，城市数量和城市覆盖面积也逐渐增加，城市的人口分布越来越密集，这就直接导致城市在遭遇强灾后，人员伤亡和经济损失日渐上升，从而影响一个城市甚至一个区域的可持续稳定发展。那么，如何避免或减轻城市发生灾害之后的人员伤亡和巨大经济损失已经成为当前社会的主要问题。

高等学校为土建类专业本科生、研究生相继开设了防灾减灾工程学课程，使土木工程和相关专业的学生能够增强防灾减灾意识，掌握防灾减灾的基本原理和专门技术。当前，土木工程专业发展也重视学科交叉融合，这也对人才培养工作提出了新挑战。因此，有必要编写一本较为全面且系统的"防灾减灾工程学"的教材。作者在老一辈学者的教学成果及防灾减灾学科领域的最新研究成果基础上，结合近年来为研究生讲授防灾减灾工程学相关课程的教学实践经验，编写了本教材。

本书系统建立了城乡基础设施防灾减灾工程学的基本框架，内容系统翔实、深入浅出，可读性强。本书编写工作分工为：长安大学邢国华教授撰写第1章，邓龙胜教授撰写第2章，武艳如博士和常召群博士共同撰写第3章，冯超博士撰写第4章，马恺泽副教授撰写第5和第7章，杨利伟教授撰写第6章。全书由邢国华教授统稿。

本书涉及多个学科，知识面广，可作为土木工程、水利工程、城市规划、消防工程、安全工程等专业的研究生教材，也可供从事防灾减灾工程研究、设计与管理的技术人员参考使用。

作者虽然长期从事土木工程防灾领域的科学研究和工程实践，但限于知识面的局限性，书中难免存在疏漏和不当之处，敬请使用本书的师生及其他读者批评赐教。

目　　录

第1章 灾 害 学

我国是世界上遭受灾害最为严重的国家之一，灾害种类多，成灾比例大，受灾面积广。"灾"，是甲骨文字形，像火焚屋的形状，人类早期家中失火，视为大灾。"祸兮福所倚，福兮祸所伏"的"祸"即指"灾害、灾难"。灾害给我国带来了巨大经济损失和人员伤亡。但是，只要科学认识灾害、了解灾害[1]，揭示灾害发生的客观规律，就可有效预防灾害发生，减轻灾害造成的损失。

1.1 灾害类型与分级

1.1.1 灾害的含义

灾害是指由于自然的、人为的或人与自然的原因，对人类的生存和社会发展造成损害的各种现象或事件。换言之，灾害是事物运动、变化、发展的一种极端表现形式，其特点是损害人类利益、威胁人类生存和可持续发展。

自然灾害是指给人类生存和发展带来各种祸害的自然现象。事实上，作为威胁人类生存的灾害并非局限于各种自然现象，还有各种损害人类自身利益的社会现象，诸如火灾、爆炸、空难、车祸撞击、三废污染、工程事故以及社会动荡、战争、犯罪等。这些危害社会的现象，普遍存在于社会的各个领域且时有发生。究其原因在于人类社会种种行为的不规范或不恰当，从而给人类生存和发展造成了严重的危害，这是另一类灾害。把这种人类社会内部由于人的主观因素和社会行为失调或失控而产生的危害人类自身利益的社会现象，称为社会灾害。因它是人类自身原因所致，故也称为人为灾害[2]。

尽管当前灾害尚无严格的统一定义，但是其一般性特征可以总结阐述如下：

（1）危害性。灾害会对人类生命、财产以及赖以生存的其他环境和条件产生严重的危害性，危害程度往往是本地区难以承受而需向外界求助。

（2）突发性和永久性。绝大多数灾害是在短时间内发生、造成惨重损失，如地震、泥石流、爆炸等。目前，每年虽因交通事故造成的死亡人数较大，但它是由不同地点和时间所发生事故的累加结果，不具有突发性特征，因而通常不将其列为灾害。另外，许多灾害是由自然界的运动变化造成的，如地震、台风和洪水等，经常发生。

（3）频繁性和不重复性。各种灾害都按一定规律频繁发生，相互间交织诱发。虽然地震、洪水和台风等部分灾害的发生具有一定的周期性或准周期性（灾变期），但这些灾害又不会完全按周期重复发生。

（4）广泛性与区域性。各种灾害的分布十分广泛，几乎遍及地球的每一个角落。但是，世界各地区由于自然环境、人类活动、经济基础和社会政治等方面存在差别，灾害的类型、特性及其产生的影响将会有所差异。

1.1.2　灾害的分类

1. 自然灾害和人为灾害

灾害发生的原因主要有自然变异和人为影响。自然变异和人为影响之间的相互作用有时也会引发灾害，其中由自然变异引起的，但表现为人为性灾害的称为自然人为灾害，如洪水过后瘟疫蔓延成灾；由人为影响产生的，但表现为自然灾害的被称之为人为自然灾害，如因开山建房或修路不当引起的滑坡、开采地下水过量引起的地面沉陷等。

对于许多灾害，特别是大灾的发生，常常会诱发出一连串的其他灾害，这种现象叫灾害连发性或称灾害链。例如，某加油站的邻近建筑内发生人为火灾，消防队未能及时有效控制火灾蔓延，使得加油站储油容器发生了爆炸，大火—爆炸便形成了一个人为灾害链。1960 年 5 月 22 日，智利接连发生了 7.7 级、7.8 级、8.5 级三次大地震，在瑞尼赫湖区引起了 300 万 m³、600 万 m³ 和 3000 万 m³ 的三次大滑坡，先后进入瑞尼赫湖后，致使湖水上涨 24m 并造成外溢，洪水导致附近的瓦尔迪维亚城水深达 2m，使 100 万人无家可归。2008 年，5·12 汶川地震中，在四川省的 9 个县市区发生严重山体滑坡，形成了 34 处堰塞湖，水量在 300 万 m³ 以上的大型堰塞湖有 8 处，100 万～300 万 m³ 的中型堰塞湖 11 处，100 万 m³ 以下的小型堰塞湖 15 处。至 6 月 10 日 1 时 30 分，唐家山堰塞湖达到最高水位 743.10m，水面几近堰塞湖堰顶溢流口，坝前水深 76.45m，形成库容超过 2.4 亿 m³，成为 5·12 汶川地震后威胁最大的次生灾害，引起了国内外的高度关注。四川 5·12 地震灾区以唐家山堰塞湖为代表的地震堰塞湖——堰塞坝溃决形成大洪水灾害链的现实可能性和潜在危险性急剧增加。

2. 原生灾害、次生灾害和衍生灾害

灾害链中最早发生的、起主导作用的灾害称为原生灾害，由原生灾害所诱发的其他灾害统称为次生灾害。例如，在上述实例中，地震为原生灾害，洪水或海啸则为次生灾害。但在许多情况下，在灾害过程或灾害链没有完全理清前，划分原生灾害与次生灾害只具有相对意义。例如，在上述智利地震引发的灾害链中，若仅从日本的范围来看，则海啸是原生灾害，水灾则是次生灾害。

灾害发生后，受灾地区人民的生存条件和社会环境遭受破坏，由此还会出现一系列的社会危害，称为衍生灾害。例如，大地震的发生会使幸存者产生心理疾病，社会秩序混乱并可能出现抢劫等犯罪行为，使人民生命财产再度遭受损失。再如，洪灾后地表与浅部淡水极度污染，气温高、空气湿度大，人们生活用水不洁，蚊蝇滋生，从而导致传染性甚至瘟疫的蔓延，从而加深灾区人民的痛苦[3]。

若以自然灾害发生的原因来划分，我国自然灾害又可大致分为以下几个子类：

（1）地质灾害：地震，火山爆发，山崩，滑坡，泥石流，地面沉陷等。

（2）气象灾害：暴雨，洪涝，热带气旋，冰雹，雷电，龙卷风，干旱，酷热，低温，雪灾，霜冻等。

（3）生物灾害：病虫害，森林火灾，沙尘暴，急性传染病等。

（4）天文灾害：天体撞击，太阳活动异常等。

（5）其他如雪崩、冰崩、海啸、鼠害等。

从过程特性看，自然灾害大致可以分为四种类型：

第一种是突变型，如地震、泥石流、大火等，它们的发生往往缺少先兆，发生的过程历时较短，但破坏性大，而且可能在短期内重复发生。

第二种是发展型，暴雨、台风、洪水等属于这一类型。与突变型相比，该类灾害有一定的先兆，往往是某种正常自然过程积累的结果，发展是较迅速的，但比突变型灾害要缓慢得多，因而其过程具有一定的可预估性。

第三类是持续型，旱灾、涝灾、传染病、生物病灾害等属于这种类型。它们持续时间可由几天到半年甚至几年。

第四种是环境演变型（简称"演变型"），如沙漠化、水土流失、冻土、海水入侵、地面下沉、海面上升以及区域气候干旱化等属于这种类型。这类自然灾害是一种长期的自然过程，是自然环境演化的必然伴生现象，因而最难控制和减轻。但这类灾害具有统计意义上的可预报性，如二氧化碳倍增可能引起全球气温升高 $1\sim3℃$，这在理论上有依据，因它导致的区域干旱化和海平面上升也具有一定信度的预测结果。通过制定措施，可防止或延迟这类自然灾害的发生，以减少损失。

从危害性上看，四种类型的自然灾害是有差异的。突变型和发展型自然灾害发作快，缺少征兆，因而对人类和动物的生命危害最大，有时被合称为骤发性灾害。持续型自然灾害持续时间长，影响范围一般也较大，进而往往造成极大的经济损失。演变型自然灾害[4]是一种漫长的自然过程，理论上讲，人类可以克服它，但是它破坏了人类的生存环境，而且通过人口迁移来回避往往不可能，因而它的影响最广，长期的潜在损失最大。

1.1.3 灾害的分级

灾害级别主要是由以下几个基本因素决定：致灾因子变化强度、受灾地区人口和经济密度以及承受灾害的能力。致灾因子变化强度是对致灾因子本身变化程度的度量，如台风的中心风力、地震震级、暴雨的日降雨量等，但其值的高低并不等同于真正灾害的大小。例如，如果 8 级强烈地震发生在无人的深山或沙漠地区、中心风力达 12 级的强热带风暴（台风）或日降雨量超过 500mm 的暴雨发生在人船稀少的远海，都很难造成人员伤亡和社会经济损失。另外，我国东部发达地区一次 5～6 级中等地震往往会比西部山区一次 8 级强震造成的社会综合损失大，而沿海地区一次强震造成的损失则更为严重。

国内外的灾害分级标准尚难统一，因为它涉及国家承受灾害的能力和灾情处理的层次和职责划分。我国目前主要依据人员死亡数和经济损失金额，其值由小到大，依次将灾害划分为微灾、小灾、中灾、大灾和巨灾 5 个等级，见表 1-1。

我国灾害分级　　　　　　　　　　　　　　表 1-1

灾害分级名称		死亡人数（人）	经济损失（万元）
A 级	巨灾	＞10000	＞10000
B 级	大灾	1000～10000	1000～10000
C 级	中灾	100～1000	100～1000
D 级	小灾	10～100	10～100
E 级	微灾	＜10	＜10

注：1. 各类灾害等级的标准，只要达到该指标的任何 1 项即可。

　　2. 死亡人口包括因灾死亡人口和失踪 1 个月以上的人口。

　　3. 直接财产损失为因灾造成的当年财产实际损毁的价值。

　　4. 成灾面积为因灾造成的有人员伤亡或财产损失，或生态系统受损的灾区面积。

进行灾害等级评估时，经济损失应包括直接经济损失和间接经济损失。直接经济损失是指在一次灾害发生过程中由原生灾害与紧随的次生灾害所造成的经济损失总和。如在一次强台风侵袭中，在商住建筑、工业厂房倒塌以及农林作物、桥梁道路遭受毁坏的同时，还引起了断水、断电和交通中断等，由它们共同造成的损失都可计成是这场风灾的直接损失。当一次灾害过程基本结束后，由这次灾害所造成工农业生产、金融贸易、社会公益和管理等方面的停顿、减缓、失调以及卫生防疫等所造成的损失，都可当成是间接经济损失[3]，对应于上文的衍生灾害。

1.2　灾　害　的　危　害

1.2.1　灾害的影响方式

1. 危及人类生命健康，威胁人类正常生活

自然灾害直接危害人类生命和健康。一次严重的灾害会导致数以万计人口受灾，造成巨大人员伤亡。例如 1556 年 1 月 23 日，陕西华县、潼关大地震造成 83 万人死亡；1954 年，长江中下游地区特大洪水灾害造成 3.3 万人死亡；1975 年 8 月，淮河水系的洪汝河、沙颍河、唐白河等发生特大洪水，造成 2.6 万人死亡；1976 年 7 月 28 日，唐山大地震造成 24.2 万人死亡；2008 年 5 月 12 日，汶川大地震造成 6.92 万人死亡、37.46 万人受伤、1.79 万人失踪；2010 年 4 月 14 日，玉树大地震造成 2698 人死亡、270 人失踪。2019 年 3 月 14 日晚，飓风"伊代"率先登陆莫桑比克，之后转向津巴布韦和马拉维，截至当年 3 月 28 日，"伊代"带来的暴风、强降雨天气和洪涝灾害，造成莫桑比克 468 人遇难，受灾

人数超过 53 万。

2. 破坏公益设施及财产，造成严重经济损失

自然灾害对房屋、公路、铁路、桥梁、隧道、水利工程、电力工程设施、通信设施、城市公共基础设施以及农作物等造成严重破坏，直接经济损失巨大。据统计，21 世纪以来我国自然灾害造成的年均直接经济损失至少 1000 亿元，且呈逐年上升趋势。如 2003 年"非典"，2008 年南方特大冰雪灾害，"5·12"汶川大地震，2010 年发生在云南、贵州、广西等地的大干旱，青海玉树大地震，江淮流域、四川及南方多省大洪涝，甘肃舟曲特大泥石流等严重自然灾害所造成的生命财产和经济损失都是不可估量的。据统计，仅 2010 年上半年，受灾人口达 2.5 亿人（次），因灾死亡 3514 人，失踪 486 人，直接经济损失 2113.9 亿元[1]。2020 年全年各种自然灾害共造成 1.38 亿人次受灾，591 人因灾死亡失踪，589.1 万人次紧急转移安置；10 万间房屋倒塌，30.3 万间严重损坏，145.7 万间一般损坏；农作物受灾面积 19957.7 千公顷，其中绝收 2706.1 千公顷；直接经济损失 3701.5 亿元。2021 年各种自然灾害共造成 1.07 亿人次受灾，因灾死亡失踪 867 人，紧急转移安置 573.8 万人次，倒塌房屋 16.2 万间，不同程度损坏 198.1 万间，农作物受灾面积 11739 千公顷，直接经济损失 3340.2 亿元[5]。

3. 破坏资源和环境，威胁国民经济可持续发展

灾害与环境具有密切的相互作用关系，环境恶化导致自然灾害，自然灾害又促使环境进一步恶化。例如，干旱、风沙、洪水、泥石流及与之密切相关的水土流失、土地沙漠化及盐碱化等自然灾害，严重破坏水土资源和生物资源；森林火灾、病虫害等直接破坏生物资源。近年来，随着世界人口增长和社会经济迅速发展，资源危机和环境恶化问题日益突出，不仅对当代构成直接危害，而且也对后代的生存发展形成潜在威胁。据估计，近十年来，生态环境的破坏或环境污染对国民经济造成的损失约高达国内生产总值的 10%。因此，协调人口、资源、环境关系，实现人类可持续发展，已成为当今世界各国的共识。

1.2.2 我国自然灾害特征

人类面对自然灾害的严重威胁和挑战，尚不能主动消除和阻止所有灾害发生，但是，正确认识灾害，研究其基本特征与发生发展规律，科学制定减灾防灾对策，有效组织实施，可以显著减轻灾害损失，不断提高人类抗御自然灾害的能力。我国自然灾害具有如下主要特点：

1. 灾害种类多

我国的自然灾害主要有气象灾害、地震灾害、地质灾害、海洋灾害、生物灾害和森林草原火灾。除现代火山活动外，几乎所有自然灾害都在我国出现过。

（1）大气圈和水圈灾害。主要包括洪涝、干旱、台风、风暴潮、沙尘暴以及大风、冰雹、暴风雪、低温冻害等。1975 年 8 月，台风在福建登陆，淹没农田 137 万 hm²，冲毁京广线 100km，死亡 10 万人，直接经济损失 100 亿元。

（2）地质、地震灾害。主要包括地震、崩塌、滑坡、泥石流、地面沉降、塌陷、荒漠化等。我国是地震多发国家，1949 年以来，因地震死亡达 30 余万人，伤残近百万，倒塌房屋 1000 多万间。其中，2008 年 5 月，四川汶川发生 8 级强震，69227 人遇难，374643人受伤，失踪 17923 人，造成的直接经济损失达 8451 亿元。全国崩塌、滑坡、泥石流灾害点有 41 万多处，每年因灾死亡近千人。全国荒漠化土地面积 262 万 km^2，土地沙化面积以每年 2460km^2 的速度扩展，水土流失面积超过 180 万 km^2。

（3）生物灾害。全国主要农作物病虫鼠害达 1400 余种，每年损失粮食约 5000 万吨，棉花 100 多万 t；草原和森林病虫鼠害每年发生面积分别超过 2000 万 hm^2 和 800 万 hm^2。

（4）森林和草原火灾。1950 年来全国平均每年发生森林火灾 1.6 万余次，受灾面积近 100 万 hm^2。受火灾威胁的草原 2 亿多 hm^2，其中火灾发生频繁的近 1 亿 hm^2。

2. 分布地域广

我国各省市、自治区均不同程度受到自然灾害影响，70％以上的城市、50％以上的人口分布在气象、地震、地质、海洋等自然灾害严重的地区。2/3 以上国土面积受到洪涝灾害威胁。东部、南部沿海地区以及部分内陆省份经常遭受热带气旋侵袭。东北、西北、华北等地区旱灾频发，西南、华南等地严重干旱时有发生。各省市、自治区均发生过 5 级以上的破坏性地震。约占国土面积 69％的山地、高原区域因地质构造复杂，滑坡、泥石流、山体崩塌等地质灾害频繁发生。

3. 地区差异明显

根据我国自然灾害的特点，以及灾害管理的实际情况，现阶段将统计的 31 个省（自治区、直辖市）分为三种类型地区。

第一类地区有 7 个省（自治区），主要分布在西部。此类地区自然灾害直接经济损失绝对值较小，但由于经济欠发达，直接经济损失率（即灾害直接经济损失与其国内生产总值之比）为中等或较大，抗灾能力弱。此类地区大部分是我国的严重干旱区，人口密度较低。主要灾害是干旱、雪灾、地震，其次为沙尘暴、滑坡、泥石流及山洪，对农牧业生产影响较大。

第二类地区有 16 个省（自治区、直辖市），主要分布在中部，少数在东北、华北、西南等地。此类地区经济建设、自然灾害直接经济损失和抗灾能力为中等水平；南部为亚热带多雨区，是我国大江大河的中游地区，人口密度中等或较大。主要灾害是干旱、洪涝、地震、冻害、农业病虫害，其次为滑坡、泥石流和森林自然灾害，对农业、工业、交通运输业影响较大。

第三类地区有 8 个省、直辖市，主要分布在东部沿海地区。此类地区自然灾害直接经济损失的绝对值大，但由于经济较发达，直接经济损失率为中等或较小，抗灾能力强；受副热带高压与热带气旋影响最大，是我国大江大河的下游地区；人口密度大，主要灾害是洪涝、干旱、台风，其次为地震、冰雹、地面沉降。对工业、农业、交通运输业和城市基础设施都有影响。

4. 发生频率高

我国受季风气候影响十分强烈,气象灾害频繁,局地性或区域性干旱灾害几乎每年都出现,东部沿海地区平均每年约有 7 个热带气旋登陆。我国位于欧亚、太平洋及印度洋三大板块交汇地带,新构造运动活跃,地震活动十分频繁,大陆地震占全球陆地破坏性地震的 1/3,是世界上大陆地震最多的国家。森林和草原火灾时有发生。

5. 造成损失重

随着国民经济持续高速发展、生产规模扩大和社会财富积累,同时减灾建设不能满足经济快速发展的需求,使自然灾害损失呈上升趋势。按 1990 年不变价格计算,自然灾害造成的年均直接经济损失为:20 世纪 50 年代 480 亿元、60 年代 570 亿元、70 年代 590 亿元、80 年代 690 亿元;进入 90 年代以后,年均已经超过 1000 亿元[1]。

1990—2012 年,直接经济损失呈上升的趋势,具体来看,全国年均直接经济损失 2575 亿元,其中 1998 年、2008 年、2010 年、2011 年和 2012 年共 5 个年份的直接经济损失在平均水平之上,其中 2008 年最为严重,直接经济损失超过 10000 亿元,2010 年其次,直接经济损失超过 5000 亿元。从直接经济损失相对数量看,1990—2012 年,直接经济损失与 GDP 的比例在 5% 上下波动,其中 2008 年最为严重,直接经济损失比接近 30%[6]。

1.2.3 全球主要灾害简介

1. 亚洲主要灾害

亚洲是世界上灾害最多的洲,自然灾害、人为灾害频发,灾难巨大。

(1) 地震。亚洲位于两大地震带相交会的地方,地震灾害最为突出,特别是日本、中国极为频繁。日本附近地区平均每年释放的地震能估计占全球 1/10 左右,每年平均发生地震 7500 次,其中有感地震 1500 次,破坏性地震 420 次。

(2) 火山。日本最为突出,共计有火山 270 多座,活火山约 80 座,约占世界活火山 10% 左右,分布在八条火山带上。

(3) 沙漠化。中国、印度最为突出。我国沙漠化面积已达 110 万 km²,其中有 16 万 km² 是人为造成的,并以每年 1560km² 的速度扩大。中国毛乌素沙漠的边缘近 200 年间向前移动了 600km。印度塔尔沙漠约 65 万 km²,其边缘每年向前推进 0.8km。

(4) 水土流失。中国、印度的水土流失最为突出。我国黄土高原水土流失严重,印度有 140 万 km² 的土地受到侵蚀。

(5) 植被减少。这是一个普遍现象,但以东南亚最为严重。马来西亚热带雨林的植被群落虽然是世界上物种最为丰富的,但消亡速度十分惊人。

(6) 环境污染。酸雨影响着日本和中国,广大地区均面临酸雨威胁。

(7) 人口、粮食问题。亚洲受饥饿人口约占世界受饥饿人口 60%,特别是越南、柬埔寨、阿富汗等国家更为突出。

（8）森林火灾。主要在苏联亚洲部分、中国等国家的温带地区。1987 年，苏联赤塔州发生森林火灾 600 起；同年 4 月底，阿穆尔州国家森林发生火灾 125 起，集体农庄和国有农场的森林发生火灾 19 起。1987 年 5 月，中国东北发生特大森林火灾，过火面积达 100 万 hm²，其中森林面积约 65 万 hm²，经济损失达 69 亿元。

2. 欧洲主要灾害

欧洲自然灾害较少，但工业化程度高，人为环境污染严重。

（1）酸雨。由于大气污染，臭氧含量成倍上升，加剧了酸雨的形成。受酸雨影响，瑞典 2500 个湖泊酸化，大量鱼类死亡；挪威南部 1750 个湖泊的鱼类绝迹。由酸雨直接造成的破坏现象更普遍，中欧和北欧曾在一年内因酸雨毁坏了森林 809 万 hm²。

（2）污染。由于欧洲大气污染普遍，水污染也较严重，特别是莱茵河、地中海污染更严重，每年有 1000 亿 t 垃圾倾入地中海，2/3 海滩不符合卫生标准。

（3）森林火灾。森林火灾以法国最为普遍，主要发生在每年夏季，为此法国政府制定了有关法案，防止森林火灾。

3. 非洲主要灾害

非洲大陆是一块古老稳定的大陆，地质灾害少，但气象灾害多，且人为灾害严重。

（1）沙漠化。在沙漠边缘，即在稀疏草原区，由于人为滥垦、滥伐、滥牧，导致沙漠向湿润区扩散。如在撒哈拉沙漠南部，沙漠每年向毛里塔尼亚推进 10km。

（2）人口问题。人口增长过快，生活水平下降。

（3）粮食问题。由于人口增长快，粮食供给不能保证，大部分国家不能自给。世界上有 33 个最不发达国家，其中 27 个在非洲。

（4）旱灾。周期性的旱灾给非洲带来巨大影响。在 1984—1985 年的旱灾期间，约有 100 多万人死亡，1000 万人流离失所。

（5）动物灭绝。非洲是世界上大型哺乳动物种类、数量最多的洲，由于人为狩猎，许多动物濒临灭绝，如犀牛总数由 1980 年的 14000 头下降到 1985 年的 8000 头。2010 年到 2020 年期间[1]，至少有 14 万头大象死于偷猎或栖息地破坏。

1900 年到 2021 年期间，全球重大灾害见表 1-2。

1900—2021 年全球重大灾害　　　　　　　　　　　　　表 1-2

灾种	发生时间	受灾地区	死亡（失踪）人数（人）	经济损失（美元）
洪水	1913 年	中国长江流域	14 万	—
	1954 年 8 月	中国长江流域	4 万	—
	1998 年 6—9 月	中国长江和松花江流域	3650	300 亿
	2000 年 2—3 月	莫桑比克、赞比亚等	>1000	6.6 亿
	2000 年 8—10 月	印度、尼泊尔	1550	12 亿
	2016 年 4—7 月	中国	—	

续表

灾种	发生时间	受灾地区	死亡（失踪）人数（人）	经济损失（美元）
洪水	2019 年 3 月	莫桑比克	417	153 亿
	2019 年	美国	—	200 亿
飓风	1900 年 9 月	美国	6000	300 万
热带气旋	1942 年 10 月	印度、孟加拉国	6.1 万	—
风暴潮	1953 年 3 月	荷兰、英国	1930	30 亿
热带气旋、风暴潮	1970 年 11 月	孟加拉国	30 万	600 万
热带气旋、风暴潮	1991 年 4 月	孟加拉国	13.9 万	30 亿
热带气旋（台风）	1994 年 8 月	中国浙江温州	1100	>12 亿
飓风	1998 年 10—11 月	洪都拉斯、尼加拉瓜	9200	55 亿
飓风、风暴潮	2004 年 9 月	美国、加勒比海、海地等	3030	40 亿
飓风	2005 年 8 月	美国新奥尔良	1800	1250 亿
热带风暴	2007 年 11 月	孟加拉国	3000	—
热带风暴	2008 年	缅甸	7.77 万	—
台风	2009 年	中国台湾	789	62 亿
飓风	2017 年 8 月 25 日—9 月 1 日	美国得克萨斯州	44	1250 亿
林火	2018 年	美国	—	240 亿
地震	1906 年 4 月	美国旧金山	3000	5.24 亿
	1908 年 12 月	意大利	8.59 万	1.16 亿
	1915 年 1 月	意大利	3.26 万	2500 万
	1920 年 12 月	中国甘肃	23.5 万	2500 万
	1923 年 9 月	日本东京	14.28 万	28 亿
	1935 年 5 月	巴基斯坦	3.5 万	2500 万
	1960 年 2 月	摩洛哥	1.2 万	1.2 亿
	1970 年 5 月	秘鲁	6.7 万	5.5 亿
	1976 年 7 月	中国唐山	24 万	5.6 亿
	1985 年 9 月	墨西哥	1 万	40 亿
	1988 年 12 月	亚美尼亚	2.5 万	>1000 亿
	1995 年 1 月	日本神户	6340	>130 亿
	1999 年 8 月	土耳其	1.79 万	>110 亿
	1999 年 9 月	中国台湾	2400	1250 亿
	2003 年 12 月	伊朗	>4 万	—
	2005 年 10 月	巴基斯坦	7.3 万	—
	2008 年 5 月	中国汶川	6.92 万	—
	2010 年 1 月	海地	22.25 万	—
	2010 年 2 月	智利	507	—

灾种	发生时间	受灾地区	死亡（失踪）人数（人）	经济损失（美元）
地震	2011 年	日本	1.9 万	—
	2015 年	尼泊尔	8786	—
	2016 年 8 月	意大利	299	—
	2017 年 9 月	墨西哥中部	370	—
	2020 年 10 月	希腊	119	—
	2021 年 8 月	海地	2248	—
火山爆发	1985 年 11 月	哥伦比亚	2.47 万	2.3 亿
寒潮	2003 年 1 月	孟加拉国、印度、尼泊尔	1800	—
热浪、干旱	2003 年 5—6 月	孟加拉国、印度、巴基斯坦	2000	4 亿
热浪、干旱	2003 年 7—8 月	欧洲	2.7 万	130 亿
地震引发的海啸	2004 年 12 月	印尼、泰国、斯里兰卡等	23 万	—

1.2.4　灾害发展趋势

随着科学技术发展和人类社会进步，各类自然和人为灾害不断出现，同时新灾种也呈增多趋势。

1. 新灾种隐患呈增多趋势

高层和超高层建筑使消防安全工作面临严峻考验；随着社会发展对信息化的依赖，网络和信息系统的安全对社会影响日益加大；由于人口密集、人员流动频繁和国际化程度提高，可能造成变异疫情流入频率加快，流行性传染病易发、高发的疫情新特征；众多高层建筑外饰玻璃幕墙形成了光污染，在大风、地震影响下可能造成"玻璃雨"等。

现代战争和恐怖活动给城市带来过毁灭性打击。伊拉克巴格达等城市在美军袭击下，满目疮痍。2001 年 9 月 11 日，恐怖分子将劫持的客机撞击纽约世贸大厦，使全世界陷入恐慌。2005 年 7 月 7 日，世界上最古老最完善的伦敦地铁网正处在早高峰运营期间，地铁站连续发生几起爆炸，地面上双层公共汽车也同时发生爆炸，震惊全球。

2. 灾情呈增大趋势

地球板块近年来处于活跃期，各种自然灾害频发。1990—1999 年，全世界平均每年发生 258 起自然灾害事件，所造成的死亡人数约为 4.3 万人。在 21 世纪头十年，各类自然灾害事件频繁发生，在全球各地造成了重大人员和财产损失。2000—2009 年，全球共发生了 3852 起自然灾害事件，造成超过 78 万人死亡，近 20 亿人受到影响，所导致的经济损失约为 9600 亿美元。1984—2003 年，受自然灾害影响的总人口超过 40 亿。1988—2006 年，破坏性洪水和风雹以 7% 的速率逐年上升，而 2000—2007 年，更以每年 8% 的速率稳定上升。2019 年灾害事件造成的全球经济损失为 1460 亿美元，其中由自然灾害事件造成的损失就高达 1370 亿美元。

3. 灾害重点呈现以城市为主趋势

由于城市人口多，建筑物密集，财富高度集中，是社会的经济、文化、政治中心，城市灾害具有多样性、复杂性、突发性、连锁性（次生、衍生和耦合）、受灾对象的集中性、灾害后果的严重性、影响放大性等特性。如城市一旦发生地震，绝大多数死伤者是由于地震引发的建筑物倒塌、火灾、煤气毒气泄漏、细菌、放射物侵袭，以及震后的大雨、雨后的瘟疫等，其损失显著超过地震冲击波本身的危害[7]。

1.3 防 灾 减 灾 工 程

1.3.1 防灾减灾工程的主要目的

在全球气候变化和我国经济社会快速发展的背景下，我国自然灾害损失不断增加，重大自然灾害乃至巨灾时有发生，灾害风险进一步加剧。因此，加强防灾减灾工程的意义重大。

防灾减灾工程有利于维护社会稳定。随着社会的发展，人类对工程的安全性要求越来越高，防灾减灾工程正是适应工程建设规模不断扩大的防灾要求而得到迅速发展。现阶段，加强防灾减灾工程建设，是全面提高综合防灾减灾应急管理能力、防范各类灾害风险、提高人民生活水平、保障人民生命财产安全的现实需要，对于维护社会稳定、构建社会主义和谐社会具有重要意义。

防灾减灾工程有利于可持续发展。我国现代化水平与国外发达国家相比仍有差距，而发达国家的现代化很大程度体现在其防灾减灾工程的建设上。西方发达国家一般都有较完善的防灾减灾工程及体系，这使得发生自然灾害后能最大限度减少损失，并持续、健康发展。在国际市场上对于承担设计与建设防灾减灾工程的议价能力也要强于我国。因此，防灾减灾工程对我国稳定、健康发展及增强国际竞争力具有重要意义。

防灾减灾工程是构建社会主义的必要保障。自然灾害对我国危害较大，这在一定程度上制约了我国生产和人民生活水平的提高。因此，正确认识我国灾害现状，建立防灾减灾工程，对于全面落实科学发展观、建设社会主义具有深刻和长远的意义[1]。

1.3.2 我国防灾减灾发展

伴随着城市化进程不断加快，资源、环境和生态压力加剧，自然灾害防范应对形势严峻复杂。我国政府历来将减灾工作作为保障国民经济和社会发展的重要工作，在发展经济的同时，努力推动减灾工作的深入开展，先后颁布实施了《中华人民共和国防震减灾法》《中华人民共和国消防法》《中华人民共和国气象法》《建设工程安全生产管理条例》等国家法律和国务院政令，以法律形式确定了政府、官员和民众在防灾减灾工作中的责任和义务，形成了全方位、多层级、宽领域的防灾减灾法律体系，以确保防御与减轻灾害，保护人民生命和财产安全，保障社会主义建设事业的顺利进行。2008 年 5 月 12 日发生的四川汶川特大地震，造成重大人员伤亡和财产损失，给我国人民带来巨大伤痛。我国决定自 2009 年开始，每年的 5 月 12 日为国家"防灾减灾日"。经过多年坚持不懈的努力，灾害损失增长趋势得到一定抑制，特别是因灾死亡人数明显减少，取得了较大的经济效益和显著的社会效益。

1. 防灾减灾工程建设

（1）农村居民住房抗灾能力建设。自 2005 年以来，全国各地共投入资金 175.35 亿元，完成改造、新建农村困难群众住房 580.16 万间，使 180.51 万户、649.65 万人受益[1]。2012 年以来，国家累计安排中央预算内投资 404 亿元，撬动各类投资近 1412 亿元，搬迁贫困人口 591 万人，地方各级统筹中央和省级财政专项扶贫资金 380 亿元，搬迁 580 多万贫困人口。

（2）病险水库除险加固工程。2008 年 3 月，国家颁布《全国病险水库除险加固专项规划》，提出在 3 年内完成现有大中型和重点小型病险水库除险加固。"十四五"期间，水库除险加固的主要目标任务是：到 2025 年底，全部完成现有病险水库的除险加固任务[8]，总量预计 1.94 万座，其中大型病险水库约 80 座，中型病险水库约 470 座，小型病险水库约 1.88 万座。

（3）水土流失重点防治工程。20 世纪 80 年代，国家开始在黄河、长江等水土流失严重地区实施水土流失重点防治工程。截至 2008 年，重点防治工程共治理水土流失面积 26 万 km^2，已实施重点区域治理的水土流失治理程度达到 70%，减沙率达 40% 以上。长江上游嘉陵江流域土壤侵蚀量减少 1/3，黄河流域每年减少入黄河泥沙 3 亿 t 左右。

相对比 2011 年，长江流域国家级水土流失重点治理区土壤侵蚀面积减少 7244km^2，占 2011 年土壤侵蚀面积比为 6%。长江流域国家级水土流失重点预防区土壤侵蚀面积减少 11443km^2，占 2011 年土壤侵蚀面积比为 8%[9]。

1999、2011、2018 年水土流失数据表明，黄河源区水土流失先增加后降低，与 1999 年相比，2011 年水土流失面积增加 $1.89×10^4$ km^2，2018 年水土流失面积增加 $1.01×10^4$ km^2。与 2011 年相比，2018 年水土流失面积减少 8800km^2[10]。

（4）生态建设和环境治理工程。21 世纪初，国家开始实施天然林资源保护、退耕还林、三北（东北、华北、西北）防护林建设、长江中下游重点防护林建设、京津风沙源治理、岩溶地区石漠化综合治理、野生动植物保护以及自然保护区建设、沿海防护林建设、退牧还草等重点生态建设工程，抑制荒漠化扩张速度，缓解极端气候的危害程度。

（5）建筑和工程设施的设防工程。发布国家标准《中国地震动参数区划图》GB 18306—2015，完善重大建设工程的地震安全性评价管理制度，推进全国农村民居地震安全工程的实施，完成约 245 万户抗震安居房的建设和改造加固，新疆 2003 年至 2010 年，新建农村抗震安居房 194.9 万户，累计投入 262.5 亿元；云南 2007 年至 2010 年，完成农村民居地震安全工程 85.5 万户；汶川地震灾区完成了 360 万户震损农房的修复加固和

145.91 万户农房重建任务。四川汶川特大地震后，修订《建筑工程抗震设防分类标准》GB 50223—2008、《建筑抗震设计规范（2016 年版）》GB 50011—2010 等。

（6）公路灾害防治工程。从 2006 年起，结合公路水毁震毁等灾害发生情况，国家开始实施公路灾害防治工程，投入资金以增设和完善山岭重丘区公路的灾害防护设施为重点，对公路边坡、路基、桥梁构造物和排（防）水设施进行综合治理，普通公路防灾能力全面提高。

新时期公路工程施工中已经应用了信息管理系统，并且在其基础上通过设置数据分析部门，提高了数据分析能力。比如，针对公路工程中的地质灾害风险，就能根据其地质灾害类型、地质灾害发生频率、地质灾害所在区域自然环境，以及人类活动等多元角度对其进行危害性及影响因子评价，按照现代公路工程项目生产建设产业链条的基本框架，在公路工程研发设计、材料与设备管理、施工建设、运营管理等多个环节，对新时期公路工程施工中的常见地质灾害进行防治处理[11]。

2. 非工程性的防灾减灾措施

我国逐步建立并不断完善了灾害监测预警系统，主要包括灾害及其相关要素和现象的观测网络系统，观测资料的收集传输和交换的电信系统，灾害全程动态监测及资料处理、分析、模拟和预报警报制作系统，预报警报的传播、分发和服务系统等。

（1）灾害遥感监测业务体系。成功发射环境减灾小卫星星座 A、B 星，卫星减灾应用业务系统初具规模，为灾害遥感监测、评估和决策提供先进技术支持。

（2）气象预警预报体系。成功发射"风云"系列气象卫星，建成 146 部新一代天气雷达、91 个高空气象探测站 L 波段探空系统，建设 25420 个区域气象观测站。初步建立全国大气成分、酸雨、沙尘暴、雷电、农业气象、交通气象等专业气象观测网。

（3）水文和洪水监测预警预报体系。建成由 3171 个水文站、1244 个水位站、14602 个雨量站、61 个水文实验站和 12683 眼地下水测井组成的水文监测网。构建洪水预警预报系统、地下水监测系统、水资源管理系统和水文水资源数据系统。

（4）地震监测预报体系。建成固定测震台站 937 个、流动台 1000 多个，实现了我国三级以上地震的准实时监测。建立地震前兆观测固定台点 1300 个，各类前兆流动观测点 4000 余个。初步建成国家和省级地震预测预报分析会商平台，建成由 700 个信息节点构成的高速地震数据信息网，开通地震速报信息手机短信服务平台。

（5）地质灾害监测系统。从 2003 年起，开展地质灾害气象预警预报工作，已建立群测群防制度的地质灾害隐患点 12 万多处。三峡库区滑坡崩塌专业监测网和上海、北京、天津等市地面沉降专业监测网络基本建成。截至 2016 年，我国完成了 15833 处重要隐患点的勘查工作。同时，各地建立健全群测群防体系，全国 29 万群测群防员实现了隐患点全覆盖。此外，除个别省份外，基本上都成立了省级地质灾害应急管理机构和地质灾害应急技术机构，各地应急专家队伍不断壮大，省级应急管理专家达 2300 余人。

（6）环境监测预警体系。组织开展环境质量监测、污染物监测、环境预警监测、突发环境事件应急监测等，客观反映全国地表水、地下水、海洋、空气、噪声、固体废物、辐射等环境质量状况。目前，全国共有 2399 个环境监测站、49335 名环境监测技术人员。

（7）海洋灾害预报系统。对原有海洋观测仪器、设备和设施进行更新改造，大力发展离岸观测能力，海上浮标观测能力和断面调查能力进入整体提升阶段。新建改造一批海洋观测站，对一些中心站进行实时通信系统改造。建设海气相互作用-海洋气候变化观测及评价业务化体系，积极开展对海平面上升、海岸侵蚀、海水入侵、咸潮等与气候变化密切相关的海洋灾害的业务化监测。

（8）森林和草原火灾预警监测系统。完善卫星遥感、飞机巡护、视频监控、瞭望观察和地面巡视的立体式监测森林和草原火灾体系，初步建立森林火险分级预警响应和森林火灾风险评估技术体系。

（9）沙尘暴灾害监测与评估体系。建立沙尘暴卫星遥感监测评估系统和手机短信平台，在北方重点区域布设沙尘暴灾害地面监测站，组成国家、省、市、县四级队伍，初步形成覆盖我国北方区域的沙尘暴灾害监测网络。

3. 应急机制、体系建立与健全

以应急预案、应急救援队伍、应急响应机制和应急资金拨付机制为主要内容的救灾应急体系初步建立，应急救援、运输保障、生活救助、卫生防疫等应急处置能力显著增强。

（1）应急预案体系。2005 年 1 月 26 日，国务院第 79 次常务会议通过了《国家突发公共事件总体应急预案》以及 105 个专项和部门应急预案。《国家地震应急预案》《国家防汛抗旱应急预案》《国家突发地质灾害应急预案》等自然灾害和事故灾难应急预案也在2006 年相继出台。同时，各省区市也分别完成了省级总体预案的制定工作。目前，国务院各涉灾部门的应急预案编制工作已基本完成，全国有 31 个省、自治区、直辖市以及灾害多发市县都制定了预案，全国自然灾害应急预案体系已初步建立。

（2）应急救援队伍体系。以公安、武警、军队为骨干和突击力量，以抗洪抢险、抗震救灾、森林消防、海上搜救、矿山救护、医疗救护等专业队伍为基本力量，以企事业单位专兼职队伍和应急志愿者队伍为辅助力量的应急救援队伍体系初步建立。国家陆地、空中搜寻与救护基地建设加快推进。

（3）应急救助响应机制。根据灾情大小，将中央应对突发自然灾害划分为四个响应等级，明确各级响应的具体工作措施，将救灾工作纳入规范的管理工作流程。灾害应急救助响应机制的建立，基本保障了受灾群众在灾后 24 小时内能够得到救助，基本实现"有饭吃、有衣穿、有干净水喝、有临时住所、有病能医、学生有学上"的"六有"目标。

（4）救灾应急资金拨付机制。包括自然灾害生活救助资金、特大防汛抗旱补助资金、水毁公路补助资金、内河航道应急抢通资金、卫生救灾补助资金、文教行政救灾补助资金、农业救灾资金、林业救灾资金等在内的中央抗灾救灾补助资金拨付机制已经建立。积极推进救灾分级管理、救灾资金分级负担的救灾工作管理体制，保障地方救灾投入，有效保障受灾群众的基本生活。

1.3.3　防灾减灾工程的主要内容

防灾减灾工程是一个具有显著综合交叉性特点的新型学科，它涵盖各种自然和人为灾害发生条件和发展规律、监测和预报、工程防治和灾时应急措施等科学技术难题。基于现行学科体系，防灾减灾工程涉及地质、气象、地震工程、建筑学、土木工程、水利工程、信息和管理等学科的相关专业领域。

根据《国家突发公共事件总体应急预案》，突发公共事件分为自然灾害、事故灾难、公共卫生事件、社会安全事件四类。其中，自然灾害类国家突发公共事件专项包括自然灾害救助、防汛抗旱、地震应急、突发地质灾害应急、处置特大森林火灾应急。根据此分类，结合自然灾害、人为灾害以及人为自然灾害对人类的袭扰与危害的影响程度，防灾减灾工程主要包括地质灾害的防灾减灾工程（滑坡、崩塌、泥石流、地面沉降与塌陷等）、地震灾害的防灾减灾工程、风灾害的防灾减灾工程、洪水灾害的防灾减灾工程、火灾害的防灾减灾工程（火山灾害、森林火灾、城市建筑火灾等的防灾减灾工程）及应急管理等内容。

1.3.4　防灾减灾工程的发展趋势

我国在《国家综合防灾减灾规划（2011—2015 年）》中，提出了国家综合防灾减灾的基本原则，主要由政府主导，社会参与；以人为本，依靠科学；预防为主，综合减灾；统筹规划，突出重点。同时，《国家综合防灾减灾规划（2011—2015 年）》提出了"十二五"期间的十大建设任务，包括：（1）加强自然灾害监测预警能力建设。（2）加强防灾减灾信息管理与服务能力建设。（3）加强自然灾害风险管理能力建设。（4）加强自然灾害工程防御能力建设。（5）加强区域和城乡基层防灾减灾能力建设。（6）加强自然灾害应急处置与恢复重建能力建设。（7）加强防灾减灾科技支撑能力建设。（8）加强防灾减灾社会动员能力建设。（9）加强防灾减灾人才和专业队伍建设。（10）加强防灾减灾文化建设。在十大建设任务中，与土木工程防灾最直接相关的是工程结构防御灾害能力的建设。

《"十四五"国家应急体系规划》中提出"十四五"主要任务：（1）深化体制机制改革，构建优化协同高效的治理模式。（2）夯实应急法治基础，培育良法善治的全新生态。（3）防范化解重大风险，织密灾害事故的防控网络。（4）加强应急力量建设，提高急难险重任务的处置能力。（5）强化灾害应对准备，凝聚同舟共济的保障合力。（6）优化要素资源配置，增进创新驱动的发展动能。（7）推动共建共治共享，筑牢防灾减灾的人民防线。

1. 灾害源发生机理研究

灾害预测十分复杂，要成功预测灾害发生的时间、地点、强度等信息，必须以全面了解灾害源发生机理为基础。目前，人类对灾害的预测能力相对薄弱。例如，地震地面运动特性是进行抗震分析和设计的重要基础，我国多次大地震的经验表明，工程结构的抗震设防烈度严重低于实际发生地震的烈度，以致工程结构在地震中遭受严重破坏，因此必须加强灾害源发生机理的基础研究工作。对于地震基础研究，必须充分吸收强震机理和预测的研究成果，以强震观测记录和大城市地震活动断层探查资料为依托，将震源破裂过程的模拟、地震波传播和场地条件影响的研究紧密结合，开展强地震动特征、近场强地震动、场地条件对地震动的影响以及地震地表变形和破裂研究。

2. 灾害的作用机制、分析和抗灾设计

目前，灾害对结构的影响研究主要集中在材料和构件层次，结构层次的研究相对较少。在力学分析方面，主要集中在线弹性静力研究，后续将更加关注非线性破坏机理研究、非线性动力作用下结构抗灾动力学分析与设计。在设计理论方面，基于性能的抗灾设计理念已经逐步得到认可，包括基于性能的抗震设计、抗火设计和抗风设计等。目前，比较而言功能可恢复结构抗灾设计尚处于起步阶段。

3. 工程结构的灾害控制

结构振动控制技术可以有效减轻结构在风、地震等动力灾害作用下的反应和损伤、有效提高结构的抗震能力和抗灾性能。结构振动控制按其工作机理大体上可分为基础隔震、耗能减震、主动和半主动控制、智能控制技术。

结合结构振动控制技术，发展基于性能设计的结构非线性损伤控制方法，是提升结构抗震性能的有效技术途径。从理论上应开展以下研究：结构破坏控制设计理论研究，结构减震、隔震装置理论模型和分析方法，工程结构减震设计理论，减震结构破坏机制，大型复杂结构减震理论和技术研究等。

防灾减灾是一项长期复杂的工作[12]，不仅需要多学科的交叉融合和支持，从根本上解决所面临的科学技术难题，而且要充分利用和推广各类成熟的科学技术，切实提高工程结构的抗灾能力和水平。

1.4　工程结构防灾减灾发展趋势

当今时代人类正面临着资源耗竭和生态环境恶化的严峻挑战，我国在快速城市化的发展过程中资源瓶颈危机已经凸显。随着我国劳动力价格不断增加，传统建筑业的人口红利将不再延续，土木工程行业亟待转型升级。因此，大力推行新型建筑工业化和智能建造，实现建筑业绿色、高质量、可持续发展具有重要且迫切的现实意义。

在由大规模建设向精细化建造、运维与提升转型的背景下，我国城市发展理念也在逐渐转型升级。伴随着生活水平的提升，更加宜居、便捷、安全的城市生活已成为人民的新追求。当前我国已进入新型城镇化时代，但城市建筑与基础设施在综合功能、运行效率、使用品质、治理和管理手段等方面依然存在诸多问题。地震、台风、暴雨、火灾等灾害给城市带来的损失日益严重，交通拥堵、环境污染等问题给城市运行效率和人民生活带来的困扰日益加剧，近期暴发的新型冠状病毒肺炎等恶性传染病给人民生命安全带来的威胁和对城市应急管理能力提出的挑战日益突出，现有城市运维管理体系与政府管理部门为满足人民对美好生活向往所需要提供的服务之间的矛盾日益凸显。

当前，以物联网、大数据、云计算、人工智能、机器人等为代表的自动化、信息化、智能化技术快速发展，为解决上述问题和挑战带来了新的契机。在信息化和智能化发展的大背景下，智能化将成为土木工程未来发展的重要方向。通过将传统建筑与土木工程技术和智能设备、机器人等装备以及物联网、5G、大数据、云计算、人工智能等先进技术进行深度交叉融合，带来建筑与基础设施全寿命周期智能化革命，并在经济、社会、自然等方面产生积极的影响，大幅提高劳动生产率，全面提升建造运维品质，显著增强建筑与基础设施的安全性和韧性，促进人与自然和谐共生及资源持续高效利用，实现土木工程的"可持续、高品质、绿色化和智能化"。

实现建筑与基础设施性态信息可感知、真实性态可评价、未来性能可预测、性能可控制和提升是土木工程行业未来发展的需求，是适应新时代建筑与基础设施建造、运维、拆除和资源再利用全寿命周期智能化理念的重大变革，也是跨越式提升土木工程行业智能化水平的必由之路。

1.4.1　智能设计、智能材料与智能结构

以人为本、绿色发展和高质量发展已经成为土木工程转型升级新理念，推进以人为核心的新型城镇化已经成为建筑业发展的新目标。智能设计的实现需新一代信息技术、人工智能技术和土木工程的物理内涵深度交叉融合，以智能化技术代替人类完成复杂设计工作。

传统人工设计是人的主观决策思维过程，依赖人的智能搜索可行目标，基于人的观察和认知进行迭代，在确定的建筑造型约束基础上改变设计参数，寻求最佳性能结果。早期的智能化设计更多是人工辅助的自动化建筑设计，基于专家经验或传统机器学习模型，完成混凝土板等简单构件设计。近期参数化的生成式设计是一种基于生成规则和拓扑优化理论，自动寻求最佳性能结果和布置形式的智能设计方法。

生成规则包括物理方法、数值方法或图形语言法等，拓扑优化方法包括模拟退火算法、遗传算法、蒙特卡洛搜索树算法等基于启发式搜索的算法，通过设置强度、刚度、稳定性、场地等约束条件，实现结构重量、美观性、施工便捷性等目标函数的最优解。但是，基于拓扑优化的生成式设计方法效率较低，只能实现设计场景和结构形式较为简单的智能化设计，难以应对真实建筑与基础设施智能化设计所需要的复杂约束条件下的多目标、多任务优化需求。

深度学习和基于拓扑优化的生成式设计的融合可能是智能设计未来发展方向之一。通过知识图谱构建、深度学习、强化学习等给予计算机归纳推理和认知推理能力，综合海量信息与人类知识建立起计算机强大的感知能力和灵活学习能力，是近期的发展趋势之一。当前，机器学习已具备从数据中学习、推理和决策的能力，但如何刻画建筑设计的本质需求，让计算机理解人的设计内核，仍然是人工智能方法面临的巨大挑战。

总体上，当前建筑和基础设施智能设计的发展尚处于初级阶段，人机协同的智能化和拓扑优化已具备一定基础，亟需突破人机高度协同的智能化设计理论与方法以及多任务、多目标的智能优化理论。但更进一步，智能设计如何使机器完全智能化地实现人的需求，输出建筑与结构，实现美学与力学融合，还面临诸多挑战，包括：（1）"形-力耦合"的高效智能设计生成算法。（2）融入工程逻辑的多目标优化算法和解空间高效搜索优化算法。（3）基于知识图谱构建策略的建筑美观性数学模型，力学、美学融合的智能设计方法和模型。全寿命周期设计-建造-运维新理念的实现基础是具备智能化特征与能力的新型高性能结构体系，因此也对智能材料和智能结构体系的发展提出了新要求。

智能结构的基本特征是自感知、自决策、自适应、自修复，应具备自主感知和自主调整控制能力。其中，自感知可以通过智能材料或感知装备实现。当前智能材料的发展包括压电材料、形状记忆材料、光导纤维、电（磁）流变液、磁致伸缩材料和智能高分子材料等，但如何集成和输出感知信号依然面临巨大困难。并且在结构体系层面，具备自主控制能力的结构尚不成熟，智能结构体系的服役全过程工作机理、自主控制理论和设计理论也有待深入研究。总体上，智能材料与智能结构目前基础薄弱，智能材料的感知理论和技术及智能结构的理论体系有待建立。

1.4.2 智能建造

智能建造是在新一轮科技革命大背景下，智能技术与工程建造系统融合形成的工程建造新模式，即利用现代信息和智能技术，通过规范化建模、全要素感知、网络化分享、可视化认知、普适性计算、智能化决策，以及人机智能共融，实现数字链驱动下的工程项目设计、构配件制造、现场安装以及运维服务的一体化协同，进而促进工程价值链提升和产业变革，其目标是为用户提供以人为本、绿色高质量的智能化工程产品与服务。

在构配件生产制造阶段，目前已实现了信息化技术的广泛应用，大幅度提升了自动化水平和生产效率，如混凝土构件的钢筋自动化加工、3D打印构件、机器人焊接和简单钢构件的自动化生产等。在构配件质量验收阶段，发展了基于数字图像等方法的自动化产品缺陷检测技术。但是，目前建筑结构体系和建造工艺流程并不适合智能建造技术的应用，实现智能建造还需要首先推动新型工业化建筑结构体系的革新。

智能建造是人工智能、工程科学技术和建造装备的高度融合，其关键和难点是安装现场智能化，基础科学问题包括泛在感知、现场智能实时解析、人机环结构共融的控制决策理论。具体而言，泛在感知需要实现动态场景的全要素信息感知、多源异构传感的组网和融合，面临的挑战包括：（1）复杂环境下传感网络自适应调控机理。（2）多源异构传感器及传输网络的柔性组网技术、融合感知方法。（3）不完备信息条件下空间的感知与表征方法。智能实时解析需要实现海量异构数据实时解析、计算分析、决策，面临的挑战包括：（1）多元异构数据的融合挖掘。（2）基于深度学习的复杂场景安全风险识别与灾变演化预测。（3）数理融合驱动的智能分析方法。人机环结构共融的控制决策理论面临的挑战包括：（1）复杂工地场景下人机协同控制方法。（2）智能化工程机械作业控制决策方法。（3）质量动态评估和作业优化调控理论与算法。

1.4.3 智能诊治与运维

保障海量建筑和基础设施高效服役运营已成为行业亟需解决的关键问题，传统以人工为主的工程诊治和运维技术面临巨大瓶颈。因而，建筑和基础设施智能化诊治和运维技术需求日益迫切。

智能诊治和运维从技术流程可以分为信息感知、分析识别、评价、预测与控制四个主要环节，面临的场景既包括建筑、桥梁、公路、铁路等各类基础设施的主体结构与配套功能性附属构件，也包括复杂的环境、人流、物流等各种要素。目前，信息化技术在诊治和运维领域已经得到广泛应用，并且实现了简单场景下的智能化诊治和运维，如基于三维扫描的隧道结构变形识别预警、基于视觉模型的地下结构渗漏识别预警、基于无人机的桥梁裂缝等健康状态识别、基于深度学习和视觉模型的滑坡隐患识别预警、基于三维重建的钢结构变形识别系统、基于计算机视觉的位移振动监测和模态参数识别等。但是，如何让计算机代替专家认知建筑与基础设施性能，并对其性能做出评价、预测与控制仍然是核心瓶颈，如基础设施综合安全性能评价、灾害性能评估等。

在信息感知方面，已取得系列创新成果，在大型工程结构中实现了应用，推动了智能诊治和运维技术的发展。例如，各类光电感知装备、新型感知材料、感知数据传输装备等。但是，当前的感知理论与方法只解决了部分场景的性态感知问题，要实现建筑与基础设施各类性态和环境要素的全息感知，面临着海量多源、异构、不完备数据多维度全息感知的技术挑战，需要进一步完善相应要素的感知理论、方法及设备。从经济性角度考量，进行感知设备的优化配置，解决感知信息不完备问题，需要进一步研究。在智能性态识别方面，需通过感知信息对建筑与基础设施的功能性指标实现智能分析识别。

当前基于视觉模型的智能识别发展较快，但在识别效率和精度方面有待进一步提升，高效识别算法需进一步完善。并且，结构的物理、力学等各类复杂性态的专业化识别理论和方法，很多还不成熟甚至是空白，智能识别技术的实现任重而道远。

面临的挑战包括：（1）基于大数据、数据分析与挖掘、深度学习、数理融合等理论的智能认知模型和识别方法。（2）基于多源数据协同感知和数据推理的不完备缺失信息的结构性态推演和动态感知方法。在智能性能评价方面，需要通过基础设施性态感知和识别数据，对其服役性能和安全风险做出评价。目前已实现了部分性能指标的智能化评价。基于大数据分析和专家经验等方法，已经可以实现桥梁结构、空间结构的内力、变形、振动特性等性能的智能化评价。但是，建筑和基础设施的性能指标类型多，其他很多性能指标的智能评价方法仍然有待建立。并且，综合考虑各类性能指标耦合影响的建筑与基础设施综合服役状态智能化评价理论体系仍有待发展。同时，单纯基于大数据和专家经验的智能评价方法，仅是简单的知识和数据耦合驱动的智能化评价方法的应用，还有很大局限性。

在智能化性态演变和未来性能预测方面，需要基于信息感知、识别和评价结果，考虑到全寿命周期服役性能时变演化历程，对基础设施的服役性能进行预测与控制，这方面目前研究较少。面临的挑战包括：（1）考虑不确定性因素，基于数据挖掘、认知推理、知识融合或数理模型融合的性态指标演变和服役性能预测理论与方法。（2）建筑与基础设施智能维护与性能提升理论与方法[13]。

第2章 地 质 灾 害

2.1 地质灾害的概念及分类

2.1.1 地质灾害的概念

地质灾害是指由于自然或人为作用，多数情况下是二者协同作用引起的地表或地下岩土体产生各种变形及运动，对人类生命财产和生存环境造成危害的地质作用或现象，称为不良地质现象。

地质灾害的形成、发生，以及时空分布规律既受制于自然环境条件，又与人类活动密切关联，往往是人类与自然界相互作用的结果。研究地质灾害的发生规律、影响因素、形成条件、发生机理及工程防控等，是防灾减灾的重要基础和前提。

2.1.2 地质灾害的分类

地质灾害的种类繁多，不同类型地质灾害的危害性、发生机理、评价和防控技术方法差异巨大，详细了解地质灾害分类是针对性地开展防灾减灾工作的重要前提。目前，地质灾害主要从以下几个方面进行分类。

（1）根据地质灾害形成的动力性质，可分为内动力地质灾害、外动力地质灾害、人为动力地质灾害。根据地质灾害的活动过程，可分为突发性地质灾害、缓发性地质灾害。根据地质灾害发生地区的地理或地貌特征，可分为山地地质灾害，如崩塌、滑坡、泥石流等；平原地质灾害，如地质沉降等。

（2）按地质灾害造成的人员伤亡、经济损失大小进行分级，可分为特大型、大型、中型、小型。其中，特大型：受灾害威胁，需搬迁转移人数在 1000 人以上，因灾死亡 30 人以上或因灾造成直接经济损失 1000 万元以上。大型：受灾害威胁，需搬迁人数在 500 人以上、1000 人以下，因灾死亡 10 人以上、30 人以下，或因灾造成直接经济损失 500 万元以上、1000 万元以下。中型：受灾害威胁，需搬迁人数在 100 人以上、500 人以下，因灾死亡 3 人以上、10 人以下，或因灾造成直接经济损失 100 万元以上、500 万元以下。小型：受灾害威胁，需搬迁人数在 100 人以下，因灾死亡 3 人以下，或因灾造成直接经济损失 100 万元以下。

（3）根据地质灾害的发生机理和灾害特征，可分为滑坡、崩塌、泥石流、地面塌陷、地裂缝、地震、火山活动等。

　　按照地质灾害的发生机理及灾害特征进行分类，是目前最常用的分类方法，是深入认识灾害发生过程、合理评价灾害致灾效应、有效采取灾害防控技术措施的基础。其他的分类主要考虑局部因素或者条件，属于局部分类，是对灾害研究的有效补充。

2.2　滑坡灾害及其治理

2.2.1　滑坡的定义与形成条件

1. 滑坡的定义

　　滑坡是指斜坡上的岩土体因受河流冲刷、地下水活动、雨水浸泡、地震作用或人工切坡等因素影响，在重力及荷载作用下，沿着一定的软弱面或软弱带，整体或者分散地顺坡下滑的自然现象。

　　滑坡滑动过程中会携带大量的石块、泥沙以及各种碎屑物，容易造成严重的灾害。如图 2-1、图 2-2 为 1920 年海源地震诱发西吉县党家岔和夏家大路黄土滑坡，其中党家岔滑坡形成了黄土地区最大的堰塞湖，夏家大路滑坡掩埋了 6 个村庄，造成巨大的灾难。图 2-3 为 2018 年 8 月 9 日兰州市北环路黄土滑坡，阻断交通 22 天。图 2-4 为 2022 年 9 月 1 日青海海东市滑坡，摧毁大量房屋，造成 7 人死亡。

图 2-1　西吉县党家岔滑坡

图 2-2　西吉县夏家大路滑坡

图 2-3　兰州市北环路黄土滑坡

图 2-4　青海海东市滑坡

滑坡的形成与发生并不是瞬时发生的，根据滑坡形成过程的特点，可将滑坡分为四个阶段：蠕滑阶段、临滑阶段、滑动阶段和停歇阶段[14-15]。

（1）蠕滑阶段：破坏初期，在重力的长期作用下斜坡岩（土）体发生缓慢、匀速、持续的微量变形并产生细小裂缝，伴有局部拉张、剪切破坏，随着雨水的不断入渗，滑坡后缘出现拉裂缝，两侧出现断续剪切裂缝。

（2）临滑阶段：随着雨水的不断入渗，滑面摩擦力减小，不连续破裂面相互连通，导致岩体的强度不断降低，岩体变形速率不断加大，后缘拉裂面不断加深扩展，前缘隆起，有时伴有鼓张裂缝，变形量急剧加大。

（3）滑动阶段：随着坡体的进一步破坏，破裂面相互贯通，在水压力和重力作用下，滑体开始滑动。不同滑坡的滑动速度、距离等特征各不相同。

（4）停歇阶段：随着势能的不断转化，滑动能量逐渐消失，滑体的滑动速率逐渐下降直至为零，滑体达到新的平衡状态。

2. 滑坡的形成条件

滑坡发生的最基本条件是斜坡具有临空面、坡前有滑动空间。松散土层、碎石土、风化壳和半成岩土层的抗剪强度低，容易产生滑坡。坚硬岩石由于抗剪强度较大，能够承受较大的剪切力不易滑动。滑坡的形成条件主要受内因和外因控制，主要包括地形、地质、气候、地震、人类活动等。

1）地形条件

（1）滑坡主要发生在倾角为 20°～45°的斜坡上，倾角 20°以下的斜坡基本稳定，45°以上的斜坡多会发生崩塌。

（2）凹形坡稳定性高，直线形斜坡稳定性较高，凸形坡稳定性较低。

2）地质条件

（1）易滑动地层

滑坡多发于容易形成滑动面的软弱地层和破碎带中。根据滑坡体物质成分可分为土质滑坡、岩质滑坡、半成岩地层滑坡。

（2）坡体结构

坡体结构可分为类均质结构、近水平层状结构、顺倾层状结构、反倾层状结构、块状结构和碎裂结构，不同类型的坡体结构对应不同的破坏模式。

（3）地质构造

地质构造活动引起岩层断裂或褶皱，节理裂隙发育，同时会形成软弱破碎带和地下水渗流优势通道，形成滑坡的有利条件。

（4）地下水

多数滑坡的发生与地下水活动密切相关。地下水长期冲刷导致滑带岩土体强度降低，增加了滑体重量，水化学作用和溶滤作用也会降低滑带土强度。

3）气候条件

滑坡多发生在雨季或春季冰雪融化时，尤其是大雨、暴雨、久雨中发生的滑坡更多。此外，风蚀、雨雪入侵、冻融等，引起斜坡岩体膨胀、崩解和收缩，改变斜坡岩体的性质进而影响斜坡的稳定性。

4）地震作用

地震诱发滑坡主要表现为：①地震产生的强大附加应力，使已接近临界稳定状态的斜坡发生滑动。②地震松动了岩土体，地表出现大量裂缝，在后期降雨、人类工程活动、长期蠕变等作用下形成震后型滑坡。

5）人为因素

不合理的坡脚开挖，破坏斜坡的稳定性，扩大临空面或造成软弱结构面临空。坡体加载改变坡体应力条件，破坏应力平衡状态。砍伐植被和开垦耕种，加剧地表地下水的迁移与循环引发滑坡。矿山开采、爆破等产生工程振动诱发滑坡。

2.2.2　滑坡的要素、分类及发生条件

1. 滑坡的组成要素

典型滑坡一般包括如下组成要素或特征，如图 2-5 所示。

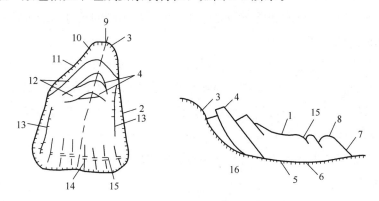

图 2-5　滑坡的组成要素

1—滑坡体；2—滑坡周界；3—滑坡壁；4—滑坡台阶；5—滑动面；6—滑动带；

7—滑坡舌；8—滑动鼓丘；9—滑坡轴；10—破裂缘；11—滑坡洼地；12—拉张裂缝；

13—剪切裂缝；14—扇形裂缝；15—鼓张裂缝；16—滑坡床

（1）滑坡体：滑坡的整个滑动部分，简称滑体。

（2）滑坡周界：滑坡体和周围不动的岩、土体在平面上的分界线。

（3）滑坡壁（破裂壁）：滑坡体后缘与不动的山体脱离开后，暴露在外界的分界面。

（4）滑坡台阶和滑坡埂：由于各段土体滑动速度差异，在滑坡体表面形成台阶状的错台称为滑坡台阶。滑坡台阶因旋转倾斜在台阶边缘形成的陡窄长埂称为滑坡埂。

（5）滑动面：滑坡体沿下伏不动体下滑的分界面称为滑动面，简称滑面。

（6）滑动带：滑动面上部受滑动揉皱的地带称为滑动带，简称滑带。

（7）滑坡舌（滑坡头）：滑坡前缘形如舌状的凸出部分，简称滑舌。

（8）滑坡鼓丘：滑坡体前缘因受阻力而隆起的小丘。

（9）滑坡轴：滑坡体滑动速度最快的纵向线。代表整个滑坡的滑动方向，一般位于推力最大、滑床凹槽最深的纵断面上。

（10）破裂缘：滑坡体在坡顶开始破裂的地方。

（11）滑坡洼地：滑动时滑坡体与滑坡壁分离后，形成的沟槽或中间低四周高的封闭洼地。

（12）拉张裂缝：位于滑坡体后部，多呈弧形分布，与滑坡壁方向大致平行。

（13）剪切裂缝：位于滑坡体中部两侧，滑动体与不滑动体分界处，此裂缝的两侧常伴有羽毛状裂缝。

（14）扇形裂缝：位于滑坡体中前部，尤其以滑舌部分为多，呈放射状分布。

（15）鼓张裂缝：滑坡体前部因滑动受阻而隆起形成的张裂缝，其方向垂直于滑动方向。

（16）滑坡床：滑坡体滑动时所依附的下伏不动体，简称滑床。

2. 滑坡的分类

合理的滑坡分类对于认识和防治滑坡是必要的，但由于自然界中地质环境和作用因素的复杂性、各类工程活动目的和要求的多样性，可以从不同的角度对滑坡进行分类[16]。

1）按滑动面特征划分

（1）顺层滑坡：沿已有层面或层间软弱面等发生滑动而形成的滑坡，如岩层层面、不整合面、节理或裂隙面、松散层与基岩的界面等，大多分布在顺倾向的斜坡上。

（2）切层滑坡：滑坡面与岩层面相切，常沿倾向山外的一组断裂面发生，滑床多呈折线状，多分布在逆倾向岩层的斜坡上。

（3）无层滑坡：发生在均质、无明显层理的岩土体中的滑坡。

2）按滑坡体积划分

（1）巨型滑坡：滑体体积＞1000万 m^3。

（2）大型滑坡：滑体体积100万～1000万 m^3。

（3）中型滑坡：滑体体积10万～100万 m^3。

（4）小型滑坡：滑体体积＜10万 m^3。

3）按物质组成划分

（1）黄土滑坡：滑坡体由黄土构成，大多发生在黄土体中，或沿下伏基岩面滑动。

（2）基岩滑坡：滑坡体由基岩构成，滑动面在基岩中。

4）按滑体厚度划分

（1）浅层滑坡：滑体厚度在6m以内。

（2）中层滑坡：滑体厚度在6～20m。

（3）深层滑坡：滑体厚度在20～50m。

（4）超深层滑坡：滑体厚度在50m以上。

5）按滑动速度划分

（1）蠕动型滑坡：人类凭肉眼难以看见其运动，只能通过仪器观测才能发现的滑坡。

（2）慢速滑坡：滑动速度约为每天数厘米至数十厘米，人类凭肉眼可直接观察到。

（3）中速滑坡：滑动速度约为每小时数十厘米至数米的滑坡。

（4）高速滑坡：滑动速度约为每秒滑动数米至数十米的滑坡。

6）按形成时代划分

（1）新滑坡：现今正在发生的滑坡。

（2）老滑坡：全新世以来发生滑动，现今整体稳定的滑坡。

（3）古滑坡：全新世以前发生滑动的滑坡，现今整体稳定的滑坡。

7）按引起滑动的力学性质划分

（1）牵引式滑坡：斜坡下部首先失稳发生滑动，继而牵动上部岩土体向下滑动的滑坡。一般速度较慢，多呈上小下大的塔式外貌，横向张性裂隙发育，表面多呈阶梯状或陡坎状，常形成沼泽地。

（2）推移式滑坡：斜坡上部首先失去平衡发生滑动，并挤压下部岩土体使其失稳而滑动的滑坡。滑动速度较快，多呈楔形环谷外貌，滑体表面波状起伏，多见于有堆积物分布的斜坡地段。

（3）混合式滑坡：牵引式滑坡和推动式滑坡的混合形式。

（4）平移式滑坡：始滑部位分布于滑动面许多部位，同时局部滑移，然后贯通为整体滑移。

8）按滑坡的形成机制划分

（1）楔形体滑坡：滑动面及切割面均为较大的断层或软弱结构面，常出现于人工开挖的边坡，其规模一般较小。

（2）圆弧面滑坡：常见于具有半胶结特性的土质滑坡中，规模一般较大，其发育演化过程表现为坡脚蠕动变形、滑坡后缘张裂扩张和滑坡中部滑床剪断贯通三个阶段。

（3）崩塌碎屑流滑坡：一般具有较高的滑动速度，多发生在两岸斜坡较陡的峡谷地区，高速运动的滑坡体在抵达对岸受阻后反冲回弹而顺峡谷向下游"流动"，形成碎屑流堆积体。

2.2.3　滑坡稳定性分析评价

滑坡的稳定性，与它所处的发育阶段密切相关。不同的发展阶段，有与之相应的稳定系数范围。对于一个具体滑坡的研究，必须了解该滑坡的具体稳定状态，同时应了解滑坡稳定状态的变化趋势。

对于滑坡稳定性的评价判断，有定性分析和定量计算两类方法。定性分析方法为工程地质分析方法，主要是通过对地质条件和影响因素的分析，结合已有实例和经验进行对比，并可配合试验加以验证，从而对滑坡的稳定性做出评价。定量计算方法主要是采用岩土力学的基本理论，结合适当的边界条件和计算参数，定量计算滑坡的稳定性[17-18]。

1. 工程地质分析法

从地形地貌特征、地质条件、变形迹象以及各种促发因素对滑坡当前所处的稳定状态及其发展趋势做出总的分析、判断，这也是进行滑坡稳定性定量计算的前提。

1）根据地貌特征分析

根据地貌特征可参考表 2-1 判断滑坡的稳定性。

根据地貌特征判断滑坡稳定性　　　　　　　　　　表 2-1

滑坡要素	相对稳定	不稳定
滑坡体	地形较缓，坡面较平整，草木丛生，土体密实，无松塌现象，两侧沟谷已下切深达基岩	坡面较陡，平均坡面 30°，坡面高低不平，有陷落现象，无高大直立树木，地表泉水、湿地发育
滑坡壁	滑坡壁较高，长满草木，无擦痕	滑坡壁不高，草木少，有坍塌现象，有擦痕
滑坡平台	平台宽大，且已夷平	平台面积不大，有向下缓倾或后倾现象
滑坡前缘及滑坡舌	前缘斜坡较缓，坡上有河水冲刷的痕迹，并堆积了漫滩阶地，河水已远离舌部，舌部坡脚有泉水	前缘斜坡较陡，常处于河水冲刷之下，无漫滩阶地，有时有季节性泉水出露

　　也可利用滑坡工程地质图，根据滑坡位移与周围稳定地段地物、地貌差异，以及滑坡变形历史等分析地貌发育过程和推断变形发展趋势，判定滑坡整体和局部的稳定性。

　　2）工程地质及水文地质条件对比

　　将滑坡地段的工程地质及水文地质条件与附近相似条件的稳定山坡进行对比，分析其差异，从而判定其稳定性。

　　（1）下伏基岩呈凸形，不易积水，较稳定；相反，呈勺形，且地表有反坡向地形，易积水，不稳定。

　　（2）滑坡两侧及滑坡范围内同一沟谷的两侧，在滑动体与相邻稳定地段的地质断面中，详尽地对比描述各层的物质组成、结构、矿物含量和性质、风化程度等的分布，借以判断斜坡稳定状态。

　　（3）分析滑动面的坡度、形状、与地下水的关系，软弱结构面的分布及其性质，以判定其稳定性及估计今后的发展趋势。

　　2. 理论计算法

　　理论计算法是将岩土力学、弹塑性理论、现代数值计算、最优化理论、概率论、可靠度分析等多种力学和数学方法应用于斜坡稳定性的定量评价。表 2-2 为滑坡稳定性评价方法汇总表。

滑坡稳定性评价方法汇总表　　　　　　　　　　表 2-2

方法类型与名称		应用条件和要点
刚体极限平衡计算法	瑞典条分法（1927 年）	圆弧滑面，定转动中心，条块间作用合力平行滑面
	毕肖普法（1955 年）	非圆弧滑面，拟合圆弧与转心，条块间作用力水平，条间切向力 X 为零
	江布法（1956 年）	非圆弧滑面，精确计算，按条块滑动平衡确定条间力，按推力线（约滑面以上 1/3 高处）确定法向力 E 作用点，简化计算条间切向力 $X=0$，再对稳定系数进行修正
	斯宾塞法（1967 年）	圆弧滑面，或拟合中心圆弧。X/E 为一给定常值

续表

方法类型与名称		应用条件和要点
刚体极限平衡计算法	摩根斯坦-普赖斯法（1965 年）	圆弧或非圆弧滑面。X/E 存在与水平方向坐标的函数关系：$X/E_1 = \lambda f(X)$
	传递系数法	圆弧或非圆弧滑面。条块间合力方向与上一条块滑面平行（$X_1/E_1 = \tan\alpha_1 - 1$）
	楔体分析法（霍埃克，1974 年）	楔形滑面，各滑面均为平面，以各滑面总抗滑力和楔体总体滑力确定稳定系数
	萨尔玛法（1979 年）	非圆弧滑面或楔形滑面等复杂滑面。认为除平面和圆弧面外，滑体必先破裂成相互错动的块体才能滑动，方法以保护块体处于极限平衡状态为准，确定稳定系数
弹塑性理论计算法	塑性极限平衡分析法	适于土质斜坡，假定土体为理想刚塑性体，按摩尔-库伦屈服准则确定稳定系数
	点稳定系数分析法	适于岩质斜坡，用弹塑（粘）有限元数值法，计算斜坡应力分布状况，按摩尔-库伦破坏准则计算出破坏点塑性区分布状况，据此确定系数
破坏概率计算法	解析法	根据抗剪强度参数的概率分布，通过解析分析计算斜坡稳定系数 K 值的理论分布
	蒙特-卡洛模拟法	通过计算抗剪强度参数的均匀分布随机数，获得参数的正态分布抽样，进而模拟 K 值的分布，并计算 $K<1$ 的概率
变形破坏判据及算法	变形起动判据分析法	按各类变形机制模式起动判据，判定斜坡所处变形发展阶段
	失稳判据分析法	按各类变形机制模式可能的破坏方式及其失稳判据进行计算，推定稳定性系数

2.2.4　滑坡的防治原则与措施

1. 滑坡的防治原则

滑坡防治是一项复杂性、系统性的工程，滑坡的防治必须坚持"以防为主、防治结合、综合治理"的原则[19-22]，具体分析可以概括为以下几点：

（1）"以防为主"是滑坡防治的首要原则，它有两个方面的含义：一是要弄清斜坡的演变规律，在查明导致斜坡稳定性降低的主导因素的基础上，采取消除和改变这些因素的措施，对可能发生滑坡的斜坡进行预防性治理，以防止滑坡的发生。二是在建设工程选址和布局时，应尽量避开滑坡体规模较大、严重不稳定和治理极为复杂的斜坡地段。

（2）滑坡防治应及时果断，一次根治不留后患。要及时查明斜坡目前的稳定状况，要根据影响斜坡稳定性的主要因素，果断采取相应的防治措施，迅速制止斜坡发生危害性变形与破坏。

（3）根据工程重要性的不同采取不同的防治措施。斜坡失稳后果严重的重大工程，要提高稳定安全系数，防治工程的投资量大；而非重大工程和临时工程，则可采取较简单的防治措施。

（4）滑坡防治应根据滑坡危害性制定治理方案。对于威胁重大永久性工程安全或对国家和人民危害性严重的滑坡，应采取比较全面、严密、综合的防治措施，以保证斜坡具有较高的抗滑稳定安全系数。

2. 滑坡防治措施

目前，国内外在治理滑坡实践中积累了丰富的经验，总结出了一套治理滑坡的有效措施，主要概括为绕避滑坡、排水护坡、力学平衡和滑带土改良四类。

1）排水工程

滑坡滑动多与地表水或地下水活动有关。因此在滑坡防治中往往要设法排除地表水和地下水，避免地表水渗入滑体，减少地表水对滑坡岩土体的冲蚀和地下水对滑体的浮托，提高滑带土的抗剪强度和滑坡的整体稳定性。

地表排水的目的是拦截滑坡范围以外的地表水使其不能流入滑体，同时还要设法使滑体范围内的地表水流出滑体范围，减小其对滑坡稳定的影响。地表排水工程一般采用截水沟和排水沟等。

排除地下水是指通过地下建筑物拦截、疏干地下水，降低地下水位，减小作用在滑带上的孔隙水压力，提高滑带土的抗剪强度，从而提高滑坡的稳定性。地下排水工程是治理滑坡的主体工程之一，特别是地下水发育的大型滑坡，地下排水工程应是优先考虑的措施。地下排水工程根据地下水的类型、埋藏条件和工程的施工条件，常用的措施有截水盲沟和盲洞、支撑盲沟、仰斜（水平）孔群排水、垂直钻孔群排水、井点排水、排水隧洞、虹吸排水等。

2）护坡工程

护坡工程主要是指对滑坡坡面的加固处理，目的是防止地表水冲刷和渗入坡体。对于黄土和膨胀土滑坡，坡面加固防护较为有效。具体方法有挂网喷浆、混凝土格构护坡和浆砌片石护坡等。混凝土格构护坡的方格内铺种草皮，不仅绿化美观，更可起到防冲刷作用。

3）减重与反压工程

通过削方减载或填方加载方式来改变滑体的力学平衡条件，也可以达到治理滑坡的目的。但这种措施只有在滑坡的抗滑地段加载，主滑地段或牵引地段减重才有效。

减重工程对推动式滑坡，在上部主滑地段减重，常起到根治滑坡的效果。对其他性质的滑坡，在主滑地段减重也能起到减小下滑力的作用。减重一般适用于滑床为上陡下缓、滑坡后壁及两侧有稳定的岩土体，不致因减重而引起滑坡向上和向两侧发展造成后患的情况。

反压工程即在滑坡的抗滑段和滑坡体外前缘堆填土石加重，如做成堤、坝等，能增大抗滑力而稳定滑坡。填方时，必须做好地下排水工程。

减重工程与反压工程可以结合使用。对于某些滑坡可根据设计计算后，确定需减小的下滑力大小，同时在其上部进行部分减重和在下部反压。减重和反压后，应验算滑面从残存的滑体薄弱部位及反压体底面剪出的可能性。

4）抗滑支挡工程

抗滑支挡工程，包括抗滑挡土墙、抗滑桩、预应力锚索抗滑桩、预应力锚索格构或地梁等，由于它们能迅速恢复和增加滑坡的抗滑力，使滑坡得到稳定而被广泛应用。

（1）抗滑挡土墙。挡土墙是指在两侧地面有一定高差地段设计的用于侧向支撑土体的构造物，抗滑挡土墙一般为重力式挡土墙，以其重量与地基的摩擦阻力抵抗滑坡推力。其材料可采用浆砌片石、块石、混凝土等。

重力式挡土墙适用于移民迁建区的居民区、工业和厂矿区以及航运、道路建设涉及的规模小、厚度薄的滑坡阻滑治理工程。抗滑挡土墙一般设置于滑体的前缘，充分利用滑坡抗滑段的抗滑力以减小挡墙的截面尺寸。若滑坡为多级滑动，当总推力太大，难以在坡脚有效支挡时，可采用分级支挡。

（2）抗滑桩。抗滑桩是将桩插入滑动面（带）以下的稳定地层中，利用稳定地层岩土的锚固作用以平衡滑坡推力、稳定滑坡的一种结构物。

抗滑桩一般应设置在滑坡前缘抗滑段滑体较薄处，以便充分利用抗滑段的抗滑力，减小作用在桩上的滑坡推力，以减小桩的截面和埋深，降低工程造价，并应垂直于滑坡的主滑方向成排布设。对大型滑坡，一排桩的抗滑力不足以平衡滑坡推力时，可布设两排或三排。

抗滑桩是目前滑坡治理中被广为应用的一种工程措施，具有以下优点：①抗滑桩的抗滑能力强，在滑坡推力大、滑动带深的情况下，能够克服抗滑挡土墙难以克服的困难。②施工方便，对滑体稳定性扰动小。采用混凝土或少量钢筋混凝土护壁，安全、可靠。间隔开挖桩孔，不易恶化滑坡状态。③设桩位置灵活，可以设在滑坡体中最有利抗滑的部位，可以单独使用，也能与其他建筑物配合使用。④能即时增加抗滑力，保证滑坡的安全，利于整治在活动中的滑坡，利于抢修工程。⑤通过开挖桩孔，能够直接校核地质情况，进而可以检验和修改原来的设计，使之更切合实际。

（3）锚固工程。用于稳定滑坡的锚固工程一般由锚索（锚杆）和反力装置组成，将锚索（锚杆）的锚固段设置在滑动面或潜在滑动面以下，在地面通过反力装置（桩、格构、地梁或锚墩）将滑坡推力传入锚固段以稳定滑坡。

锚固工程具有结构简单、施工安全、对坡体扰动小、节省工程材料等特点，近年来得到了迅速发展和广泛应用。

5）植物护坡工程

植物护坡应遵循生态学原理，选用固土护坡作用强的植物，以植草为主，灌草结合。草种选用应根据防护目的、气候、土质、施工季节等确定，采用易成活、生长快、根系发达、叶茎矮或有匍匐茎的多年生草种。

植物护坡的方法较多，常用的有铺草皮护坡、植生带护坡、液压喷播植被护坡、挂三维网植被护坡、挖沟植草护坡、土工格室植草护坡、浆砌片石骨架植草护坡等。

2.2.5 典型滑坡灾害特征、评价和防治

1. 典型滑坡灾害特征

我国地域辽阔，地形地质条件复杂多样。总体特征是地势西高东低，高低起伏变化强烈，山地占国土面积的 70% 以上。地质构造复杂，新构造活动强烈，青藏高原近期强烈隆升，河谷深切，形成峡谷高山地貌，谷坡高陡，数百米至千余米高的谷坡广泛分布在西南山区。这样的地形、地质、气象条件和强烈的人类工程活动，使滑坡灾害遍及全国山地丘陵区，已知数量近百万处之多，构成灾害的数以十万计，活动面积约占国土面积的 45%。

1）山阳县中村镇烟家沟碾沟村滑坡

2015 年 8 月 12 日 0 时 30 分左右，陕西省山阳县中村镇烟家沟碾沟村发生特大型山体滑坡灾害，如图 2-6～图 2-8 所示。滑坡体掩埋了中村钒矿 15 间职工宿舍及 3 间民房，造成 8 人死亡、57 人失踪。

图 2-6　山阳县中村镇烟家沟滑坡　　　图 2-7　滑坡发生前后及剖面　　　图 2-8　滑坡发生过程

滑坡位于陕西省商洛市山阳县中村镇以南的烟家沟沟内，为大西沟与烟家沟的交界处。滑坡后壁顶面高程约 1263m，剪出口高程 1015～1075m。滑体长约 550m、宽约 130m、厚 10～40m，滑坡堆积区的平面形态为斜长的喇叭形，面积约 7.5 万 m²，体积约 168 万 m³。滑坡体成分主要为白云岩块体，单个块体最大体积约 161m³，自滑坡堆积体

后缘到前缘块体粒径由大变小，前缘为粉碎性的白云岩、炭质黏土岩、硅质岩和矿渣组成的细粒混合堆积物。

山体整体失稳下滑，在烟家沟支沟左侧山体的阻挡下，滑体碰撞后改变运动路径，沿沟谷下游运动，掩埋了位于沟谷两侧的民房和采矿职工住宿区；当滑体运动至支沟与烟家沟的交界处时，受到烟家沟右侧山体的阻挡，滑体运动方向产生第 2 次改变，沿烟家沟下游方向运动并掩埋了位于沟谷右侧的采矿职工住宿区，最大滑移距离 600m 左右；最终随着能量的耗尽而停止运动。

2）安康市汉滨区大竹园镇七堰村滑坡

2010 年 7 月 18 日 20 时 06 分，安康市汉滨区大竹园镇七堰村一组寨子湾沟发生滑坡灾害，如图 2-9～图 2-14 所示。在暴雨袭击下，滑坡堆积物迅速转化为泥石流，造成 29 人死亡或失踪，损毁房屋 75 间，经济损失 273 万元。

七堰村滑坡体长约 120m，宽平均约 80m，厚 12～15m，体积约 $10 \times 10^4 \, m^3$，为一中型岩质滑坡。原始斜坡平均坡度约 43°，上、下部较陡，中间平缓，滑坡中部原有一小冲沟，村民沿坡体开垦耕地，后退耕还林。滑坡平面形态呈扇形，滑坡后壁顶部高程约为 780m，滑体底部（即原寨子沟沟底）高程约为 663m，原沟底深度超过 110m，滑坡体后缘高程约为 780m，前缘高程约为 683m，滑坡体相对高差约为 97m。

七堰村滑坡发生时，破碎岩体急速下滑，冲入寨子沟，形成高速碎屑流并对沟两侧形成铲刮，滑行约 300m，冲毁沟口的七堰村一组房屋、农田和道路，造成输电线路中断，部分较大的块体在自重作用下逐渐堆积在寨子沟内，较小块体随雨水冲入七堰沟，并堵塞七堰沟形成小型堰塞体，后被强降雨冲毁。

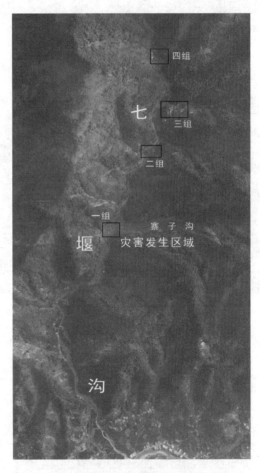

图 2-9　七堰村滑坡影像图

受特大暴雨影响，寨子沟上游发生滑坡，约 10 万 m^3 土体沿 203° 方向冲入寨子沟；滑坡土体沿 120° 方向滑行约 300m，形成泥石流，掩埋七堰村一组，造成人员伤亡；泥石流强烈撞击七堰沟右岸，改变方向，沿 60° 方向在七堰沟内流动约 500m。

图 2-10　七堰村滑坡全貌

图 2-11　损毁房屋

图 2-12　冲毁农田

图 2-13　损坏道路

图 2-14　中断输电线路

2. 滑坡防治示例

以邵吉线改造工程的路堑滑坡为例，边坡原设计中心线最大开挖深度 35m，北侧最大挖深 34.6m，南侧最大挖深 42m，原边坡设计坡率分别为 1：0.5（一级）、1：0.75（二级）、1：1（三级）。现场开挖后，由于地质条件较差，北侧边坡发生大面积滑塌、垮塌现象，大量垮塌体堵塞路堑，且北侧坡顶目前有大量张拉及剪切裂缝出现，另外，路堑南侧坡面风化剥蚀严重，且有局部坍塌现象。

滑坡体在平面形态上，近似呈不规则三角形，整体西宽东窄，滑体整体滑向 110°，与路堑小角度相交。滑坡体前缘高程为 170m，后缘高程为 215m，其中 190m 高程以下地势较平缓，190～220m 高程坡度较陡。后缘宽度为近 60m，斜长 110m，滑坡面积约为 4137m²，滑体体积近似为 $8.5 \times 10^3 m^3$，属于小型滑坡。滑坡全貌及治理工程剖面示意如图 2-15 所示。

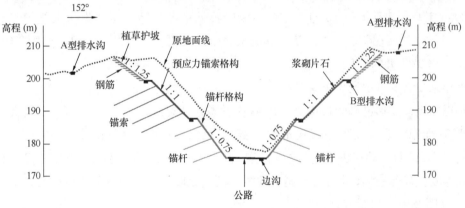

图 2-15 滑坡全貌及治理工程剖面示意

该滑坡体的发生是地层岩性、斜坡结构、人工及降雨等多因素耦合作用的结果，失稳机理比较复杂。其中，地层岩性、结构特性及斜坡形态是该滑坡体形成的背景因素，而路堑开挖、开挖坡率较陡，以及降雨则是诱发因素。

根据现场勘查和计算分析结果，结合场地条件，路堑边坡及滑坡防治措施建议以工程治理为主、现场监测为辅，力求做到经济适用。

对于路堑北侧滑坡体，在清除松散岩体的基础上，削坡减载，并设置挡墙及锚索格构进行支挡，在此基础上进行坡面裂缝填埋、地表植被，并辅以截排水措施进行综合治理。

对于路堑高边坡段，则可采取削坡减载之后，进行挡墙及锚杆格构支挡，并辅以坡面植草及截排水措施。

2.3 崩塌灾害及其防治

2.3.1 崩塌的定义及历史灾害

1. 崩塌的定义

崩塌是指陡坡上的岩体或土体在重力作用下突然从高处快速崩落、滚动或翻转下来，并堆积在坡脚或沟谷中的现象，又称崩落、垮塌或塌方。崩塌的主要特征为：（1）下落速度快，发生突然。（2）崩塌体脱离母体而运动。（3）下落过程中崩塌体自身的整体性遭到破坏。

崩塌运动的形式主要有两种：一种是脱离母体的岩块或土体以自由落体的方式坠落，另一种是脱离母体的岩体顺坡滚动。前者规模一般较小，从不足 1 立方米至数百立方米；后者规模较大，一般在数百立方米以上。

2. 典型崩塌灾害

1）重庆武隆鸡尾山山体崩塌

2009 年 6 月 5 日下午 15 时，重庆市武隆县铁矿乡鸡尾山山体发生大规模崩塌，约 500 万 m^3 被结构面切割成"积木块"状的灰岩山体沿软弱夹层发生坍塌，形成厚约 30m、纵向长度约 2200m 的堆积区，掩埋了 12 户民房，造成 10 人死亡、64 人失踪、8 人受伤，成为近年来少有的一次崩塌灾害事故[23]。

鸡尾山山体变形已有较长历史。1960 年发现张开裂缝，1998 年危岩裂缝最大宽度达 2m，2001 年以来多次发生小规模崩塌，新增裂缝最长约为 500m，并有多处纵向裂缝。2005 年 7 月 18 日，鸡尾山发生规模约为 $1.1 \times 10^4 m^3$ 的山体崩塌。2009 年 6 月 2 日，滑源区前缘发生局部崩塌，6 月 4 日同一位置再发生崩塌，并向中下部岩体转移，崩塌范围扩大[24]（图 2-16、图 2-17）。

图 2-16 鸡尾山崩塌前部地形

图 2-17 崩塌体西侧基岩山体

2）贵州省纳雍县山体崩塌

贵州省纳雍县普洒村崩塌区位于普洒村南东侧的陡峭崖壁上，海拔高程 1800～

2170m，垂直高差 370m，属构造侵蚀、剥蚀型低中山地貌和亚热带季风气候区，多年平均气温 13.6℃，多年均降雨量 1238.8mm（图 2-18）。

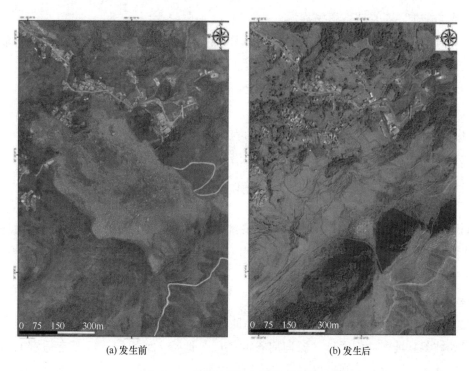

(a) 发生前　　　　　　　　　　　(b) 发生后

图 2-18　普洒村崩塌发生前后影像图

2017 年 8 月 28 日 10 时 30 分左右，贵州省纳雍县张家湾镇普洒村老鹰岩山体发生高位崩塌地质灾害，摧毁普洒村大树脚组和桥边组居民区，造成 26 人遇难、9 人失踪、8 人受伤。该崩塌区长约 145m、高约 85m、厚约 40m，崩塌体积约 $49.1×10^4 m^3$。山体失稳后，岩体迅速破碎、解体、下落，并沿下部平缓斜坡高速运动，沿途铲刮坡面原有松散物质，使体积不断增大，形成沿崩塌方向最长约 610m、平均长度约 575m、中部宽 360～380m、平均厚度约 4m、体积约 $82.3×10^4 m^3$ 的堆积体，掩埋普洒村大树脚组和桥边组居民区部分房屋，造成重大人员伤亡的灾难性后果[25]。

2.3.2　崩塌分类、形成条件及运动特征

1. 崩塌分类

1）按崩塌体物质组成划分

（1）岩质崩塌：发生崩塌的斜坡全部由各种类型的岩石组成，坡度普遍较陡。

（2）土质崩塌：多为前缘为河流冲刷、公路修建开挖边坡所致，地震崩塌以斜坡中上部土层，尤其是土层中的大块石失稳为主，并且几乎都是滑移式崩塌。黄土地区存在大量的高陡直立黄土斜坡，黄土崩塌为比较常见的土质崩塌。

（3）岩土混合崩塌：岩质崩塌与土质崩塌的组合型崩塌。

2) 按移动形式和速度划分

（1）散落型崩塌：节理或断层发育的陡坡，或是软硬岩层相间的陡坡，或是由松散沉积物组成的陡坡，常形成散落型崩塌。

（2）滑动型崩塌：沿某一滑动面发生崩塌，有时崩塌体保持了整体形态，和滑坡很相似，但垂直移动距离往往大于水平移动距离。

（3）流动型崩塌：松散岩屑、砂、黏土，受水浸湿后产生流动崩塌。

3) 按崩塌运动方式划分

（1）弹跳式崩塌：斜坡上部剥落失稳的岩体碰撞地面呈跳跃方式运动。

（2）滚动式崩塌：斜坡上失稳崩塌块体沿坡面呈滚动方式运动。

（3）滑动式崩塌：失稳崩塌的块体沿已有的层面或其他结构面呈滑移的方式运动。

2. 崩塌的形成条件

崩塌是在特定自然条件下形成的。地形地貌、地层岩性和地质构造是崩塌的物质基础，降雨、地下水作用、振动力、风化作用以及人类活动对崩塌的形成和发展起着重要的作用。

1) 地形地貌

在区域地貌上，崩塌多形成于山地、高原地貌。在局部地形上，崩塌多发生在高陡斜坡处，如峡谷陡坡、冲沟岸坡、深切河谷的凹岸等地带。崩塌的形成要有适宜的斜坡坡度、高度和形态，以及有利于岩土体崩落的临空面。这些地形地貌条件对崩塌的形成具有最为直接的作用。对于松散物组成的斜坡，坡度须大于碎屑物的休止角 $45°$，黄土须大于 $50°$，坚硬岩石须大于 $60°$。

2) 地层岩性

崩塌多发生在厚层坚硬岩层中。石灰岩、砂岩、石英岩等厚层硬脆性岩石易形成高陡斜坡，其前缘由于卸荷裂隙的发育，形成陡而深的张裂缝，并与其他结构面组合，逐渐发展贯通，在触发因素作用下发生崩塌。由缓倾角软硬相间岩层组合而成的陡坡，软弱岩层易风化剥蚀而内凹，坚硬岩层抗风化能力强而凸出，失去支撑的部分常发生崩塌。

3) 构造条件

构造与非构造成因的岩石裂隙与崩塌的形成关系密切。要形成崩塌，岩体中须发育两组或两组以上陡倾裂隙，与坡面平行的一组演化为张裂隙。裂隙的切割密度对崩塌块体的大小起控制作用。坡体岩石被稀疏但贯通性较好的裂隙切割时，常能形成较大规模的崩塌，具有更大的危险性；岩石裂隙密集而极度破碎时，仅能形成小岩块，在坡脚形成倒石堆。

4) 气候条件

气候对崩塌的形成也起到一定的促进作用。干旱、半干旱地区，由于物理风化强烈，导致岩石机械破碎而发生崩塌。季节性冻结区，由于斜坡岩石中裂隙水的冻胀作用，亦可导致崩塌的发生。

3. 崩塌的运动特征

崩塌是由岩土体组成，崩塌体之间形状大小迥异，它爆发突然，来势凶猛，运动速度快，在水平方向上具有一定的分选性。同时，崩塌运动特征是崩塌形成后最主要的活动特性，因而弄清楚崩塌的运动规律，对崩塌灾害的防治工作具有重要价值。

（1）速度快，崩塌灾害爆发后，块体运动速度十分迅猛，运动速度一般介于 5～200m/s。

（2）崩塌规模一般较大，只有在坡度小于某一临界值时，崩塌体才停积于崖脚；随坡度增大，可分别表现为滑动、滚动、跳跃和自由崩落等方式。

2.3.3　崩塌的防治措施

崩塌的防治工作首先要从崩塌产生条件的调查开始，其次要对岩石结构面和各类节理面进行充分的调查研究，分析其对崩塌产生破坏的原因，预测其发展趋势是否会对崩塌造成进一步影响，最后提出具有针对性的防治措施[26-30]。常见的崩塌防治措施主要有以下几种：

（1）锚固和挂网喷浆：在风化裂隙及卸荷裂隙发育密集的裂隙区，全部清除较为困难的情况下，先清除部分危岩体，再采用锚杆加挂网喷护锚固危岩体，以达到减缓卸荷裂隙的产生和卸荷裂隙区的扩展，以及加固已经形成的危岩体的目的。这是治理倾倒式及鼓胀式崩塌危岩体较为常用的手段，也是适用性最普遍的方法。

（2）支撑加固：使用支柱或支挡墙对边坡上突出的岩体进行支撑，该方法主要适用于完整岩体的拉裂式以及滑移式崩塌，防治危岩体的变形破坏，属于临时性防护。

（3）灌浆加固：危岩体中破裂面较多、岩体比较破碎时，为了增强危岩体的整体性，可进行有压灌浆处理。应在危岩体中、上部钻设灌浆孔。灌浆孔宜陡倾，并在裂缝前后一定宽度内按照梅花桩型布设。灌浆孔应尽可能穿越较多的岩体裂隙面，尤其是主控裂隙面。灌浆材料应具有一定的流动性，锚固力要强。通过灌浆处理的危岩体不仅整体性得到提高，而且也使主控裂隙面的力学强度参数得以提高、裂隙水压力减小。灌浆技术宜与其他技术共同使用，在施工顺序上，一般先进行锚固，再逐段灌浆加固。

（4）排水：通过修建地表排水系统，将降雨产生的径流拦截汇集，利用排水沟排出坡外。对于危岩体及裂隙中的地下水，可利用排水孔将其排出，从而减小孔隙水压力、降低地下水对坡体岩土体的软化作用。

（5）削坡与清除：削坡减载是指对危岩体上部削坡，以减轻上部荷载，增加危岩体的稳定。对规模小、危险程度高的危岩体可采用爆破或手工方法进行清除，彻底消除崩塌隐患，防止造成危害。危岩清除过程中应加强施工监测，避免暴露出的清除面引发不稳定危岩体，并在危岩实施清除处理前充分论证清除后对母岩的损伤程度。一般情况下应谨慎使用清除技术。

2.4　泥石流灾害及其防治

2.4.1　泥石流的定义及分类

泥石流是松散土体和水的混合体在重力作用下沿自然坡面或沿压力坡流动的现象，这种现象在陆地表面或江、湖、海底都会出现，地质史上的泥石流沉积岩层和泥石流地貌特征是其留下的痕迹，而这种现象多发生在条件具备的山区，并常常对人类社会和自然环境造成伤害[31]。

按照泥石流的成因、地貌条件、物质组成、固体物质提供方式、流体性质、激发因素、动力学特征、发育阶段等不同指标和综合指标，目前主要有以下几种分类[32]。

1. 按照泥石流成因分类

（1）自然泥石流，这类泥石流是由于综合的自然条件造成的。

（2）人为泥石流，这类泥石流主要是由于人类活动而引起的。

2. 按照泥石流发生的地貌条件分类

（1）河谷型泥石流，这类泥石流的发生、运动和堆积过程在一条发育较为完整的河谷内进行，固体物质主要来自河床。

（2）山坡型泥石流，这类泥石流的发生、运动过程沿山坡冲沟进行，堆积在坡脚或冲沟出口与主河交汇处，固体物质主要来自沟坡。

3. 按照泥石流物质组成分类

（1）泥石流，泥石流中土体颗粒大小分布范围广，由黏土、粉土、砂、砾、卵石直至漂砾等各种粒径的颗粒组成。

（2）泥流，泥石流中土体主要由黏土、粉土和砂组成，缺少或含很少砾和卵石颗粒。

（3）水石流，泥石流中土体主要由大量的砂、砾和卵石组成，缺少或含很少黏土和粉土颗粒。

4. 按照泥石流固体物质提供方式分类

（1）滑坡泥石流，固体物质主要由滑坡提供。

（2）崩塌泥石流，固体物质主要由崩塌提供。

（3）沟床侵蚀泥石流，固体物质主要由沟床堆积侵蚀提供。

（4）坡面侵蚀泥石流，固体物质主要由坡面或冲沟侵蚀提供。

5. 按照泥石流流体性质分类

（1）黏性泥石流（或称结构性泥石流）

土体中黏土含量一般大于 3%，泥石流体粘度大于 $0.3\,\mathrm{Pa \cdot s}$，$C_v > 50\%$，$\gamma_c > 1.8\mathrm{g/cm^3}$（泥流 $\gamma_v > 1.5\mathrm{g/cm^3}$）；呈整体层流运动，有阵流现象；流体中常保留原状土块；堆积物无分选。

（2）稀性泥石流（或称紊流型泥石流）

土体中黏土含量一般小于 3%，泥石流体粘度 小于 0.3 Pa·s，$C_v < 50\%$，$\gamma_c < 1.8\text{g/cm}^3$（泥流 $\gamma_v = 1.2 \sim 1.5\text{g/cm}^3$）；呈紊流运动，无明显阵流；堆积物有明显分选；其土体颗粒较发生泥石流的原始土体粗化。

6. 按照泥石流激发、触发和诱发因素分类

（1）激发类泥石流，由绵雨、中到大雨、暴雨、冰雪融水、冰雪雨水、冰湖或水库溃决等激发造成。

（2）触发类泥石流，由强烈地震、火山、大爆破、崩塌、滑坡等触发造成，地震烈度一般需在 7 度以上地区。

（3）诱发类泥石流，由森林破坏、采矿弃渣、地下水涌流等触发造成。

7. 按照泥石流动力学特征分类

（1）土石类泥石流，这类泥石流沿较陡的坡面运动，其中的土体运动无须水体提供动力，而是靠其自重沿坡面的剪切分力引起和维持运动。

（2）水力类泥石流，沿较缓的坡面运动，其中的土体是靠水体部分提供的推移力引起和维持其运动。

8. 按照泥石流发育阶段分类

（1）发展期泥石流，流域一般属于幼年期地形；山体破碎，坡面不稳定且日益发展；泥石流规模逐渐增大，淤积速度递增。

（2）旺盛期泥石流，流域一般属于壮年期地形；坡、沟很不稳定；泥石流发生频繁，规模变化不大，淤积速度大致稳定。

（3）衰退期泥石流，流域一般属于老年期地形；坡、沟趋于稳定；泥石流规模逐渐减小，以河床侵蚀为主。

（4）停歇期泥石流，流域内沟、坡稳定，植被已恢复，沟槽固定，沟床以水流冲刷为主，多年已未见泥石流发生。

9. 泥石流综合分类

将上述各种指标综合起来，可以进行泥石流综合分类，综合分类实际上是根据野外调查和试验研究所获得的基础资料对泥石流基本特征的概括，是采取防治对策的重要依据。

2.4.2　泥石流的发生条件及运动特征

1. 泥石流的发生条件

泥石流发生需要基本条件和触发条件，在同时具备下述三个基本条件和具备激发、触发或诱发条件之一的情况下，就会发生泥石流。

1）基本条件

（1）松散固体物质条件

自然泥石流的松散土体来源主要取决于流域地质条件。在地质构造复杂、断裂褶皱发育、新构造运动强烈、地震烈度高于 7 度的地区，山体稳定性差，岩层破碎，滑坡、崩塌、岩堆、错落、表层剥蚀等自然地质作用为泥石流形成提供丰富的松散土体。

人为泥石流的松散固体物质来源，主要由人类活动造成。矿山生产中的废渣、工程建设中的弃土，山坡遭破坏、森林被乱砍滥伐而加剧水土流失等，为泥石流形成提供了大量固体物质。

泥石流松散土体一般需要在较长时间内积累，而泥石流灾害的发生常常是以突发性的山崩、滑坡、崩塌和河床或坡面堆积物遭水流强烈侵蚀等方式在短时间内完成。

（2）水动力条件

泥石流主要由大气降水提供水动力，降雨、冰川积雪融水能为泥石流形成提供足够水体，地下水、泉水、冰湖和堵塞湖溃决也能造成泥石流。在缺少降水和地下水的情况下，饱和废渣、弃土在强烈震动下发生液化，也能形成泥石流。

发生泥石流所需的水量与多种因素有关，主要取决于松散土体的性质和地形。若土体颗粒细，疏松，含水量高，且具有较陡的地形，则较少的水量即能引起泥石流。

（3）地形条件

由地表水流引起的河床堆积物发生土力类泥石流，其坡度一般不小于 14°。坡面堆积物发生土力类泥石流，坡度应接近其饱和土体的内摩擦角。水力类泥石流发生的坡度随土体颗粒组成和容重变化而变化，其值小于土力类。

泥石流发生后，若沿程坡度大于其运动所需坡度，则泥石流会继续运动，泥石流运动所需最小坡度根据流体性质确定。

封闭泥石流（地下或管道中泥石流）所需的坡度由高低压端所形成的压力坡提供，当压力坡大于泥石流运动所需的最小坡度便会发生泥石流。

2）激发、触发和诱发条件

具备前述泥石流发生的三个基本条件后，泥石流发生需要激发、触发或诱发条件。激发条件是指泥石流发生基本条件中某一条件超过一般情况下的强度持续作用；触发条件是指泥石流发生基本条件以外的其他动力作用；诱发条件是指影响泥石流发生基本条件的间接因素。下述情况之一可造成这种条件。

（1）土体骤然失稳

如崩塌、滑坡、冰崩、雪崩等促使土体突然运动。

（2）水体突然增加

如暴雨、冰川积雪强烈消融、水库或冰湖溃决、地下水压力增大等使水体和水压力突然增加并强烈推动和冲刷堆积物。

（3）地形突变

如人类活动使坡度变陡、松散土体堆增高等，促使土体发生泥石流运动。

（4）震动

如强烈地震（震级大于 7 度）、大爆破等，促使泥石流体运动，或使水饱和土体发生液化流动。

（5）山坡森林植被遭破坏

2. 泥石流的运动特征

泥石流是水和泥沙石块组成的特殊流体。它爆发突然，来势凶猛，运动快速，历时短暂；其介于块体滑动与挟沙水流运动之间的一种颗粒剪切流。同时，泥石流运动特征是泥石流形成后最主要的活动特性，弄清楚泥石流的运动规律，对预测和治理泥石流灾害具有重要价值。一般，我们可以根据泥石流的流态和运动形态来判别泥石流的运动特征。

1）流态

当泥石流速度大时，泥石流会出现强烈的紊动现象。当流速很小时，流面平顺，可出现层流，有时像一条蟒蛇，向前蠕动，有时还像一列火车，呈整体运动，所以它的流态比水流要复杂。

2）运动形态

泥石流从运动形态的角度可以分为阵性流和连续流型两大类。阵性流是黏性泥石流最主要的流型。阵性流的特点是阵与阵之间有断流。一次泥石流有多个阵波组成。

2.4.3　泥石流的预防与治理

泥石流的发生、发展和危害与特定的地理环境、形成因素密切相关。泥石流的防治是根据泥石流的成因、要素和治理需要，采用综合治理、局部治理、预防和预测措施来控制泥石流的发生和发展，减轻或消除对被防护对象危害，使治理的结果达到预定的要求。

泥石流的发生过程和危害状况，均有其自身的特点，而且区域差异性很大。根据已有经验，泥石流防治应遵守以下原则[33]：

（1）全面规划，突出重点。根据泥石流发生条件、活动特点及危害状况，全面综合地制定防治规划。

（2）坚持以防为主，防、治结合，除害兴利的方针。

（3）结合实际，注意节约，做到经济上合理，技术上可靠。

在泥石流的具体预防与治理方面，建立完善的体系措施是必要的手段。经过几十年的发展，已形成详细的治理体系。

（1）治理体系

治理体系是对泥石流流域进行全面整治以逐步控制泥石流的发生、发展，包括：山坡整治、沟谷整治和堆积区整治。

（2）防护体系

该体系是为了保护受灾对象如城镇、工矿企业、铁路、公路及水利设施等而采取的一系列防护措施。

（3）预报体系

利用泥石流形成的某些因子如雨量、土壤含量对泥石流进行预测。预测的范围可大可小，大到一个区域，小到一条沟。包括长期（几个月）、中期（几十天）、短期（几小时）和监报（发生前的几分钟到几十分钟）。

（4）警报体系

该体系的作用是泥石流已经发生但还未到达被保护对象之前而发出的一种警示信息。其时间可提前几分钟到几十分钟，该体系可避免和减轻泥石流对铁路、厂矿及城镇的危害。

2.4.4 泥石流灾害实例

1. 佛坪县庙垭沟泥石流

庙垭沟位于佛坪县袁家庄镇袁家庄村境内的佛坪县政府、袁家庄村村委会后方沟谷，为汉江上游椒溪河左岸的一条小支流，沟谷所在区域年平均降雨大，特别是在每年的汛期期间，强降雨常引发泥石流灾害（图 2-19）。

2002 年 6 月 9 日，佛坪遭遇特大暴雨，全县 34920 人受灾，21191 人成灾，部分区域和行业遭受了毁灭性灾害（图 2-20～图 2-22）。庙垭沟泥石流造成房屋倒塌、道路损毁。

2007 年 8 月 30 日，连降暴雨，3 小时持续降雨达 150 mm，各条河流猛涨，迅速形成山洪、滑坡和泥石流灾害，全县 1.3 万人受灾，倒塌房屋 600 间，毁坏房屋 2000 间，农田受灾 470 公顷，其中绝收 120 公顷。造成 108 国道多处垮塌，境内三条县乡公路全部中断，直接经济损失 5000 万元，死亡 2 人，失踪 1 人，受伤 3 人。

图 2-19 佛坪县庙垭沟位置示意图

图 2-20 泥石流冲进佛坪中学教室

2018 年 8 月 14 日 15 时 24 分至 17 时 33 分，佛坪县突降暴雨，县城总降水量达 39mm，其中 1 小时降水量为 30.4mm。短时强降雨导致泥石流爆发，洪水裹挟着泥沙和石子等杂物奔流而下，水势湍急，大量泥石流涌上街道（图 2-23）。

庙垭沟是典型的低中山沟谷地貌，流域内最高海拔高程为 1230m，最低海拔高程为 850m，相对高差 380m。沟长 4.0km，汇水面积 2.5km²；沟谷深切，地势陡峻，地形坡度大，谷坡 25°～70°，沟床平均比降 9%，上段沟谷呈 "U" 形，中下段呈 "V" 形。这种地形条件使泥石流得以迅猛直泻，危险性大。沟道两岸谷坡有大量的第四系残坡积物和破碎岩块，崩滑等不良地质作用较发育，为泥石流的形成提供了大量的固体物源。初步概算泥石流形成区和流通区内物源总方量约 $895 \times 10^4 \mathrm{m}^3$，泥石流形成区沟道剖面结构及物源分布特征如图 2-24 所示。

图 2-21　块石堆积

图 2-22　损毁房屋

图 2-23　泥石流涌上佛坪县城街道

图 2-24　泥石流形成区沟道剖面结构
及物源分布特征图

　　堆积区位于庙垭沟下游与椒溪河交汇处的相对平缓开阔地带，为泥石流威胁对象所在区域，是居民集中居住区。区内分布有佛坪县政府、袁家庄村委会、佛坪幼儿园、家属楼、居民房屋、城区街道及 108 国道等，直接威胁资产约 5 亿元，危害程度属 "特大" 级。

2. 舟曲泥石流

　　2010 年 8 月 7 日晚，甘肃省甘南藏族自治州舟曲县受局地强降雨影响，于当日 23 时40 分左右，县城后山三眼峪沟及罗家峪沟突发大规模泥石流，造成重大的生命财产损失。

截至 2010 年 8 月 18 日 16 时，遇难人数为 1287 人，失踪人数为 457 人；泥石流冲毁房屋 5500 余间，掩埋、冲毁耕地 1400 余亩；受灾最严重的月圆村几乎被全部掩埋。泥石流还穿过舟曲县城，冲毁县城一部分街道和房屋，毁坏公路桥、人行桥共 8 座，在白龙江内形成长约 550m、宽约 70m 的堰塞坝，堰塞坝堵塞白龙江并形成回水长 3km 的堰塞湖，堰塞湖使白龙江上 1 座大型公路桥被淹没，县城一半被淹，城区电力、通信、供水中断（图 2-25）[34]。

(a) 泥石流暴发后的舟曲县城　　　　　　　　(b) 泥石流暴发前的舟曲县城

图 2-25　舟曲县城泥石流淤埋范围图

2.5　地面沉降及其防治

2.5.1　地面沉降的定义及类型

地面沉降是在自然或人类工程活动影响下，由于地下松散土层固结收缩压密作用，导致地壳表面标高降低的一种局部的下降运动（或工程地质现象），又称为地面下沉、地陷或地基下沉陷落等。地面沉降的变形形式以整体性、连续性为特点，具体表现为向下运动的弯曲、凹洼地、破裂等。

按地面沉降的规模可分为局部地面沉降和大范围地面沉降，其中，局部地面沉降指在几十至几百米半径范围内，地面不同程度沉降，大范围地面沉降的面积半径大于 1km。

按地面沉降的地质环境分为现代冲积平原地面沉降、三角洲平原地面沉降、断陷盆地地面沉降三大类型。其中断陷盆地地面沉降又可分为近海地面沉降、内陆地面沉降两类。

根据地面沉降的成因分为构造沉降、季节性沉降、湿陷性沉降、采矿沉降，以及开采地下水、石油和天然气引起的沉降，淤泥质土侧向流动引起的沉降等[35]。

2.5.2　常见发生地面沉降的地质环境

地面沉降一般易于发生在未固结的松散砂、砾层中。在内陆盆地、海洋平原区等地貌均有发生。从地层结构看，透水性差的隔水层（黏土层）与透水性好的含水层（砂质土层、砂层、砂砾层）互层结构易于发生地面沉降。在含水性较好的砂层、砂砾层内抽排地下水时，隔水层中的孔隙水向含水层流动引起地面沉降。

2.5.3　地面沉降的诱发因素

地面沉降的诱发因素主要包括：

（1）开采地下水、石油和天然气，人为大量抽取地下液体（地下水、石油等）、气体（天然气、沼气等）是造成大幅度急剧地面沉降的最主要原因。据统计，80%的地面沉降是由地下水开采引起。

（2）矿产资源开发，包括煤、盐岩、金属矿产等矿产资源的开发，造成大范围地下空间或空洞，引起区域性地面沉降。

（3）地壳活动，包括火山喷发、地震、断裂构造影响等。

（4）地表荷载影响，地表建筑物和交通工具等的动、静荷载作用，造成区域性地面沉降。

（5）自然作用，自然作用包括土层自重固结、有机质氧化等。

2.5.4　地面沉降的控制与治理

1. 地面沉降的控制和治理

目前，地面沉降防治工作主要包括 4 个方面：

（1）建立地面沉降防治机构。

（2）制定有关地下水资源开采利用和地面沉降防治的制度和法规。

（3）压缩或限制地下水开采量，加强地下水人工回灌。

（4）修建防汛墙、防潮闸和排水泵站，对低洼地进行改造，提高建筑物地基设计高度和标准等。

2. 地面沉降监测

通常采用的地面沉降监测方法有：

（1）在地面沉降区或研究区内布设水准测量点，定期进行测量，监测地面沉降的变形。

（2）监测含水层地下水的抽排量、回灌量及地下水位的变化，观测地面沉降。

（3）用室内试验和野外试验探索地面沉降发生、发展规律，并运用试验取得的数据进行预测。

（4）在地面沉降区附近，监测各岩土层和含水层的变形及地下水位动态变化，为地面沉降监测提供依据。

2.5.5　我国地面沉降灾害实例

长江三角洲是我国地面沉降最为严重的地区。其中，上海地区是我国发生地面沉降现象最早、影响最大、危害最深的城市；20 世纪 80 年代以来，江苏的苏州-无锡-常州（苏锡常）及扬州-泰州-南通地区与浙江的杭州-嘉兴-湖州（杭嘉湖）以及宁波-绍兴地区相继发生了地面沉降灾害。20 世纪 90 年代末，苏锡常、杭嘉湖地区及上海市累积沉降超过 200mm 的面积近 10000km²，为总面积的 1/3，并在区域上有连成一片的趋势（图 2-26）。以上海市中心、苏锡常、嘉兴为代表的沉降中心区的最大累积沉降量分别达 2.63m、2.80m、0.82m[36-38]。

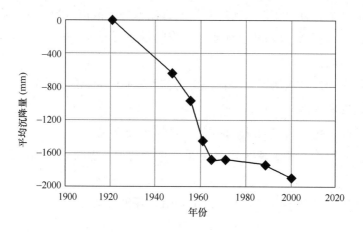

图 2-26　上海市地面沉降发展历程[37]

2.6　其他常见地质灾害及其防治

2.6.1　活动断层

活动断层是指第四纪期间，尤其是晚更新世（12 万年）以来活动过的，并在今后仍有可能活动的断层。

断层活动性评价及防治需要开展系统研究工作，主要包括：

（1）活动断层查证。通过野外地质地貌调查、探槽与试验室年代测定，根据活动断层鉴定的标准，确定工程场区及区域范围内的断层活动性，在隐伏区还需借助化探、浅层物探、钻探等手段，为工程选址避让活动断层提供依据。

（2）活断层特征确定。对于活动断层需进一步查明其长度、宽度、运动性质（正断层、逆断层、走滑断层及它们的复合运动特点）、错动方式（突发错动和蠕滑错动）、滑动速率、一次错动的位移量与重复特征以及分段性特征等。在此基础上评价活动断层对工程场地的影响。

（3）在工程上对活动断裂以避让为主，其避让距离的选取要求包括：①8 度区，甲类建筑需专门研究，乙类建筑 200m，丙类建筑 100m；②9 度区，甲类建筑需专门研究，乙类建筑 400m，丙类建筑 200m。

2.6.2　地裂缝灾害

地裂缝是在内外力作用下岩石和土层发生变形，当力的作用与积累超过岩土层内部的结合力时，岩土层发生破裂，其连续性遭到破坏，形成裂隙。在地下因遭受周围岩土层的限制和上部岩土层的重压作用其闭合比较紧密，而在地表则由于其围压作用力减小，又具有一定的自由空间，裂隙一般较宽，表现为裂隙[39]。

地裂缝灾害可通过多种措施进行防治：

（1）减少人为因素影响：控制地下水开采，必要时人工回灌，将减轻地裂缝灾害。

（2）采用建筑物防裂减灾对策：地裂缝灾害主要集中于地裂缝带内，建筑物应避让主裂缝带；对次级地裂缝及受影响地基和基础进行加固或提高标准；对地下管道采用软接头、外廊隔离等措施。

（3）预测地裂缝活动时间和空间：利用地裂缝长、中、短期活动规律预测地裂缝活动。利用地裂缝密集区、历史和现代活动特征，建立地裂缝空间分布模型。

2.6.3　岩溶塌陷

岩溶塌陷是指岩溶洞隙上方的岩土体在自然或人为因素作用下发生变形破坏，并在地面形成塌陷坑（洞）的一种岩溶动力作用与现象。岩溶塌陷的发育具有隐蔽性、突发性，以及影响因素多样性的特点。

岩溶塌陷可通过多种措施进行防治：

（1）搬迁避让：在城市地区，以岩溶塌陷危险性评价结果为基础，通过城市规划，对潜在塌陷高危险区的土地利用类型进行调整，以低敏感性地类（如公共绿化带用地、广场用地等）代替高敏感性地类（如商业用地、居住用地等）。而对于公路、铁路等交通工程，则采取绕避的方法，避开塌陷地区。此外，整体搬迁也是小城镇防治岩溶塌陷的途径。

（2）减缓岩溶系统水动力因素的变化：科学合理地开采岩溶地下水，是防治岩溶塌陷的有效途径。在岩溶塌陷危险区，应避免因地下工程、基础工程的施工疏水造成地下水位的大幅降低。在矿山等需要大幅疏水的地区，可采用钻孔通气的方法，防治塌陷的产生。在岩溶塌陷危险区，通过加强地表水和输水管线的防渗处理，可以防治渗水导致的塌陷发生。

（3）从增强土体抗塌性能的角度：采用强夯、水泥灌浆等方法，加固第四系土层，提高土层的抗塌性能，达到防治塌陷的目的。当第四系土层较薄时，可以换填法防止塌陷的形成。

（4）从加强工程设施抗塌性能的角度：采用桩基础、钢筋混凝土盖板、片筏基础等，可以极大提高建筑物的抗塌性能。此外，对于交通工程，采用桥跨的方式也可以避开塌陷问题。

2.6.4　岩爆灾害

岩爆是高地应力条件下地下工程开挖过程中，硬脆性围岩因开挖卸荷导致洞壁应力分异，储存于岩体中的弹性应变能突然释放，因而产生爆裂松脱、剥落、弹射甚至抛掷现象的一种动力失稳地质灾害[40]。

岩爆可通过多种措施进行防治[41]：

（1）在隧道线路选择中，应该尽量避开易发生岩爆的高地应力集中地区。当难以避开高地应力集中地区时，要尽量使隧道轴线与最大主应力方向平行布置，以减小应力集中系数，防止发生岩爆或能够降低岩爆级别。隧道断面选择尽可能用圆形，使隧道断面有利于减少应力集中。

（2）改善围岩物理力学性能。在掌子面（开挖面）和洞壁经常喷撒冷水，可在一定程度上降低表层围岩强度。岩爆洞段尽量采用钻爆法施工，短进尺掘进，减小药量，控制光面爆破效果，以减小围岩表层应力集中现象。轻微、中等岩爆段尽可能采用全断面一次开挖成型的施工方法，以减少对围岩的扰动。强烈以上的岩爆地段，可采用分部开挖的方法，以降低岩爆的破坏程度。采取超前钻孔应力解除、松动爆破或振动爆破等方法，使岩体应力降低，能量在开挖前释放。

第 3 章　地震灾害与防震减灾

3.1　地　震　概　述

地震是极其频繁的一种自然灾害，全球每年发生地震约 500 万次。当破坏性地震发生时，对地表建筑造成巨大伤害，特别是在人口密集、政治、经济发达的地区，将造成巨大损失，社会影响显著。但是，时至今日人类尚不能完全掌握地震的发生规律，地震的监测预报仍然十分困难。因此，对于地震灾害主要以预防为主。为减小地震灾害造成的损失，最根本性措施是采取合理的抗震设计方法，提高建筑物抗震能力，防止结构倒塌破坏。

地震导致结构破坏和人员伤亡的同时，也可能引发次生灾害，如火灾、海啸、滑坡、疾病等灾害，次生灾害引起的损失往往比地震的直接损失更大，如 2011 年 3 月的日本福岛地震。这次地震造成东北海岸四个核电厂的共 11 个反应堆自动停堆。地震引发了海啸，海啸浪高超过福岛第一核电厂的厂址标高 14m。此次地震和海啸对整个日本东北部造成了重创，约 20000 人死亡或失踪，成千上万的人流离失所，并对日本东北部沿海地区的基础设施和工业造成了巨大的破坏。因此，防止、减少地震造成的破坏和损失，对于地震研究者和工程技术人员来说，是一个漫长的过程，也是一项非常艰巨的任务。

3.1.1　地震成因及地震带分布

1. 地球构造

地球是一个近似绕其短轴旋转的实心椭圆球体，赤道半径为 6378km，两极半径为 6357km。对于地球内部构造的认识，大部分只能通过地球物理手段得到，其中最主要、最有效的方法是地震波法，其原理是地震波在地球内部的传播速度与其经过的介质有关，一般来说，介质越硬其波速越快。

据实测，地球内部有两个波速变化明显的不连续面，一个是在地下平均 33km 处，地震波通过此界面后，横波（S 波）和纵波（P 波）的波速都突然增加，1909 年前南斯拉夫地球物理学家莫霍洛维奇根据近震地震波传播走时确认地壳下界面的存在，学术界称这一分界面为"莫霍面"；另一个是在地下 2900km 处，地震波通过该界面后，P 波波速突然减小，S 波消失，这个界面是 1914 年由美国地质学家古登堡发现的，学术界称这一分界面为"古登堡面"。根据这两个不连续面可以把地球内部分为三个圈层：地壳、地幔、地核，如图 3-1 所示。

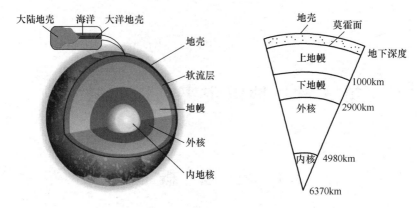

图 3-1　地球内部示意图

1）地壳。

地壳是固体地球的最外一圈，其范围从地表到莫霍面，厚度不均，大陆地壳厚度为30～70km，大洋地壳厚度为5～8km。

2）地幔。

地幔位于莫霍面和古登堡面之间，厚度约为2900km，地幔体积占地球总体积的83%，质量占整个地球的66%。以1000km深度为界，地幔可分为上、下地幔，在地幔的外层40～70km内是岩石层，岩石层以下是成百上千米厚的软流层。岩石层与软流层合称为上地幔，主要由黑色橄榄岩组成。上地幔以下为下地幔，下地幔成分较均匀，与上地幔相似，但随深度增加，铁的含量增加，从而使密度增加。

3）地核。

从古登堡面以下至地心部分，为地核，厚3473km，地核可分为"外地核"和"内地核"两层。处在地表以下2900～4980km的部分称为外地核，是液体状态（S波和P波波速都发生突变，S波消失，P波也突然减小），4980～5120km深处，是一个过渡带，从5120km直到地心则为内地核[42]，是固体状态，主要由铁、镍组成，由于地核离地面太深，至今对其了解甚少。

2. 地震成因及其分类

地震成因的研究包括两方面：一是从断层成因说出发，研究地震发生时地球介质的运动方式和原理，统称震源机制研究；二是着重于研究地震发生前，局部地区应力-应变的发展过程（孕震过程），统称震源物理研究。

地震内部发生地震的地方称为震源。震源在地球表面的投影称为震中。地球上某一地点到震中的距离称为震中距。震中附近地区称为震中区，破坏最为严重的地区称为极震区，震源到震中的垂直距离称为震源深度（图3-2）。

通常将震源深度小于70km的地震称为浅源地震，约占地震总数的72.5%，其中大部分的震源深度在30km以内；深度在70～300km的地震称为中源地震，占地震总数的23.5%；深度大于300km的深源地震较少，占地震总数的4%。我国绝大多数地震是浅源地震。破坏性地震一般是浅源地震，如 1976 年唐山大地震的震源深度为 12km。常用地震术语如图 3-3 所示。

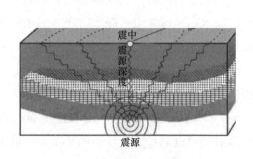
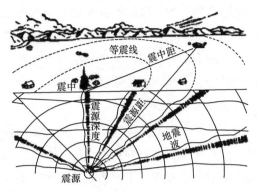

图 3-2　震源深度示意图　　　　　　　　图 3-3　常用地震术语示意图

根据形成原因，把地震分为构造地震、火山地震、陷落地震和诱发地震等。

1）构造地震

众所周知，地球内部物质在形态、密度、压力和温度等方面均存在显著的不均匀性。由于物质运动是永恒的，这些差别势必会使地壳和地幔不断产生局部变形，且当变形累积到一定程度时，便在其薄弱处发生突然的断裂或错位，继而引发构造地震。这种地震占地震的绝大部分且多发生在大陆内部，分布面较广，不确定性较大，有时释放的能量大，若发生在人口密集的大城市地区，则其破坏性极大。按照地球的板块学说，全球地壳是由欧亚大陆、太平洋、美洲大陆、非洲大陆、印澳及南极洲板块组成，各相邻板块之间由于地壳的缓慢变形而会发生顶撞、插入等突变，形成另一种形式的构造地震。这种地震发生在各大陆板块的边缘、海域和岛屿，其影响范围和破坏程度比前一种构造地震相对要小些。

地下岩层发生断裂或错位时，整个破碎区域的岩层不可能同时达到新的平衡状态。因此，每次大地震的发生一般都不是孤立的，大震前后总会伴随有多次中小型的地震。这种在一定时间内相继发生在相近地区的一系列大小地震，通常称地震序列，其中最大的一次地震叫作主震。主震前发生的地震叫前震，之后发生的地震叫余震。

2）火山地震

由火山活动所引起的地震称为火山地震。火山活动时，由于岩浆及其挥发物质向上运动，冲破附近围岩而发生地震。这类地震有时发生在火山喷发的前夕，可作为火山活动的预兆；有时则直接与喷出过程相伴随。火山地震的强度通常不大，震源较浅，影响范围较小。这类地震约占地震总数的 7%。

3）陷落地震

易溶岩石被地下水溶蚀后所形成的地下空洞，经过不断扩大，上覆岩石突然陷落所引起的地震称为陷落地震。这类地震震源极浅，影响范围小，占地震总数的 3%。地震能源主要来自重力作用，主要见于石灰岩及其他易溶岩石广泛分布的地区。此外，山崩、地滑及矿洞塌陷也可产生这类地震。

4）诱发地震

由于某种人为因素的激发作用而引起的地震，称为诱发地震。水库蓄水后，深水静压力的作用改变了地下岩石的应力状态，加上水库里的水沿岩石裂隙、孔隙和空洞渗透到岩石中起着润滑剂的作用，导致岩层滑动或断裂而引起水库地震。由于爆炸时产生的短暂巨大压力脉冲，会使原有的断层发生滑动，地下核爆炸等也会诱发地震[3]。

3. 地震震级和烈度

地震震级是衡量地震大小的度量，它与震源所释放的能量直接相关。目前，最基本的震级标度有 4 种：地方性震级 M_L、体波震级（m_b 和 m_B）、面波震级 M_s 和矩震级 M_w，我国规定对公众发布一律使用面波震级。前 3 种震级是通过测量地震波中的某个频率地震波的振幅来衡量地震相对大小的一个量。具体的，M_L 是用 1s 左右的 S 波的振幅来量度地震的大小。m_b 是用 1s 左右的地震体波振幅来量度地震大小，m_B 是用 5s 左右的地震体波振幅来量度地震的大小。M_s 是用浅源地震的 20s 左右的面波振幅来量度地震的大小。矩震级 M_w 是由基本物理参数所计算的震级，描述了地震破裂面上滑动量大小，一般通过波形反演的方法计算。

Richter 在 1935 年引入震级的概念，提出用地震仪记录的水平向地震波最大位移的平均值来测定地震的大小，他提出的地方性震级 M_L 的定义为：

$$M_L = \lg B - \lg B_0 \tag{3-1}$$

式中：B 为标准地震仪（周期为 0.8s，阻尼系数为 0.8，静态放大倍数为 2800）在震中距 100km 处记录到的两水平向分量最大振幅的平均值（μm）；$\lg B_0$ 为起算函数，根据当地经验给定。

由于标准地震仪是一种短周期地震仪，对于周期 T 超过 0.5s 的地震动，记录逐步变小，因此只适用于记录短周期的地震动分量，也就是近震。但是，人们大部分情况下只能记录到远震，为此，Gutenbeg 在 1939 年提出了面波震级 M_s，定义如下：

$$M_s = \lg A - \lg A_0 \tag{3-2}$$

式中：A 为面波最大地面位移（μm），取两水平分量矢量和的最大值；$\lg A_0$ 通常用经验方法确定。

我国规定的面波震级 M_s 的计算公式为：

$$M_s = \lg\left(\frac{A}{T}\right) + \sigma(\Delta) + C \tag{3-3}$$

式中：T 为相应于 A 的周期，$T = 20s$，相应的地震波长为 60km；$\sigma(\Delta)$ 为起算函数；C 为台站校正值。

我国历史地震震级采用 M_s 表示，其精度为 1/4 级。根据我国资料，地方性震级与面波震级的经验关系为：

$$M_s = 1.13 M_L - 1.08 \tag{3-4}$$

面波震级用于浅源远震。在约 2000km 以上的震中距处，地震动最主要的波是面波，周期约为 20s 左右，相应于瑞雷（Rayleigh）波速和乐夫（Love）波群速最小值。这一定义的优点在于这样的面波，在地球任何地方衰减大致相同，所以用的 $\lg A_0$ 值可用于全世界。其缺点是不能用于深源地震，因为深源地震产生不了这样的面波。Gutenbeg（1945年）又提出了适用于深源地震的体波震级 m_b 的定义。

$$m_b = \lg\left(\frac{A}{T}\right)_{\max} - \overline{Q}(\Delta, h) \tag{3-5}$$

式中：A 为体波竖向或水平分量最大地面位移（μm），一般用 1s 左右的 P 波地震动竖向分量；T 为记录中与 A 相应的周期（s）；$\overline{Q}(\Delta, h)$ 为标定函数，与震中距和震源深度有关，根据经验确定。

现有资料表明，各类地震具有不同的频谱组成。频谱组成决定于震源的力学特性，如断层面的长度、应力降、断裂的位错时间函数等参数，不仅近场谱的大小不同，而且谱形状也不相同。震级只是由某一频段内的地震动分量决定的，而与其他频率分量无关，故震级尚不能全面代表地震的大小。目前，人们已经接受震级饱和的概念，M_L、M_s 和 m_b 都可能饱和，用高频分量来定义的震级 M_L 和 m_b 首先达到饱和。因此，Hanks 和 Kanamori（1979 年）提出了不饱和矩震级 M_w 的概念。他们认为按下式定义的地震矩 M_o 是表示地震能量的适当参数：

$$M_o = E_s \frac{2\mu}{\Delta\sigma} \tag{3-6}$$

式中：E_s 为地震波辐射能量；$\Delta\sigma$ 为应力降；μ 为拉梅常数。

假如能用适当的方式计算出能量 E_s，则 Gulenbeg 和 Richter 的经验关系为：

$$\lg F_0 = 1.5M + 11.8 \tag{3-7}$$

式中：M 为震级。

该式可以用来作为一个新震级的定义。因此，Hanks 和 Kanamori 建议用地震矩 M_o 来计算能量 E_s，将上式代入该式，并采用适当的 μ 和 $\Delta\sigma$ 值，即得矩震级 M_w。

$$M_w = \frac{2}{3}\lg M_0 - 10.7 \tag{3-8}$$

当 $M_w = 3 \sim 7$ 时，$M_w = M_L$；当 $M_w = 5 \sim 7.5$ 时，$M_w = M_s$；当 $M_w > 7.5$ 时，矩震级大于 M_L 和 M_s。

从测定方法来讲，地震参数是用不同方位、不同距离的多个地震台站的记录进行测定，理论上讲所用地震台站的记录越多，测定的地震参数越准确。地震发生后，地震波在地球内部以大约 6.5km/s 的速度传播，地震波从震源到地震台站的传播需要一定的时间。从地震救援的角度看，需要在最短的时间内把地震发生的时间、地点和震级向政府与公众发布。

根据地震数据处理的规定，地震参数的测定分两个阶段：第一阶段是地震速报，使用最先接收到的地震台站的观测数据进行快速地震参数测定，并及时发布地震信息；第二阶段是精细分析，利用所有收集到的地震台站记录进行地震参数的进一步分析，给出最终修订结果，编辑出版地震观测报告，用于以后的科学研究。大多数情况下，地震的速报参数和修订参数是有一定差异的。例如，对于 2008 年 5 月 12 日我国四川省汶川地震，速报震级为 $M_s 7.8$，修订震级为 $M_s 8.0$；美国初定震级为 $M_s 7.8$，修订震级为 $M_s 7.9$；欧洲地中海地震台网中心初定震级为 $M_w 7.5$，修订震级为 $M_w 7.9$；日本气象厅测定震级为 $M_s 7.9$，俄罗斯修订震级为 $M_s 8.0$[42]。

地震烈度是指一次地震在地面上造成的实际影响，即对地面和各类建筑物造成破坏的强弱程度。一次地震所释放能量一定，即地震震级只有一个；而在地面上造成的破坏程度各不相同，在各个地区有不同的地震烈度。地震烈度与地震震级、震中距、震源深度、地质构造、建筑物地基条件和施工质量有关。一般来说，地震震级越大，烈度越高；震中距越大，地震烈度越低；震源深度越浅，烈度越高，在地面影响的范围越小；震源深度越深，烈度越低，在地面影响的范围越大。

震中点的烈度称为震中烈度。对于一次地震，烈度最大的地方往往不在震中，而是与震中有一定的距离。因此，地震烈度最大的地方称为宏观震中，而震源在地表的垂直投影称为微观震中。

对于浅源地震而言，地震震级与震中烈度有大致对应关系，如式（3-9）和表 3-1 所示：

$$M = 0.58I + 1.5 \qquad (3-9)$$

式中：M 为地震震级，通常称为里氏震级；I 为地震烈度。

震中烈度与震级的大致关系 表 3-1

震级	2 级	3 级	4 级	5 级	6 级	7 级	8 级	8 级以上
烈度级	1～2 度	3 度	4～5 度	6～7 度	7～8 度	9～10 度	11 度	12 度

2008 年汶川大地震里氏震级为 8.0 级，震中烈度为 11 度；2013 年四川雅安芦山地震震级为 7.0 级，震中烈度为 9 度[12]。

为衡量地震烈度的大小，建立了相应的标准，即地震烈度表。地震烈度表以描述震害宏观现象为主，主要根据地震时人的感觉、地表破坏特征、建筑物损坏程度、家具器物的反应等进行区分。按照破坏程度分为若干等级，地震破坏程度越大，烈度越大。

由于对地震破坏程度影响轻重的分段不同，加之地表宏观现象、定量指标等的差异，各国制定的烈度表各不相同。日本采用 8 个等级的烈度表，欧洲少数国家用 10 度划分，而绝大多数国家（包括我国）采用 12 度的地震烈度表（表 3-2）。

《中国地震烈度表》GB/T 17742—2020　　　　　　　　　　　　　　　　　　表 3-2

地震烈度	房屋震害		评定指标				仪器测定的地震烈度 I_I	合成地震动的最大值	
类型	震害程度	平均震害指数	人的感觉	器物反应	生命线工程震害	其他震害现象		加速度 (m/s^2)	速度 (m/s)
I (1)	—	—	无感	—	—	—	$1.0 \leqslant I_I < 1.5$	1.8×10^{-2} ($< 2.57 \times 10^{-2}$)	1.21×10^{-3} ($< 1.77 \times 10^{-3}$)
II (2)	—	—	室内个别静止中的人有感觉，个别较高楼层中的人有感觉	—	—	—	$1.5 \leqslant I_I < 2.5$	3.69×10^{-2} ($2.58 \times 10^{-2} \sim 5.28 \times 10^{-2}$)	2.59×10^{-3} ($1.78 \times 10^{-3} \sim 3.81 \times 10^{-3}$)
III (3)	门、窗轻微作响	—	室内少数静止中的人有感觉，少数较高楼层中的人有明显感觉	悬挂物微动	—	—	$2.5 \leqslant I_I < 3.5$	7.57×10^{-2} ($5.29 \times 10^{-2} \sim 1.08 \times 10^{-1}$)	5.58×10^{-3} ($3.82 \times 10^{-3} \sim 8.19 \times 10^{-3}$)
IV (4)	门、窗作响	—	室内多数人、室外少数人有感觉，少数人睡梦中惊醒	悬挂物明显摆动，器皿作响	—	—	$3.5 \leqslant I_I < 4.5$	1.55×10^{-1} ($1.09 \times 10^{-1} \sim 2.22 \times 10^{-1}$)	1.20×10^{-2} ($8.20 \times 10^{-3} \sim 1.76 \times 10^{-2}$)
V (5)	门窗、屋顶、屋架颤动作响，灰土掉落，个别房屋墙体抹灰出现细微裂缝，个别老旧 A1 类或 A2 类房屋墙体出现轻微裂缝或原有裂缝扩展，个别屋顶烟囱掉砖，个别檐瓦掉落	—	室内绝大多数、室外多数人有感觉，多数人睡梦中惊醒，少数人惊逃户外	悬挂物大幅度晃动。少数架上小物品、个别顶部沉重或放置不稳定的器物摇动或翻倒，水晃动并从盛满的容器中溢出	—	—	$4.5 \leqslant I_I < 5.5$	3.19×10^{-1} ($2.23 \times 10^{-1} \sim 4.56 \times 10^{-1}$)	2.59×10^{-2} ($1.77 \times 10^{-2} \sim 3.80 \times 10^{-2}$)

续表

地震烈度	房屋震害			评定指标				仪器测定的地震烈度 I_I	合成地震动的最大值	
	类型	震害程度	平均震害指数	人的感觉	器物反应	生命线工程震害	其他震害现象		加速度 (m/s²)	速度 (m/s)
VI(6)	A1	少数轻微破坏和中等破坏，多数基本完好	0.02~0.17	多数人站立不稳，多数人惊逃户外	少数轻家具和物品移动，少数顶部重的器物翻倒	个别梁桥挡块破坏，个别拱桥主拱圈出现裂缝及桥台开裂；个别老旧支线管道有破坏，局部水压下降	河岸和松软土地出现裂缝，饱和砂层出现喷砂冒水；个别独立砖烟囱轻度裂缝	$5.5 \leqslant I_I < 6.5$	6.53×10^{-1} (4.57×10^{-1}~9.36×10^{-1})	5.57×10^{-2} (3.81×10^{-2}~8.17×10^{-2})
	A2	少数轻微破坏和中等破坏，大多数基本完好	0.01~0.13							
	B	少数轻微破坏和中等破坏，大多数基本完好	≤0.11							
	C	少数或个别轻微破坏，绝大多数基本完好	≤0.06							
	D	少数或个别轻微破坏，绝大多数基本完好	≤0.04							
VII(7)	A1	少数严重破坏和中等破坏，多数轻微破坏	0.15~0.44	大多数人惊逃户外，骑自行车的人有感觉，行驶中的汽车驾乘人员有感觉	物品从架子上掉落，多数顶部重的器物翻倒，少数家具倾倒	少数梁桥挡块破坏，个别拱桥主拱圈出现明显裂缝和变形以及少数桥台开裂；个别变压器套管破坏，少数瓷柱型高压电气设备破坏，少数独立支线管道破坏，局部停水	河岸出现塌方，饱和砂层常见喷水冒砂，松软土地上地裂缝较多；大多数独立砖烟囱中等破坏	$6.5 \leqslant I_I < 7.5$	1.35 (9.37×10^{-1}~1.94)	1.20×10^{-1} (8.18×10^{-2}~1.76×10^{-1})
	A2	少数中等破坏，多数轻微破坏和基本完好	0.11~0.31							
	B	少数中等破坏，多数轻微破坏和基本完好	0.09~0.27							
	C	少数轻微破坏和中等破坏，多数基本完好	0.05~0.18							
	D	少数轻微破坏和中等破坏，大多数基本完好	0.04~0.16							

续表

地震烈度	评定指标								合成地震动的最大值	
	房屋震害			人的感觉	器物反应	生命线工程震害	其他震害现象	仪器测定的地震烈度 I_I	加速度 (m/s²)	速度 (m/s)
	类型	震害程度	平均震害指数							
Ⅷ(8)	A1	少数毁坏，多数中等破坏和严重破坏	0.42~0.62	多数人摇晃颠簸，行走困难	除重家具外，室内物品大多数倾倒或移位	少数梁桥梁体移位、开裂及多数拱桥主拱圈开裂严重；少数变压器的套管破坏，个别或少数瓷柱型高压电气设备破坏；多数支线管道破坏及少数干线管道破坏，部分区域停水	干硬土地上出现裂缝，饱和砂层绝大多数喷砂冒水；大多数独立砖烟囱严重破坏	7.5≤I_I<8.5	2.79 (1.95~4.01)	2.58×10⁻¹ (1.77×10⁻¹~3.78×10⁻¹)
	A2	少数严重破坏，多数中等破坏和轻微破坏	0.29~0.46							
	B	少数严重破坏和毁坏，多数中等破坏和轻微破坏	0.25~0.50							
	C	少数中等破坏和严重破坏，多数轻微破坏和基本完好	0.16~0.35							
	D	少数中等破坏，多数轻微破坏和基本完好	0.14~0.27							
Ⅸ(9)	A1	大多数毁坏和严重破坏	0.60~0.90	行动的人摔倒	室内物品大多数倾倒或移位	个别梁桥桥墩局部压溃或落梁，个别拱桥垮塌或濒于垮塌；多数变压器套管破坏、少数变压器移位，少数瓷柱型高压电气设备破坏；各类供水管道破坏、渗漏广泛发生，大范围停水	干硬土地上多处出现裂缝，可见基岩裂缝、错动，滑坡、塌方常见；独立砖烟囱多数倒塌	8.5≤I_I<9.5	5.77 (4.02~8.30)	5.55×10⁻¹ (3.79×10⁻¹~8.14×10⁻¹)
	A2	少数毁坏，多数严重破坏和中等破坏	0.44~0.62							
	B	少数毁坏，多数严重破坏和中等破坏	0.48~0.69							
	C	多数严重破坏和中等破坏，少数轻微破坏	0.33~0.54							
	D	少数严重破坏，多数中等破坏和轻微破坏	0.25~0.48							

续表

地震烈度	评定指标							仪器测定的地震烈度 I_1	合成地震动的最大值	
	房屋震害			人的感觉	器物反应	生命线工程震害	其他震害现象		加速度 (m/s²)	速度 (m/s)
	类型	震害程度	平均震害指数							
X (10) A1	A1	绝大多数毁坏	0.88~1.00	骑自行车的人会摔倒，处于不稳状态的人会摔离原地，有抛起感	—	个别梁桥桥墩压溃或折断，少数落梁，少数拱桥垮塌或濒于垮塌；绝大多数变压器移位、脱轨，套管断裂漏油，多数瓷柱型高压电气设备破坏，供水管网毁坏，全区域停水	山崩和地震断裂出现；大多数独立砖烟囱从根部破坏或倒毁	$9.5{\leqslant}I_1$ <10.5	1.19×10^1 $(8.31\sim$ $1.72\times10^1)$	1.19 $(8.15\times10^{-1}\sim$ $1.75)$
	A2	大多数毁坏	0.60~0.88							
	B	大多数毁坏	0.67~0.91							
	C	大多数严重破坏和毁坏	0.52~0.84							
	D	大多数严重破坏和毁坏	0.46~0.84							
XI (11)	A1		1.00	—	—	—	地震断裂延续很大，大量山崩滑坡	$10.5{\leqslant}I_1$ <11.5	2.47×10^1 $(1.73\times10^1\sim$ $3.55\times10^1)$	2.57 $(1.76\sim3.77)$
	A2		0.86~1.00							
	B	绝大多数毁坏	0.90~1.00							
	C		0.84~1.00							
	D		0.84~1.00							
XII (12)	各类	几乎全部毁坏	1.00	—	—	—	地面剧烈变化，山河改观	$11.5{\leqslant}I_1$ <12.0	$>3.55\times10^1$	>3.77

注：1. "—"表示无内容。

2. 表中给出的合成地震动的最大值为所对应的仪器测定的地震烈度中值，加速度和速度数值分别对应附录 A 中公式(A.5)的 PGA 和公式(A.6)的 PGV，括号内为变化范围。

应用新的地震烈度表时应注意以下几点：（1）评定烈度时，Ⅰ～Ⅴ度以地面上人的感觉为主；Ⅵ～Ⅹ度以房屋震害为主，人的感觉仅供参考；Ⅺ～Ⅻ度以地表现象为主。（2）在高楼上人的感觉要比地面上人的感觉明显，应适当降低评定值。（3）表中房屋为单层或数层，未经抗震设计或未加固的砖混和砖木房屋。对于质量特别差或特别好的房屋，可根据具体情况，对表中各烈度相应的震害程度和震害指数予以提高或降低。（4）平均震害指数可以在调查区域内用普查或随机抽查的方法确定。（5）在农村以自然村为单位，在城镇以分区进行烈度的评定，面积以 1km² 为主。（6）凡有地面强震记录资料的地方，表列物理参量可作为综合评定烈度和制定建设工程抗震设防要求的依据[43]。

平均震害指数：平均震害指数是胡聿贤等专家在调查 1970 年云南通海地震震害时首先提出来的。它是解决评定建筑物破坏情况量化的一种有效方法，它将建筑物破坏程度由完好到全部倒塌之间分成若干等级，每级用震害指数表示。建筑物破坏程度级别与震害等级见表 3-3。

建筑物破坏程度级别与震害等级　　　　　　　　　　表 3-3

破坏程度级别	破坏程度	震害等级
Ⅰ	全部倒塌	1.0
Ⅱ	大部倒塌	0.8
Ⅲ	少部倒塌	0.6
Ⅳ	局部倒塌	0.4
Ⅴ	裂缝	0.2
Ⅵ	基本完好	0

某类（如第 j 类）房屋震害程度，用震害指数表示为：

$$I_i = \frac{\sum_{k=1}^{m}(n_i i)_k}{N_j} \tag{3-10a}$$

$$N_j = \sum_{k=1}^{m}(n_i)_k \tag{3-10b}$$

式中：n_i 为被统计得第 j 类房屋 i 级破坏的栋数；i 为震害等级；N_j 为被统计得第 j 类房屋的总栋数；k、m 为不同震害等级序号和数量。

上式的物理意义是表示该类房屋的平均震害程度。通过各类房屋不同震害指数计算，可以对比各类房屋之间抗震性能的优劣。为了确定某地区房屋的平均震害情况，可求出该地区各类房屋（有代表性的结构）的平均震害指数，即

$$I_m = \frac{\sum I_j}{N} \tag{3-11}$$

式中：I_m 为平均震害指数；$\sum I_j$ 为各类房屋震害指数之和；N 为不同类别房屋的类别数。

得到某一地区的平均震害指数，就可以作为确定该地区某次地震的地震烈度的基本依

据。应当指出，只有当抗震能力相差不大的一般房屋才可以用平均震害指数来确定地震烈度。对于抗震能力相差悬殊的房屋，应当采用综合震害指数来确定地震烈度。所谓综合震害指数，就是将不同类型房屋的震害指数，换算到同一标准加以统计。

烈度衰减规律和等震线地震烈度随着震中距的增加而减小。烈度相同的区域的外包线称为等震线，它和地理学中的等高线类似。理想的等震线是以震中为圆心的同心圆。通常采用的地震烈度衰减计算公式为：

$$I_0 = I_i + 2S\log \frac{r}{h}(r > h) \tag{3-12}$$

式中：I_0 为震中烈度；I_i 为等震线烈度；h 为震源深度；r 为等震线半径；S 为烈度衰减系数。

烈度衰减系数 S 表征地震烈度衰减的快慢，是研究烈度分布和衰减规律的重要参数。S 的大小与场地条件、地震震级等因素有关。实际上，由于建筑物的差异和地质条件、地形地貌的影响，等震线一般是一些不规则的封闭曲线。各条等震线之间的烈度一般按相差1度来描绘。一般而言，等震线的烈度随着震中距的增大而减小，但是由于局部地形的影响，也会出现一些烈度异常的情况，例如在等震烈度区内出现明显高于或低于该地区烈度的区域，称为烈度异常区。我国通过大量的统计资料得到烈度 I_i、震级 M 和震中距 r 之间的关系[12]，即

$$I_i = 0.92 + 1.63M - 3.49\lg r \tag{3-13}$$

4. 地震带分布

世界地震分布是相当不均匀的，绝大多数地震都分布在南纬 45° 和北纬 45° 之间的广大地区，在南极和北极地区是很少有地震发生的。通常，人们把全球地震分布划分为四条巨大的地震带：

（1）环太平洋地震带：该带在东太平洋主要沿北美、南美大陆西海岸分布，在北太平洋和西太平洋主要沿岛屿外侧分布。环太平洋地震带是地球上地震活动最强烈的地带，全球约 80% 的浅源地震、90% 的中源地震和几乎所有的深源地震都集中在该带上，所释放的地震能量约占全球地震能量的 80%。

（2）地中海-喜马拉雅地震带（又称欧亚地震带）：该地震带横贯欧亚大陆，大致呈东西向分布，西起大西洋亚速尔群岛，穿地中海，经伊朗高原，进入喜马拉雅山；在喜马拉雅山东端向南拐弯经缅甸西部、安达曼群岛、苏门答腊岛、爪哇岛至班达海附近与西太平洋地震带相连，全带总长约 15000km，宽度各地不一。该带的地震活动仅次于环太平洋地震带，环太平洋地震带外的几乎所有的深源、中源地震和大多数的浅源大地震都发生在这个带上。该带地震释放的能量约占全球地震能量的 5%。

（3）大洋中脊地震活动带：此地震活动带蜿蜒于各大洋中间，几乎彼此相连。总长约 65000km，宽 1000~2000km，其轴部宽 100km 左右。大洋中脊地震活动带的地震活动性较之前两个地震带要弱得多，而且均为浅源地震，尚未发生过特大的破坏性地震。

（4）大陆裂谷地震活动带：与上述三个地震带相比，该带其规模最小，不连续分布于

大陆内部。在地貌上常表现为深水湖，如东非裂谷、红海裂谷、贝加尔裂谷、亚丁湾裂谷等。大陆裂谷地震活动性也比较强，均属浅源地震[3]。

3.1.2　中国地震活动

中国大陆地震条带分布特点根据板块构造学说，中国位于欧亚板块的东南端，东接太平洋板块，南邻印澳板块，据报道，亚洲大陆以东的太平洋板块，每年以 4～10cm 的速度向西移动，在日本东岸深海沟一带俯冲到地面以下；在亚洲大陆的西南部，印度板块以每年 5～6cm 的速度向北移动，在喜马拉雅山南侧沿边界大断裂俯冲下去，欧洲板块从欧洲受到向东的推力。因此，中国大陆受到太平洋板块向西、印澳板块向北、欧洲板块向东的挤压和推动。当这种挤压和推动产生的应力在大陆岩石圈中持续积累到一定的程度，超过岩石圈所能承受的限度时，则在大陆地壳上就会破裂而产生地震。我国是世界上地震较多的国家之一。我国境内的地震分布具有条带分布的特点，地震活动主要分布在 5 个地区的 23 条地震带上。这 5 个地区是：（1）台湾省及其附近海域。（2）西南地区，主要是西藏、四川西部和云南中西部。（3）西北地区，主要在甘肃河西走廊、青海、宁夏、天山南北麓。（4）华北地区，主要在太行山两侧、汾渭河谷、阴山-燕山一带、山东中部和渤海湾。（5）东南沿海的广东、福建等地。我国台湾省位于环太平洋地震带上，西藏、新疆、云南、四川、青海等省区位于喜马拉雅-地中海地震带上，其他省区处于相关的地震带上。中国地震带的分布是制定中国地震重点监视防御区的重要依据。

我国的地震记录历史悠久，地震历史资料丰富，最早有文字可考的地震灾害记录可以追溯到 4500 年以前。关于地震的直接记录，一般认为始于公元前 1831 年的泰山地震。1955 年，我国曾经对发生在中国境内的地震历史资料进行了大规模的搜集和整理工作。统计结果表明，截至 1955 年，我国有文字记载的地震有 8000 多次，造成灾害的地震记录有 1000 余次。

我国地震活动特点：我国境内发生的地震，大多数属于浅源地震，震源深度在东部较浅、西部较深。这种地震震源深度的分布与我国的西高东低的地势相关。从我国地震历史资料可以看到一个有趣的现象：在一定地区内的地震活动，在大的时间尺度上存在明显的疏密交替的现象。相对沉静的平静期和相对频繁的活跃期交替出现。地震活动的这种规律性与地震带内的能量积累和释放过程密切相关。在地震工程学中，从一个平静期的开始到下一个活跃期的结束称为一个地震活动期。

详细考察我国地震区的地震活动期可以发现，我国地震区的地震活动有三个基本特点：（1）同一地震区的活动期的历时大体相同，不同地震区的地震活动历时各不相同。在我国华北、华南、青藏高原北部，地震活动期长达 300～400 年，而在台湾东部和青藏高原南部，地震活动期仅仅几十年。（2）大量 6 级以上的地震发生在活跃期内，在平静期内一般很少发生 7 级以上的地震。（3）我国东部地震活动较长的几个地震区，活动期在时间上大体相当。

3.1.3　中国地震烈度区划图

地震烈度区划图不仅标识了不同地区的地震历史震害，也给出了各地区未来地震活动的趋势，对于工程结构抗震具有重要的指导意义。建筑抗震设防标准是衡量建筑抗震设防要求的尺度，它是由抗震设防烈度和建筑使用功能的重要性来确定的。抗震设防烈度是指按国家规定的权限批准的，作为一个地区抗震设防依据的地震烈度。一般情况下，抗震设防烈度可以采用中国地震烈度区划图的地震基本烈度，或采用与抗震设计规范涉及基本地震加速度对应的地震烈度。我国现行《建筑抗震设计规范》GB 50011 依据地震烈度区划图给出了我国抗震设防区各县级及县级以上城镇的中心地区建筑工程抗震设计时所采用的地震设防烈度[4]。

3.2　地　震　波　特　性

地下震源释放出的相当大部分的能量是以波的形式向各个方向传播并引起地震的，这就是地震波。地震波按其在地壳中传播位置的不同，分为体波和面波。

3.2.1　地震波传播

岩石在高温高压下具有一定的流变性能，在地质应力的长期作用下，岩石的黏弹性或流变性是主要的。但是在极短期的迅速变化的动力作用下，岩石则表现为弹性的，黏滞作用的影响可以用能量损耗的概念来加以修正。因此，可以假定地球介质均匀、各向同性、完全弹性。用地震仪对地震时质点的地震动进行观测，促进了地震波动理论的发展和对震源与地球构造的了解，支持上述假定。

1. 波动方程

在均匀、各向同性、无阻尼弹性介质内，质点运动必须满足介质的应力-应变关系、连续条件和牛顿运动第二定律，从小变形弹性力学理论可以导出运动的基本方程为：

$$\rho \frac{\partial^2 u_i}{\partial t^2} = (\lambda + \mu) \frac{\partial \theta}{\partial x_i} + \mu \nabla^2 u_i (i = 1, 2, 3) \qquad (3\text{-}14)$$

式中：x_1、x_2、x_3 为 x、y、z 三个方向的直角坐标；

u_1、u_2、u_3 为沿直角坐标 x、y、z 三个方向的质点位移；

ρ 为介质密度；

$\lambda = \dfrac{Ev}{(1+v)(1-2v)}$、$\mu = \dfrac{E}{2(1+v)} = G$ 为拉梅参数，E 和 G 为介质弹性模量和剪切模量，v 为泊松比；

体应变　　　　　　　　　　$\theta = \dfrac{\partial u_1}{\partial x_1} + \dfrac{\partial u_2}{\partial x_2} + \dfrac{\partial u_3}{\partial x_3}$；

拉普拉斯算子 $\nabla^2 = \dfrac{\partial^2}{\partial x_1^2} + \dfrac{\partial^2}{\partial x_2^2} + \dfrac{\partial^2}{\partial x_3^2}$。

为求解式（3-14），取两个势函数，一个标量势 φ，一个矢量势 $\psi(\psi_1, \psi_2, \psi_3)$，位移 u_1、u_2、u_3 与这两个势函数的关系为：

$$u_1 = \frac{\partial \varphi}{\partial x_1} + \frac{\partial \psi_3}{\partial x_2} - \frac{\partial \psi_2}{\partial x_3} \tag{3-15a}$$

$$u_2 = \frac{\partial \varphi}{\partial x_2} + \frac{\partial \psi_1}{\partial x_3} - \frac{\partial \psi_3}{\partial x_1} \tag{3-15b}$$

$$u_3 = \frac{\partial \varphi}{\partial x_3} + \frac{\partial \psi_2}{\partial x_1} - \frac{\partial \psi_1}{\partial x_2} \tag{3-15c}$$

因此，从式（3-14）可以得到：

$$\nabla^2 \varphi = \frac{1}{\alpha^2} \cdot \frac{\partial^2 \varphi}{\partial t^2} \tag{3-16a}$$

$$\nabla^2 \psi_i = \frac{1}{\beta^2} \cdot \frac{\partial^2 \psi_i}{\partial t^2} (i = 1, 2, 3) \tag{3-16b}$$

其中，$\alpha = \sqrt{(\lambda + 2\mu)/\rho} = v_{\mathrm{p}}$ 为纵波速度，$\beta = \sqrt{\mu/\rho} = v_{\mathrm{s}}$ 为横波速度。

从式（3-15a）～式（3-15c）可知，体应变为：

$$\theta = \frac{\partial u_1}{\partial x_1} + \frac{\partial u_2}{\partial x_2} + \frac{\partial u_3}{\partial x_3} \tag{3-17a}$$

而畸变为：

$$\begin{cases} \omega_1 = \dfrac{1}{2} \left(\dfrac{\partial u_3}{\partial x_2} - \dfrac{\partial u_2}{\partial x_3} \right) \\[2mm] \omega_2 = \dfrac{1}{2} \left(\dfrac{\partial u_1}{\partial x_3} - \dfrac{\partial u_3}{\partial x_1} \right) \\[2mm] \omega_3 = \dfrac{1}{2} \left(\dfrac{\partial u_2}{\partial x_1} - \dfrac{\partial u_1}{\partial x_2} \right) \end{cases} \tag{3-17b}$$

由于纵波只产生压张性的位移而不产生旋转位移，即畸变 $\omega_i = 0$，根据这一条件，可取：

$$u_i = \frac{\partial \varphi}{\partial x_i} (i = 1, 2, 3) \tag{3-18}$$

因此，体应变 θ 为：

$$\theta = \nabla^2 \varphi \tag{3-19}$$

则

$$\frac{\partial \theta}{\partial x_i} = \frac{\partial}{\partial x_i} \nabla^2 \varphi = \nabla^2 \frac{\partial \varphi}{\partial x_i} = \nabla^2 u_i \tag{3-20}$$

代入式（3-14）得：

$$\frac{\partial^2 u_i}{\partial t^2} = \alpha^2 \nabla^2 u_i (i = 1, 2, 3) \tag{3-21}$$

由于横波只发生纯剪切变形而无体积变化，体积应变为零，即 $\theta = 0$。因而，由式（3-14）可以得到：

$$\frac{\partial^2 u_i}{\partial t^2} = \beta^2 \nabla^2 u_i (i = 1, 2, 3) \tag{3-22}$$

可以看到，纵波和横波的波动方程具有同样的形式，只是系数不同，这为研究波动规律提供了便利和简化依据。

2. 弹性波的传播

1）纵波（膨胀波，初波，压缩波，无转动波，P波）

设在一无限空间中有一平面波沿 x_1 方向传播，则

$$\begin{cases} \varphi \text{ 或 } \theta = f_1(x_1 - \alpha t) + f_2(x_1 + \alpha t) \\ \psi_i \text{ 或 } \omega_i = 0 (i = 1, 2, 3) \end{cases} \tag{3-23}$$

满足式（3-16a）和式（3-16b）。f_1 为沿 x_1 轴正方向传播的波，f_2 为沿 x_1 轴负方向传播的波。φ 值在 $x_1 =$ 常数的平面上，故为平面波；由于用 φ 表示的位移或应力状态满足旋度 $\nabla \cdot \nabla \varphi = 0$ 的条件，故为无旋波。由于这一纵波的 φ 值仅为 x_1 的函数而与 x_2、x_3 无关，而且 $\psi_i = 0 (i = 1, 2, 3)$，所以有 $u_1 \neq 0, u_2 = u_3 = 0$。这表明，纵波的振动方向与波的传播方向一致。

2）横波（畸变波，剪切波，次波，等体积波，S波）

设在一无限空间中有一平面波沿 x_1 方向传播，则

$$\begin{cases} \psi_2 = f_1(x_1 - \beta t) + f_2(x_1 + \beta t) \\ \psi_1 = \psi_3 = \varphi = \theta = 0 \end{cases} \tag{3-24}$$

满足式（3-16a）和式（3-16b）。由于 ψ_2 值在 $x_1 =$ 常数的平面上，故为平面波；又由于 $\theta = 0$，故为畸变波，即只有形状的改变而无体积的改变。由式（3-15a）～式（3-15c）可知，$u_1 = u_2 = 0, u_3 \neq 0$，即此波只有沿 x_3 轴的位移，所以它的振动方向（x_3 轴）与波的传播方向（x_1 轴）相垂直。如果 x_1-x_3 平面是水平面，这种波称为 SH 波；如果 x_1-x_3 平面是竖直平面，则这种波就被称为 SV 波。

也可以取

$$\begin{cases} \psi_3 = f_1(x_1 - \beta t) + f_2(x_1 + \beta t) \\ \psi_1 = \psi_2 = \varphi = \theta = 0 \end{cases} \tag{3-25}$$

这时，有 $u_1 = u_3 = 0, u_2 \neq 0$，即只有沿 x_2 轴的位移，故它的振动方向沿 x_2 轴，即与波的传播方向 x_1 轴相垂直的方向。但是若取

$$\begin{cases} \psi_1 = f_1(x_1 - \beta t) + f_2(x_1 + \beta t) \\ \psi_2 = \psi_3 = \varphi = \theta = 0 \end{cases} \tag{3-26}$$

则 $u_1 = u_2 = u_3 = 0$，即全部位移分量均等于零，这表明不存在振动方向与波的传播方向一致的横波。

3）瑞雷（Rayleigh）波

　　假若介质是均匀无限空间，则只可能存在上述体波（P 波和 S 波）。倘若存在界面，界面两侧的介质性能不同，由于界面处必须满足应力平衡和变形连续条件，就可能产生其他类型的波。Rayleigh 波是局限于地表附近的面波。

　　设自由表面中波传播方向为 x_1 轴，原点在面中，x_3 轴垂直于表面，向介质内为正，x_2 轴在面中。设势函数为：

$$\varphi(x_1, x_3, t) = f_1(x_3) \exp[k(x_1 - ct)i] \tag{3-27}$$

$$\psi_2(x_1, x_3, t) = f_2(x_3) \exp[k(x_1 - ct)i] \tag{3-28}$$

式中：k 为波数，$k = 2\pi/l = \omega/c$，l 为波长，ω 为圆频率；c 为 Rayleigh 波波速；i 为虚数符号，$i = \sqrt{-1}$。

　　将式（3-27）、式（3-28）代入式（3-14）和式（3-15a）～式（3-15c），可得下述微分方程：

$$\frac{\mathrm{d}^2 f_1}{\mathrm{d}x_3^2}(k^2 - K^2) f_1 = 0$$

$$\frac{\mathrm{d}^2 f_2}{\mathrm{d}x_3^2}(k^2 - K'^2) f_2 = 0$$

其中，$K^2 = \omega^2/\alpha^2 = \omega^2/v_{\mathrm{p}}^2$，$K'^2 = \omega^2/\beta^2 = \omega^2/v_{\mathrm{s}}^2$。

　　考虑到在 $x_3 \to \infty$ 处，波的振幅必须为有限的，故得：

$$\varphi = A\exp(-\sqrt{k^2 - K^2}\, x_3) \cdot \exp[k(x_1 - ct)i]$$

$$= A\exp(-akx_3) \cdot \exp[k(x_1 - ct)i]$$

$$\psi_2 = B\exp(-\sqrt{k^2 - K'^2}\, x_3) \cdot \exp[k(x_1 - ct)i]$$

$$= B\exp(-bkx_3) \cdot \exp[k(x_1 - ct)i]$$

其中，$a = \sqrt{1 - c^2/v_{\mathrm{p}}^2}$，$b = \sqrt{1 - c^2/v_{\mathrm{s}}^2}$。

　　在自由表面处的边界条件为：

$$\sigma_{x_3} \mid_{x_3 = 0} = 0, \quad \tau_{x_1 x_3} \mid_{x_3 = 0} = 0$$

　　由此可得：

$$(1 + b^2)A + 2bBi = 0$$

$$-2aAi + (1 + b^2)B = 0$$

　　上式中 A 和 B 具有非零解的条件是系数行列式为零，由此可得：

$$(1 + b^2)^2 + 4ab = 0$$

　　或者写成

$$\left(2 - \frac{c^2}{v_{\mathrm{s}}^2}\right)^2 = 4 \sqrt{1 - \frac{c^2}{v_{\mathrm{s}}^2}} \cdot \sqrt{1 - \frac{c^2}{v_{\mathrm{p}}^2}}$$

　　将上式两边平方并整理后可得到：

$$\left(\frac{c}{v_{\mathrm{s}}}\right)^6 - 8\left(\frac{c}{v_{\mathrm{s}}}\right)^4 + \left(24 - 16\frac{v_{\mathrm{s}}^2}{v_{\mathrm{p}}^2}\right)\left(\frac{c}{v_{\mathrm{s}}}\right)^2 - 16\left(1 - \frac{v_{\mathrm{s}}^2}{v_{\mathrm{p}}^2}\right) = 0 \tag{3-29}$$

式（3-29）可进一步改写为：

$$\left(\frac{c}{v_{\mathrm{s}}}\right)^6 - 8\left(\frac{c}{v_{\mathrm{s}}}\right)^4 + 8\frac{2-v}{1-v}\left(\frac{c}{v_{\mathrm{s}}}\right)^2 - \frac{8}{1-v} = 0 \tag{3-30}$$

这里 v 为泊松比。式（3-30）是 $(c/v_{\mathrm{s}})^2$ 的三次方程，在 $0 < c < v_{\mathrm{s}} < v_{\mathrm{p}}$ 中至少存在一个正根。给定一个泊松比 v 值，可以找到对应的 Rayleigh 波波速 c 值，记为 v_{R}。图 3-4 给出了 $v_{\mathrm{R}}/v_{\mathrm{s}}$ 和 $v_{\mathrm{R}}/v_{\mathrm{p}}$ 随泊松比 v 的变化曲线。式（3-30）的解也可近似地表达为：

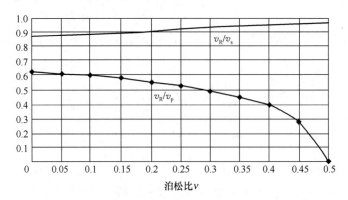

图 3-4　　$v_{\mathrm{R}}/v_{\mathrm{s}}$ 和 $v_{\mathrm{R}}/v_{\mathrm{p}}$ 随泊松比 v 的变化曲线

$$v_{\mathrm{R}} \approx \frac{0.862 + 1.14v}{1+v} v_{\mathrm{s}} \tag{3-31}$$

有了势函数，可以求得动位移为：

$$u_1 = f_1(x_3)i \cdot \exp[k(x_1 - ct)i] \tag{3-32a}$$

$$u_2 = 0 \tag{3-32b}$$

$$u_3 = f_2(x_3)i \cdot \exp[k(x_1 - ct)i] \tag{3-32c}$$

其中

$$f_1(x_3) = -Ak \cdot \left[\exp(-akx_3) - \frac{1+b^2}{2b}\exp(-bkx_3)\right]$$

$$f_2(x_3) = Ak \cdot \left[-a\exp(-akx_3) - \frac{1+b^2}{2b}\exp(-bkx_3)\right]$$

只考虑上面位移分量的实部，则有：

$$\frac{u_1^2}{f_1^2(x_3)} + \frac{u_3^2}{f_2^2(x_3)} = 1 \tag{3-33}$$

这表明，质点的运动轨迹为 $x_1 \sim x_3$ 平面的一个椭圆，它沿 x_1 方向（水平向）和 x_3 方向（竖向）的轴长分别为 $f_1(x_3)$ 和 $f_2(x_3)$。因此，Rayleigh 波是一种椭圆极化波。

当泊松比 $v = 0.25$ 时，Rayleigh 波的水平向和竖向位移沿竖向的变化及运动轨迹如

图 3-5 所示。从图中可以看出，水平向位移沿竖向变化时还发生变号，这意味着从此开始，质点的运动轨迹由逆进的椭圆变为顺进的椭圆；Rayleigh 波的衰减很快，在一个波长后即衰减 1/5 左右。Rayleigh 波是体波到达地表面后反射叠加所形成的，在震中附近并不出现，大约在震中距大于 $v_R h/\sqrt{v_p^2-v_s^2}$ 后才出现（h 为震源深度）。

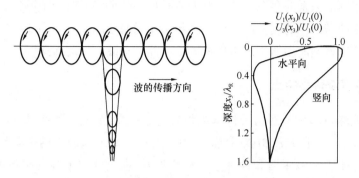

图 3-5　Rayleigh 波的水平和竖向位移沿竖向的变化及运动轨迹

4）乐夫（Love）波

乐夫波是另一种面波，在实际地震观测中被发现，后由乐夫（Love）从理论上证明其存在。乐夫波存在的条件是：半无限空间上存在一松软的水平覆盖层。乐夫波是一种 SH 波。

设坐标原点在覆盖层与下卧半无限体的界面上，x_1 轴为波的传播方向，x_3 轴为竖向，向无限体内为正，覆盖层厚度为 H。设位移函数为：

$$\begin{cases} u_2(x_1,x_3,t)=f_1(x_3)\exp[k(x-ct)i] & (-H\leqslant x_3\leqslant 0) \\ u_2(x_1,x_3,t)=f_2(x_3)\exp[k(x-ct)i] & (x_3\geqslant 0) \\ u_1=u_3=0 \end{cases} \tag{3-34}$$

式中：c 为乐夫波波速，$c-\omega/k$，其中 k 为波数。

根据自由表面 $x_3=-H$ 及与覆盖层与下卧层半无限体的界面 $x_3=0$ 处的边界条件，以及在无限深处（$x_3=\infty$）振幅 $f_2(\infty)$ 应有界，可以得到乐夫波存在的物理条件为：

$$v_2\sqrt{1-\frac{c^2}{v_{s2}^2}}=v_1\sqrt{\frac{c^2}{v_{s2}^2}-1}\tan\left(\frac{\omega H}{c}\sqrt{\frac{c^2}{v_{s1}^2}-1}\right) \tag{3-35}$$

式中：v_{s1}、v_1 为覆盖层剪切波速及泊松比；v_{s2}、v_2 为覆盖层下卧半无限层的剪切波速及泊松比。

由此可见，如果 $v_{s1}<c<v_{s2}$，式（3-35）即可满足。所以只有在覆盖层剪切波速小于下卧半无限层剪切波速时才有可能存在乐夫波。

5）频散关系与群速度

从上述可以看到，均匀弹性介质中的平面 P 波或 S 波只有一个波速，它完全取决于介质的特性。但是在成层弹性介质中面波的传播不可能用一个传播速度描述，波速 c、频

率 ω 和波数 k 三者之间存在关系 $c=\omega/k$，称这一关系为频散关系。可见，不同水平波数或不同频率的简谐面波以不同的波速传播。每个简谐面波的波速 c 称为相速度。

相速度 c 并不是描述面波传播的理想波动参数。原因为波动最重要的特征是波动能量的传播，而能量的传播并不是以相速度传播。如果考察一群波数 k 或频率 ω 接近的简谐面波的传播，由于频散关系的存在，这一群谐波叠加的结果将形成一个波包，波包的传播速度将不同于单个简谐面波的相速度。由于在频率相同的情况下波动的能量取决于振幅，所以波包的传播速度就是波动能量的传播速度，因此，称波包的传播速度为群速度 c_g[42]。

3.2.2 地震波传播特点

体波是在地球内部和表面均可传播的波，它包括纵波（又称压缩波、P 波）和横波（又称剪切波、S 波）。在 P 波由震源向外的传播过程中，介质质点的振动方向与波的前进方向一致，使介质不断地压缩和伸展（体积变形）。在空气中传播的声波就是一种纵波。纵波可以在固体和流体中传播（如在空气中传播的声波），其特点是周期短、振幅小。

在 S 波的传播过程中，介质发生形状变形，其质点的振动方向与波的前进方向垂直，其中质点振动沿竖向的称为 SV 波，而沿水平向的称为 SH 波。S 波的周期较长、振幅较大。

根据弹性波理论，P 波波速 v_p 与 S 波波速 v_s 可分别按下列公式计算：

$$\begin{cases} v_p = \sqrt{\dfrac{E(1-\mu)}{\rho(1+\mu)(1-2\mu)}} \\ v_s = \sqrt{\dfrac{E}{2\rho(1+\mu)}} = \sqrt{\dfrac{G}{\rho}} \end{cases} \tag{3-36}$$

式中：E、ρ、μ 和 G 分别为介质的杨氏模量、质量密度、泊松比和剪变模量，$G=0.5E/(1+\mu)$。对岩石，近似取 $\mu=0.22$，由式（3-36）可得 $v_p=1.67v_s$。可见，P 波波速比 S 波波速快得多。

面波是沿地球表面及其附近传播的波。一般认为，面波是体波在离开震源一定距离后由自由边界条件或经地层界面多次反射、折射所形成的次生波。

面波主要包括两种形式的波，即瑞雷波（R 波）和乐夫波（L 波）。R 波传播时，质点在由波的传播方向和地表法向所组成的平面内做逆时针旋转的椭圆运动，而与该平面垂直的水平方向没有振动，因而该波在地面上呈滚动形式。L 波的生成条件是地表存在软弱土层，其传播时质点在地平面内产生与波前进方向相垂直的运动，因而该波在地面上呈蛇形运动。面波的传播速度略低于 S 波波速，如 R 波波速 $v_R=(0.89\sim0.96)v_s$（系数取值随介质泊松比的增大而增大）。面波周期长、振幅大[43]，只在地表附近传播，比体波衰减慢，故能传播到很远的地方。

3.2.3 地震波特性

根据以上波动理论，当某地发生地震时，在一定远处由地震仪记录到的地震波加速度信号先后依次是 P 波、S 波和面波（图 3-6）。震中与地震台的距离可以根据 P 波、S 波的到达时差 T_{sp} 及地层波速 v_p 或 v_s 来估算，由此综合分析三个及以上地震台的结果便能推定出震中的平面位置（图 3-6）。

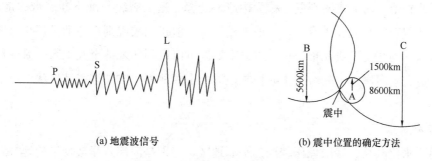

(a) 地震波信号　　　　　　　　　　　　(b) 震中位置的确定方法

图 3-6　地震波信号和震中位置确定方法示意图

应该指出的是，在震中区，由于地下震源释放的能量巨大，向地表传播的地震波具有强烈的弹塑性性状，而且在到达地表时会产生反相反射波。在上行地震波和下行反射波的综合作用下，震中区的地表质点向上和水平运动的幅度会显著发大，并且相当于一个次生振源在地层中诱发出具有一定能量的波动。因此，震中区地表的地震波和质点振动特性一般是很复杂的[3]，在地震波信号中将难以容易地辨识 P 波、S 波和面波的波列。

由于震源和地层的复杂性，地震波所到之处，质点沿三个直角坐标方向一般均会产生不规则且难以预测的振动。这不但会使建筑物产生上下颠簸，而且还会使其产生水平振动、绕水平轴的摇摆和绕竖轴的扭转。但根据实测地震波信号分析得知，当震中距大到一定数值后，地表的竖向振动分量往往会变得比水平方向的要低得多，此时为简化工程结构地震响应分析，可暂不考虑竖向地震分量的作用。

在地震波的特性中，对工程防护有重要意义的是地震波的强度（峰值加速度）、频谱（波形）和持续时间等三个参数，其中频谱特性可以通过对地震波信号进行富里埃变换或 FFT 处理获得，而持续时间由地震波信号上首次和末次出现达到规定加速度幅值（常取 $0.05g$，g 为重力加速度）的时差来确定。一般来说，地震波的强度越大、主频率与工程结构的自振频率越接近、持续时间越长，则工程结构遭受地震作用而破坏的可能性和破坏程度就越高。

3.3　地　震　破　坏　作　用

3.3.1　地震中地表的破坏

1. 地裂缝

强烈的地震发生时，地面断层将达到地表，从而改变地形和地貌。地表的竖向错动将形成悬崖峭壁，地表大的水平位移将产生地形、地物的错位，挤压、扭曲将造成地面的起伏。地裂缝将造成地面工程结构的严重破坏，使得公路中断、铁轨扭曲、桥梁断裂、房屋破坏、河流改道、水坝受损等。

地裂缝是地震时最常见的地表破坏，主要有两种类型。一种是强烈地震时由于地下断层错动延伸到地表而形成的裂缝，称为构造地裂缝。这类裂缝与地下断层带的走向一致，其形成与断裂带的受力性质有关，一般规模较大，形状比较规则，通常呈带状出现，裂缝带长度可以达到几公里或几十公里，裂缝带宽度可以达到几米甚至几十米。另一种地裂缝是在故河道、湖河岸边、陡坡等土质松软地方产生的地表交错裂缝，其形状大小不同，规模也较小。

2. 喷砂冒水

在地下水位较高、砂层埋深较浅的平原地区，特别是河流两岸最低平的地方，地震时地震波产生的强烈振动使得地下水位急剧增加，地下水经过地裂缝或土质松软的地方冒出地面，当地表土层为砂土或粉土时，则夹带着砂土或粉土一起冒出地面，形成喷砂冒水现象。喷砂冒水持续时间长，喷口有时会沿着一定的方向形成线状分布，喷出的砂土有时可以达到 $1\sim2m$ 的高度，形成一个个砂堆或形成长长的砂堤。喷砂实际上是砂土液化的表现。地震中出现的喷砂冒水现象淹没农田、堵塞水渠、道路，淹没矿井，严重的地方可以造成工程结构的不均匀沉降、上部结构的开裂甚至倒塌。

3. 地表下沉

在强烈地震作用下，地面往往发生下沉。在地下存在溶洞的地区或者由于人们的生产活动产生的空洞如矿井或者地铁等，强烈地震发生时，地面土体将会产生下沉，形成洼地，造成大面积陷落。在土地陷落的地方，当地面水或地下水注入，就会形成大面积积水，造成灾害。

4. 河岸、陡坡滑坡

在河岸、陡坡等地方，强烈的地震使得土体失稳，造成塌方。淹没农田、村庄、堵塞河流，大面积塌方使得房屋倒塌[2]。

3.3.2　地震中工程结构的破坏

工程结构的破坏可能是由于地基失效引起，也可能是由于上部结构承载力不足形成的破坏或结构丧失整体稳定性造成，前者为结构的静力破坏，后者为结构的动力破坏。地震历史资料表明，由于地基失效引起的工程结构的破坏仅仅占结构破坏的10%左右，其余90%是由于结构承载力不足或丧失整体稳定造成的。因此，我国和世界各国的抗震设计规范都将主要精力集中在上部结构的破坏机理的分析和研究上。结构承载力不足，主要是由结构的承重构件的抗弯、抗剪切、抗压、抗拉等强度不足引起，如墙体裂缝、构件的开裂以及节点的失效等。结构丧失整体稳定性主要是由工程结构的构件连接不牢固、支撑长度不够或者支撑失效引起。

3.3.3　地震的次生灾害

强烈地震除了引起结构的破坏外，一般常常会引起其他一些次生灾害，如火灾、水灾、泥石流、海啸、滑坡等。一般来说，由于地震本身造成的直接损失往往还小于由于地震所产生的次生灾害所造成的间接损失。以下就以地震引发海啸来说明地震次生灾害的危害及预防。

地震引发的海啸灾害是世界上一种极其严重的地震次生灾害。海啸这一词语来源于地震多发的日本，本意就是"海港的波浪"。美国地质调查局给海啸的定义为：海啸是由突然发生的地壳运动导致一波或是一波接一波的海水移位现象。海啸的波长可达到几十公里、上百公里，有的海啸波长甚至比海洋的最大深度还要大。

据中国地震局提供的资料统计，在 1.5 万次海底构造地震中，大约只有 100 次的地震能够引起海啸。地震海啸的产生一般受三个方面条件控制：

（1）震源断层条件。当震源表现为平推错动时，不致产生海啸；如果震源断层表现为倾滑，就可能引起海啸。一般地说，垂直差异运动越大，相对错动速度越大，错动区面积越大，则海啸级别越大。

（2）震源区水深条件。深水区比浅水区易于产生海啸。如破坏性海啸，其震源区水深一般在 200m 左右，灾难性海啸的震源区水深在 1000m 以上。

（3）震级、震源深度条件。一般震级大于 6.5 级，震源深度在 25km 以内，可产生海啸。而震级在 7.5 级以上，震源深度在 40km 以内，则可形成灾难性海啸。在满足震源断层条件和水深条件下，震级越大，震源越浅，海啸级越大。水下或沿岸的山崩、海底火山喷发或者彗星撞击海面也可能引起海啸。全球地震海啸发生区的分布基本上与地震带一致。破坏性较大的地震海啸平均 6～7 年发生一次，其中约 80% 发生在环太平洋地震带上。

3.4　减轻地震灾害的对策和措施

为减轻地震灾害造成的经济损失，保障人民生命财产安全，中华人民共和国第八届全国人民代表大会常务委员会第二十九次会议于 1997 年 12 月 29 日通过《中华人民共和国防震减灾法》，于 1998 年 3 月 1 日起实行。这部法律对地震监测预报、地震灾害预防、地震应急、震后救灾与重建四个环节的防震减灾活动做出了详细规定。

目前，减轻地震灾害的对策从宏观上可分为工程性措施和非工程性措施，二者相辅相成，缺一不可。工程性措施主要通过加强各类工程抗震能力减少地震损失；非工程性措施增强全社会防震减灾意识，提高公民在地震灾害中自救、互救能力，以减轻地震灾害。工程性防御措施和非工程性防御措施都必须予以规范化和制度化。

3.4.1　工程性措施

工程性措施主要包括地震预测预报和工程抗震两方面。

地震预测预报主要通过对场地条件、地震活动性、地震前兆和环境因素等多种情况，通过多种科学手段进行预测研究，分析潜在破坏性地震发生时间、地点、强度并进行发布。预测按可能发生地震的时间可以分为：

（1）长期预报，预报几年内至几十年内将发生的地震。

（2）中期预报，预报几个月至几年内将发生的地震。

（3）短期预报，预报几天至几个月内将发生的地震。

（4）临时预报，预报几天之内将发生的地震。

国家对地震预报实行统一的发布制度。其发布形式可以由政府文件或通过广播、电视、报刊等宣传媒介向社会公告。正确的地震预报可大大减少人员伤亡和财产损失，而错误的地震预报对社会造成的损失可能更甚于发生一场真实的地震。目前地震预报还存在着许多难以解决的问题，预报的水平仅是"偶有成功，错漏甚多"。国内外发生的大多数地震，或者是错报（报而未震），或是漏报（震而未报），致使人们生命财产受到严重损失，并使社会秩序和人们生活受到严重影响。

1996年11月，地震预测框架评估国际会议在伦敦召开。与会者一致认为，地震从本质上是不可预测的。1999年，就地震能否预测这一问题，多位地震学家在英国著名杂志《自然》的网站上展开辩论，最后达成一致共识：现阶段就已有知识而言，要可靠且准确地预测地震是不可能的。21世纪以来，地震不可预测已是国际地震学界主流观点。中国目前是世界唯一还把地震预测作为研究重点，拥有官方地震预报制度的国家。

既然人类目前还不能准确预测地震，人类为长期减轻地震灾害，就应该提高建筑结构安全性，进行合理建筑规划。为提高建筑结构安全性，即工程抗震，是通过技术把结构制造得更坚固、耐震。工程抗震的内容十分丰富，包括地震危险性分析和地震区划，工程结构抗震、工程结构隔震减震等，是目前减轻地震灾害的有效措施。

3.4.2　非工程性措施

非工程性措施主要指各级政府及有关社会组织采取的工程性防御措施之外的减灾活动。非工程性措施包括建立健全减灾工作体系，制定防震减灾规划，开展防震减灾宣传、教育、培训、演习、科研及推进地震灾害保险、救灾资金物资储备等工作。更根本的措施在于"解决人的问题"，即在社会个人层面重塑公民防灾减灾意识[12]，提高房屋建设者的道德水准，启动相关灾害人为因素的问责制。

（1）编制防震减灾规划。《中华人民共和国防震减灾法》第二十二条规定，根据震情和震害预测结果，国务院地震行政主管部门和县级以上地方人民政府负责管理地震工作的部门或者机构，应当会同同级有关部门编制防震减灾规划，报本级人民政府批准后实施。

修改防震减灾规划，应当报经原批准机关批准。

（2）加强防震减灾宣传教育。《中华人民共和国防震减灾法》第二十三条规定，各级人民政府应当组织有关部门开展防震减灾知识的宣传教育，增强公民的防震减灾意识，提高公民在地震灾害中自救、互救的能力；加强对有关专业人员的培训，提高抢险救灾能力。

（3）做好抗震救灾资金和物资储备。《中华人民共和国防震减灾法》第二十四条规定，地震重点监视防御区的县级以上地方人民政府应当根据实际需要与可能，在本级财政预算和物资储备中安排适当的抗震救灾资金和物资。

（4）建立地震灾害保险制度。《中华人民共和国防震减灾法》第二十五条规定，国家鼓励单位和个人参加地震灾害保险[4]。

3.5　地震动工程特性及地震烈度

3.5.1　强地震动观测

虽然早在公元 132 年就有了地震仪，但是能够记录到对工程极为重要的地震动过程的仪器，则最早是在 1931 年开始使用的。强震观测是地震工程学的基础研究之一。我国自 1966 年研制成功 RDZ1-12-66 型强震仪以来，先后研制成功 GQ-Ⅲ型、SCQ 型和 GDQJ-1A 型强震仪。强震观测记录有力地推动了我国地震工程学的发展。

现有的地震动量测仪器可以概括为两大类：一类是地震学工作者使用的，目的在于确定地震震源的地点和力学特性、发震时间和地震大小，从而了解震源机制、地震波传播路线中的地球介质、地震波的特性与传播规律、地球的内部结构。另一类是地震工程学工作者使用的，目的在于确定地震时测点处的地震动和结构振动反应，以便了解结构物的地震动输入特性、结构物的抗震性能，从而为结构抗震设计提供数据。由于目的不同，两者使用的仪器性能也不同，前者使用的仪器称为地震仪，后者使用的仪器称为强震仪。

地震仪以弱震动为主要量测对象，测量地震动的位移。由于强震少而弱震经常发生，通过弱震动的量测就可以迅速取得所需要的资料，达到研究的目的。强震仪以强地震动为主要量测对象，测量地震动加速度。强震仪记录仪器所在点的三个正交方向的地震动分量（一个竖向、两个水平向）。两种仪器的基本情况见表 3-4。中国地震局工程力学研究所研制的 GDQJ-1A 型、GDQJ-2 型强震仪，至今已在北京、天津、甘肃、新疆、云南、福建、四川等 21 个省、自治区、直辖市安装了 340 多台。

地震仪和强震仪基本情况的比较　　　　　　　　　　表 3-4

仪器	地震强弱	运转方式	放大倍数	记录重点内容	设置地点	通频带
地震仪	弱	连续不停	高	各种波形的到时与初动方向	基岩	窄，低频
强震仪	强	自动触发	低	波形的全过程	各种场地与结构物	宽，高，低频

常见地震仪与强震仪的工作原理可由下述单自由度体系的运动方程来表示：

$$\ddot{u} + 2\xi_0\omega_0\dot{u} + \omega_0^2 u = -\ddot{u}_g \tag{3-37}$$

式中：$\ddot{u}$、$\dot{u}$、u 为拾振器摆相对于地面的加速度、速度和位移；ξ_0、ω_0 为体系的阻尼比和摆的自振频率；$\ddot{u}_g$ 为地面地震动加速度。

地震仪与强震仪在原理上的差别，就是参数 ξ_0 和 ω_0 的不同。适当选择这两个系数，可以使式（3-37）左端三项中的某一项远大于其他两项，从而使仪器记录摆的相对位移分别代表地面运动的位移、速度和加速度，即：

（1）当 $\omega_0 \leqslant \omega_g$（$\omega_g$ 为地震动频率）、ξ_0 中等时，式（3-37）中 $2\xi_0\omega_0\dot{u} + \omega_0^2 u$ 可以忽略，则 $u = k_1 u_g$，即摆的运动与地面运动成正比。相应的仪器为地震仪。

（2）当 $\omega_0 \gg \omega_g$、ξ_0 中等时，式（3-37）中 $\ddot{u} + 2\xi_0\omega_0\dot{u}$ 可以忽略，则 $u = k_2 \ddot{u}_g$，即摆的运动与地面加速度成正比。相应的仪器为强震仪。

《地震科学技术发展规划（2006—2020 年）》提出的"中国台阵"（China Array）研究计划，由以下部分组成：（1）由中国国家地震台网与邻近地区和国家地震台站组成的 400 个固定数字化的地震观测台站。（2）由数百个宽频带地震仪组成的流动地震观测台阵。（3）由利用天然地震和激发人工震源组成的系列震源。地震台阵探测计划将对"大华北"地区和"南北地震带"南段两个地区进行探测，并在此基础上开展相应的地壳岩石圈结构与构造、地震成因机理研究。

我国地震观测网络由地震前兆台网、测震台网、强震动台网、地震活断层探测技术系统、地震应急指挥技术系统、地震信息服务系统等组成，服务于防震减灾工作的地震监测预报、震灾预防和紧急救援三大工作体系，是开展地震预报和防震减灾研究的基础。由此可见，强震观测是地震观测网络的一个重要组成部分。

利用仪器来观测地震时地面运动的过程以及在其作用下工程结构的反应称为强震观测。强震观测的任务是：为解决地震工程学中的根本问题，尽快获取和积累足够数量的、有意义的观测记录，以及改良记录的处理和分析方法，从取得的记录中提炼出更多有用的信息。近年来，强震观测所获取的记录数据在探索震源模式和发震机理，确定震源参数和余震迁移特性，系统研究地震波的传播规律，计算近源地层的速度结构等方面，发挥了重要的作用。

强震观测的基本目的和意义是：（1）取得地震时地面运动过程的记录，为研究地震动影响场、震源机制等提供基础资料。（2）成套地获取近场地震动、不同场地的地震动和多种工程结构地震反应观测数据。（3）检验和改进目前各种抗震分析和设计方法。（4）用于编制和修订地震动参数区划图和各类工程结构抗震设计规范，直接为抗震设防服务。（5）为震后快速评估震害和抗震救灾服务。

根据强震后往往会发生一系列强余震的特点，为了加快积累强震观测资料，可采用强震流动观测台阵对大地震后的余震进行观测。对大地震后的余震进行震源机制的观测研究，一方面仍有机会获得具有重要价值的强余震记录；另一方面，还可以获得一大批中强震和小震的地震动记录，而这些记录对研究震源机制和地震动的关系同样是不可缺少的。强震流动观测台阵具有很强的时间性和高度的机动性，以近场密集台阵为主，兼顾地震动衰减、场地条件影响和工程结构地震反应的观测。

3.5.2　地震动的工程特性

地震动是非常复杂的，具有很强的随机性，同一次地震在不同地点记录到的地震波、同一地点在不同地震中记录到的地震波均有很大差异。根据地震的宏观震害经验和仪器观测数据的分析和总结，一般认为，对工程抗震而言，地震动的主要特性可以通过三个基本要素来描述，即地震动的幅值、频谱和持时（持续时间）。现分别叙述如下：

1. 地震动幅值

地震动的幅值可以是指地震动加速度、速度或位移三者之一的峰值、最大值或某种意义下的有效值。长期以来，研究者们试图寻找一个简单的物理指标来表示地面运动的幅值，迄今为止，已经提出多种描述地面运动幅值的定义，主要有以下几种：

1) 加速度最大值 a_{max} 和速度最大值 v_{max}

早期人们用静力的观点看待地震动，着重认识到地震动幅值的重要性。从牛顿第二定律出发，认为加速度幅值 a_{max} 可以作为地震动强弱的标志。这一认识后来曾发展改用地震动最大速度 v_{max}，认为它与地震动的能量有关。在取得了大批强地震动观测记录之后，最大加速度 a_{max} 是研究得最多的量。它的最主要优点是比较直观，应用方便，因而在地震工程领域得到广泛的接受和应用。但采用这一定义存在以下几方面的主要缺陷。一是地震记录在数字化过程中因等时间间距取值，可能会越过峰点、谷点而丢掉最大值。分析表明，对竖向加速度时间过程而言，按非等时间间距给出的最大值和按 0.02s 等时间间距给出的最大值之比可以达到 1.5：1；对于水平加速度时间过程而言，两者之比可以达到 1.3：1（基岩场地）或 1.2：1（硬土场地）。这种差别的大小与地震动的主频率有密切的关系。假若按固定的等时间间距去取值，对于高频振动，所取得的最大值会比真实的最大值小得多。由于竖向地震动主频率较高、基岩水平地震动次之、硬土场地水平地震动又次之，所以会有上述结果。速度和位移的主周期长得多，等时间间距取值带来的误差就小得多。二是早期的仪器是模拟式强震仪，这种仪器只能不失真地记录到周期大于 0.06s 的振动，对于周期小于 0.04s 的振动将严重失真，而地震动加速度最大值与高频振动分量关系极为密切。此外，很高的高频分量，如周期小于 0.01s，对结构物的影响并不是很大。

由于上述原因，研究者们提出了有效峰值的概念，它们的意义均带有一定的主观性。

2) 有效峰值加速度 EPA 和有效峰值速度 EPV

美国 ATC-3 样板规范（1978 年）采用有效峰值加速度 EPA 和有效峰值速度 EPV 作为地震动幅值指标。有效峰值加速度 EPA 和速度 EPV 分别定义为：

$$EPA = \frac{S_a}{2.5} \tag{3-38}$$

$$EPV = \frac{S_v}{2.5} \tag{3-39}$$

式中：S_a 为阻尼比 $\xi = 0.05$ 的反应谱在周期 $T = 0.1 \sim 0.5s$ 内的加速度反应谱的平均值；S_v 为阻尼比 $\xi = 0.05$ 的反应谱在周期 $T = 0.8 \sim 2.5s$ 内的速度反应谱的平均值。

这样定义的有效峰值与真实峰值有关，但并不等于，甚至比例于真实峰值。如果地震动中包含有很高的频率分量，则有效峰值加速度 EPA 显著小于真实峰值 a_{max}，但有效峰值速度 EPV 常大于大震级、远距离处的真实峰值速度 v_{max}。

3）持续加速度 a_s 和持续速度 v_s

为了反映持时的影响，有的研究者，如 Nuttli（1979 年）、长谷川（1981 年）等，建议采用第 3 个至第 5 个峰值作为地震动加速度幅值指标，称为持续加速度 a_s。他们认为地震引起的结构破坏，一般需要有一个积累的时间过程，多次达到最大值可以部分地反映这个意义。根据他们的研究，a_s/a_{max} 平均约为 2/3。持续速度 v_s 的定义与此相同，其平均比值 v_s/v_{max} 略小一点。

4）概率有效峰值

Mortgat（1979 年）建议按概率分布函数给出具有概率意义的概率有效峰值。Bolt 等（1982 年）采用的有效峰值加速度也属于这一种。他们取随机过程中超过概率为 5% 或 10% 的峰值作为加速度峰值的有效值。

5）等反应谱有效加速度

将一地震动加速度时间过程 $a(t)$ 最大的一个或几个加速度峰值削去，使最大加速度从 a_{max} 降为 a' 而加速度反应谱几乎不变，则等反应谱有效加速度 a_c 定义为 $a_c = a'/0.9$。

6）均方根加速度 a_{rms}

由于地震动是一个随机过程，因此，从随机过程观点看，加速度随机过程 $a(t)$ 的最大峰值是一个随机量，不宜作为地震动的标志，而方差则是表示地震动随机过程幅值大小的一个统计特征。因此，如果将地震动加速度随机过程 $a(t)$ 看作在强震动阶段 T_d 内是平稳随机过程，则均方根加速度 a_{rms} 定义为：

$$a_{rms}^2 = \sigma_a^2 = \frac{1}{T_d} \int_0^{T_d} a^2(t) \mathrm{d}t \tag{3-40}$$

加速度最大值 a_{max} 描述地震动的局部特性，它主要表示最大峰值的大小，决定于高频振动成分，并不说明其他峰值的相对大小；持续加速度 a_s 对次要的峰值虽有一定的考虑，但很粗略而局限；其他几个有效或等效加速度最大值，则都是地震动总强度的平均描述。它虽能反映整体，但只是平均，而不能反映局部的分布情况。

根据目前的认识水平，地震动幅值的大小受震级、震源机制、传播途径与距离、局部场地条件等因素的影响。一般地讲，在近场内，基岩上的加速度峰值大于软弱场地上的加速度峰值，而在远场则相反。

2. 地震动频谱特性

所谓地震动频谱特性是指地震动对具有不同自振周期的结构反应特性的影响。凡是表示一次地震动中振幅与频率关系的曲线，统称为频谱。在地震工程中通常用傅里叶谱、反应谱和功率谱来表示。

1）傅里叶谱

傅里叶（Fourier）谱是数学上用来表示复杂函数的一种经典的方法，即把复杂的地震动加速度过程 $a(t)$ 按离散傅里叶变换技术展开为 N 个不同频率的组合：

$$a(t) = \sum_{i=1}^{N} A_i(\omega) \sin[\omega_i t + \varphi_i(\omega)] \tag{3-41}$$

式中：$A_i(\omega)$、$\varphi_i(\omega)$ 为圆频率为 ω_i 的振动分量的振幅和相位角。

$A_i(\omega)$、$\varphi_i(\omega)$ 与 ω_i 的关系曲线分别称为傅里叶幅谱和相位谱，两者统称为傅里叶谱，式（3-41）可改写为：

$$a(t) = \sum_{i=1}^{N} A_i(\omega i) e^{w_i it} \tag{3-42}$$

这里，$i = \sqrt{-1}$，复函数 $A(\omega i)$ 就是傅里叶谱，其模 $|A(\omega i)|$ 为幅谱，有时写为 $F(\omega)$。

从随机过程观点看，一条地震动时程曲线只是一个地震动随机过程的一个样本，它是随机的，因而，从一个样本求得的傅里叶谱也是随机的。如果可以对同一情况下的地震动得到多次记录（即多个样本），求得傅里叶谱的期望值 $E[A(\omega i)]$，它就可以作为统计特征来描述这种地震动的特性，但是这种可能性是不大的。因此，如果地震动的强震动段 $a(t)$ 的持续时间比较长，如几十秒，则可以将这几十秒的记录分为若干段，先求出各分段的傅里叶谱，再在几个分段之间求平均值，由此得出的结果，在周期小于分段时间长度时是可靠的。

2）反应谱

Biot M. A.（1940 年）通过对强地震动记录的研究，首次提出了反应谱的概念。20 世纪 50 年代初，Housener G. W. 及其合作者发展了这一理论。反应谱是通过理想化的单质点体系的反应来描述地震动特性。设有一自振频率为 ω、阻尼比为 ξ 的单质点线性体系，在支承处受到地震动加速度过程 $a(t)$ 的作用，从静止开始，则单质点体系的相对位移 $x(t)$ 可以写成如下的杜哈美（Duhamel）积分：

$$x(t) = \int_0^t a(\tau) h(t - \tau) \mathrm{d}\tau \tag{3-43}$$

式中：$h(t)$ 为单位脉冲反应函数，可表示为：

$$h(t) = -\frac{1}{\omega_d} e^{-\xi \omega t} \sin \omega_d t \tag{3-44}$$

式中：ω_{d} 为有阻尼自振圆频率，$\omega_{\mathrm{d}} = \omega\sqrt{1-\xi^2}$ 。

由此可得相对位移 $x(t)$ 、相对速度 $\dot{x}(t)$ 和绝对加速度 $\ddot{y}(t) = \ddot{x}(t) + a(t)$ 分别为：

$$x(t) = -\frac{1}{\omega_{\mathrm{d}}}\int_0^t a(\tau)\mathrm{e}^{-\xi\omega(t-\tau)}\sin[\omega_{\mathrm{d}}(t-\tau)]\mathrm{d}\tau \tag{3-45}$$

$$\dot{x}(t) = -\frac{\omega}{\omega_{\mathrm{d}}}\int_0^t a(\tau)\mathrm{e}^{-\xi\omega(t-\tau)}\cos[\omega_{\mathrm{d}}(t-\tau)+\theta]\mathrm{d}\tau \tag{3-46}$$

$$\ddot{y}(t) = \frac{\omega^2}{\omega_{\mathrm{d}}}\int_0^t a(\tau)\mathrm{e}^{-\xi\omega(t-\tau)}\sin[\omega_{\mathrm{d}}(t-\tau)+2\theta]\mathrm{d}\tau \tag{3-47}$$

其中，$\omega_{\mathrm{d}} = \omega\sqrt{1-\xi^2}$，$\tan\theta = \xi/\sqrt{1-\xi^2}$。当阻尼比很小时，$\xi^2 \ll 1$，则上述公式变为：

$$x(t) = -\frac{1}{\omega}\int_0^t a(\tau)\mathrm{e}^{-\xi\omega(t-\tau)}\sin[\omega(t-\tau)]\mathrm{d}\tau \tag{3-48}$$

$$\dot{x}(t) = -\int_0^t a(\tau)\mathrm{e}^{-\xi\omega(t-\tau)}\cos[\omega(t-\tau)]\mathrm{d}\tau \tag{3-49}$$

$$\ddot{y}(t) = \omega\int_0^t a(\tau)\mathrm{e}^{-\xi\omega(t-\tau)}\sin[\omega(t-\tau)]\mathrm{d}\tau = -\omega^2 x(t) \tag{3-50}$$

由此可以计算出相应位移反应谱 $S_{\mathrm{d}}(\xi,\omega)$、相对速度反应谱 $S_{\mathrm{v}}(\xi,\omega)$ 和绝对加速度反应谱 $S_{\mathrm{a}}(\xi,\omega)$：

$$S_{\mathrm{d}}(\xi,\omega) = |x(t)|_{\max} = \left|\frac{1}{\omega}\int_0^t a(\tau)\mathrm{e}^{-\xi\omega(t-\tau)}\sin[\omega(t-\tau)]\mathrm{d}\tau\right|_{\max} \tag{3-51}$$

$$S_{\mathrm{v}}(\xi,\omega) = |\dot{x}(t)|_{\max} = \left|\int_0^t a(\tau)\mathrm{e}^{-\xi\omega(t-\tau)}\cos[\omega(t-\tau)]\mathrm{d}\tau\right|_{\max} \tag{3-52}$$

$$S_{\mathrm{a}}(\xi,\omega) = |\ddot{y}(t)|_{\max} = \omega^2 S_{\mathrm{d}}(\xi,\omega) \tag{3-53}$$

以图 3-7 为例，给出 1976 年宁河地震天津医院地下室记录的相对位移、相对速度和绝对加速度反应谱，从中可以看出阻尼比对反应谱的影响。对于绝对加速度反应谱，通常采用动力系数 $\beta = S_{\mathrm{a}}(\xi,\omega)/|a(t)|_{\max}$ 的方式来表示。

当地震动 $a(t)$ 相当长时，由于式（3-51）、式（3-52）积分号内的正弦与余弦两因子在有多个周期时只相差一个相位 $\pi/2$，而且 $a(t)$ 杂乱无章，所以正弦与余弦可互相交换而差别不大。假若允许这个误差，则存在关系：

$$S_{\mathrm{a}}(\xi,\omega) = \omega S_{\mathrm{v}}(\xi,\omega) = \omega^2 S_{\mathrm{d}}(\xi,\omega) \tag{3-54}$$

这样计算得到的相对速度反应谱 $S_{\mathrm{v}}(\xi,\omega)$ 常称为准速度谱 $PSV(\xi,\omega)$。数值计算表明，准速度谱 $PSV(\xi,\omega)$ 与真速度谱 $S_{\mathrm{v}}(\xi,\omega)$ 的差别一般不大，如图 3-8 所示。

由于反应谱的每一个坐标所对应的单质点线性体系的自振周期（频率）都在改变，所以这个单质点线性体系可以更好地看作一个具有移动窗的滤波器，假如这个滤波器的通频带极窄（即阻尼趋近于零），则滤波作用接近于傅里叶变换。假若这个滤波器可以用一个二阶常微分方程描述，则滤波结果即为反应谱。

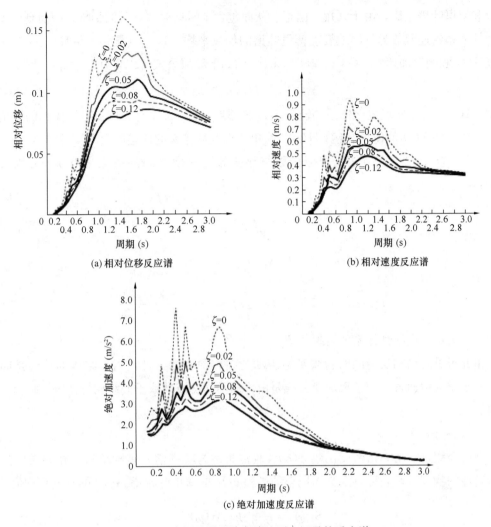

(a) 相对位移反应谱　　　　　　　　　(b) 相对速度反应谱

(c) 绝对加速度反应谱

图 3-7　宁河地震天津医院地下室记录的反应谱

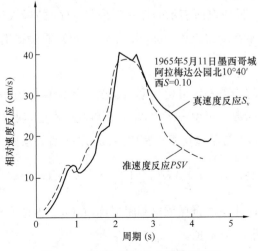

图 3-8　准速度谱与真速度谱的关系

　　和傅里叶谱相比，由于采用了阻尼，从而包含了附近频率分量的影响，因而是以单质点线性体系传递函数为权的地震动傅里叶谱的加权平均。这一点从相对位移 $x(t)$、相对速度 $\dot{x}(t)$ 和绝对加速度 $\ddot{y}(t) = \ddot{x}(t) + a(t)$ 的如下频域公式可以更好地了解：

$$Y(\omega i) = H(\omega i)A(\omega i) \tag{3-55}$$

式中：$A(\omega i)$ 为单质点线性体系的输入 $a(t)$ 傅里叶谱；$Y(\omega i)$ 为单质点线性体系的输出即 $x(t)$、$\dot{x}(t)$ 和 $\ddot{y}(t)$ 的傅里叶谱；$H(\omega i)$ 为单质点线性体系的传递函数。

　　对于 $x(t)$、$\dot{x}(t)$ 和 $\ddot{y}(t)$，根据函数与导函数谱密度之间的关系、$H(\omega i)$ 分别可表示为：

$$H_x(\omega i) = \frac{1}{\omega_0^2 - \omega^2 + 2\omega_0\omega i} \tag{3-56}$$

$$H_{\dot{x}}(\omega i) = \omega H_x(\omega i) = \frac{\omega}{\omega_0^2 - \omega^2 + 2\omega_0\omega i} \tag{3-57}$$

$$H_{\ddot{y}}(\omega i) = 1 + \omega^2 H_x(\omega i) = \frac{\omega_0^2 + 2\omega_0\omega i}{\omega_0^2 - \omega^2 + 2\omega_0\omega i} \tag{3-58}$$

式中：ω_0 为单质点线性体系的自振频率。

　　由此可见，结构反应同时包含了地震动与结构两者的特性，当然结构的特性是固定的；对于反应谱而言，一条反应谱曲线是由许多不同滤波器或不同结构特性所反映出来的结果。

　　3）功率谱

　　前面介绍过，功率谱密度函数 $S(\omega)$（通常简称为功率谱）是随机过程在频域中描述过程特性的物理量，它可以定义为地震动过程 $a(t)$ 的傅里叶幅谱 $A(\omega)$ 的平方平均值：

$$S(\omega) = \frac{1}{2\pi T_d}E[A^2(\omega)] \tag{3-59}$$

式中：T_d 为地震动持续时间。

　　从随机过程观点看，反应谱所表示的任一反应量 $y(t)$ 的最大值 y_{max}，必须与其出现或超过的概率 p 相联系才有意义。Vanmarcke（1976 年）明确提出了下述关系：

$$y_{max} = r_p\sigma_y \tag{3-60}$$

式中：σ_y 为反应量 $y(t)$ 的均方差，可由功率谱密度函数计算得到；r_p 为峰值系数，是超过最大值 y_{max} 的概率 p 的函数，可由 $y(t)$ 的峰值分布概率密度函数计算得到。

　　加速度反应谱 $S_a(\xi, \omega)$ 与单边功率谱密度 $G(\omega)$ 之间的关系如下：

$$S_a^2(\xi, \omega) = r^2\left[\omega_0 G(\omega_0)\left(\frac{\pi}{4\xi} - 1\right) + \int_0^{\omega_0} G(\omega)\mathrm{d}\omega\right] \tag{3-61}$$

式中：ω_0、ξ 为单质点线性体系的自振频率和阻尼比；$G(\omega_0)$ 为输入地震动加速度单边功率谱密度函数 $G(\omega)$ 在频率 ω_0 处的值。

　　若频率不太高，则式（3-61）右边第二项可以省略；同时，由于 $\pi/4\xi \gg 1$，因此，式

（3-61）可以近似为：

$$S_{\mathrm{a}}^2(\xi,\omega) = r^2 \frac{\omega_0 \pi}{4\xi} G(\omega_0) \tag{3-62}$$

Kaul（1978 年）[44]得到了与式（3-62）完全相同的结果，即

$$S_{\mathrm{a}}^2(\xi,\omega) = \frac{\omega_0 \pi}{2\xi} S(\omega_0) \left\{ 2\lg\left[-\frac{\pi}{\omega_0 T_{\mathrm{d}}} \lg(1-p) \right]^{-1} \right\} \tag{3-63}$$

这里，取 $r^2 = 2\lg\left[-\dfrac{\pi}{\omega_0 T_{\mathrm{d}}} \lg(1-p) \right]^{-1}$，$p$ 为超过概率；$S(\omega)$ 为输入地震动加速度双边功率谱密度函数。

根据式（3-63），只要事先选定超过概率 p，可以直接从功率谱计算反应谱。在反应谱计算中，通常取 $p = 0.15$ 左右。假若已知反应谱，则可通过式（3-63）的迭代运算求得功率谱。上述关系在人工地震动的合成中得到广泛应用。

前面已经介绍场地条件对反应谱曲线形状的影响，讨论了场地条件对地震动频谱特性的影响。下面以功率谱来进一步阐述场地条件对地震动频谱特性的影响。

图 3-9～图 3-11 是从典型的日本强震记录得到的加速度功率谱密度曲线图[45]。图 3-9 给出了同一地震且震中距相近的硬土和软土场地上加速度记录的功率谱密度曲线，可以看到，软土场地上的加速记录几乎不含 5Hz 以上的频率成分；而硬土场地上加速度记录的频率成分比较丰富。图 3-10 所示为场地条件相同、震级和震中距不同的加速度记录的功率谱密度曲线，可以看到，对于震级和震中距都较大的加速度记录，1.5Hz 及其附近的频率成分较为丰富，而对于震级和震中距都较小的加速度记录，则以 4.0Hz 及其附近的频率成分最为丰富。图 3-11 所示为震级相同而震中距和场地条件不同的加速度记录的功率谱密度曲线，可以看到，两者的功率谱密度曲线也相差很大，近震、硬场地加速度记录

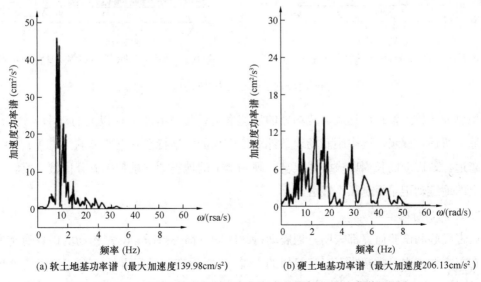

(a) 软土地基功率谱（最大加速度139.98cm/s²）　　　　(b) 硬土地基功率谱（最大加速度206.13cm/s²）

图 3-9　同一地震且震中距相近时场地条件对加速度功率谱的影响

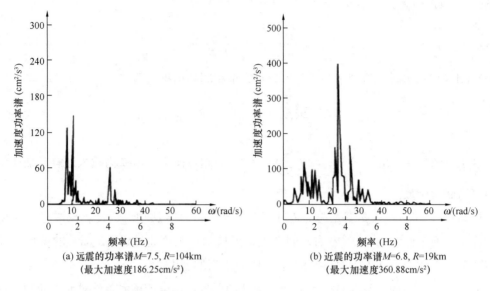

(a) 远震的功率谱 M=7.5, R=104km
　　(最大加速度186.25cm/s²)

(b) 近震的功率谱 M=6.8, R=19km
　　(最大加速度360.88cm/s²)

图 3-10　场地条件相同时震级和震中距对加速度功率谱的影响

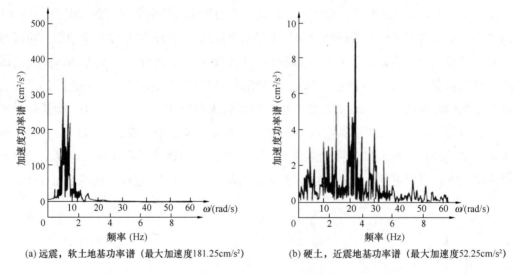

(a) 远震，软土地基功率谱 (最大加速度181.25cm/s²)

(b) 硬土，近震地基功率谱 (最大加速度52.25cm/s²)

图 3-11　震级相同时场地条件和震中距对加速度功率谱的影响

的频率成分比较丰富；而远震、软场地的加速度记录几乎不含 3Hz 以上的频率成分。

综上所述，震级、震中距和场地条件对地震动的频谱特性有重要影响。震级越大、震中距越远，地震动的长周期成分越丰富；硬场地上的地震动记录频率成分比较丰富，而软场地上的地震动记录卓越频率显著。

3. 地震动持时

震害经验和试验研究都表明，地震动持续时间（简称持时）对结构物的破坏有重要影响。在震害调查中，常常听有亲身经历的人说："要是震动时间再长一点，这房子就要倒了。"这是一般人认为地震动持时是影响结构物破坏的重要因素的朴素反应。大多数地震工程学家也都认为地震动持时是地震动工程特性的三要素之一，他们从实际震害调查资料、结构的低周疲劳现象、破坏的积累效应、试验与理论分析等方面，都坚信这一点。但是目前对地震动持时的定义尚不统一，综合起来，主要有以下几种[46]：

1）以地震动绝对幅值定义的持时

取加速度记录图上绝对幅值首次和最后一次达到或超过给定值（如 $0.05g$）之间所经历的时间作为地震动持时。

2）以地震动相对幅值定义的持时

取地震动参数（加速度、速度或位移）在首次和最后一次达到或超过峰值的给定比值（如 1/3、5/1）之间所经历的时间作为地震动持时。

3）以地震动的总能量定义的持时

取地震动能量从达到总能量的 5%开始至达到总能量的 95%为止所经历的时间作为地震动持时。

4）以地震动的平均能量定义的持时

在给定的持续时间 D_t 内加速度均方值应等于整个加速度记录的能量在 D_t 上的平均值，将此持续时间 D_t 作为地震动持时。

5）以地震和结构主要参数定义的持时——工程持时

这种地震动持时不仅与地震的主要参数如震级、震中距及场地条件相联系，而且与结构的主要参数如质量、自振周期、屈服强度、阻尼比等有关。

3.5.3　地震烈度与地震动的关系

地震烈度与地震动的关系是一个古老的课题。1888 年 Holden 地震烈度表第一次提出用地震动加速度作为地震烈度的定量指标，可以说是正式反映这一课题的研究。地震动是引起宏观现象的作用，地震烈度是宏观现象严重程度的量度。前者是因，后者是果，两者之间应有一定的联系。由于地震烈度是一个简单定性的概念，不少人希望赋予它一个定量的物理指标，既给地震烈度以定量的含义，又可以使它更好地为工程抗震服务。既然地震烈度也是表示地震动强弱的概念，就应该寻找一个地震动参数与之对应。这一研究一直有人在进行，只是目前人们已经放弃了用地震动的单一参数与之联系的努力，而代之以多参数[42]。

1. 地震烈度与地震动峰值的关系

1）地震烈度与地震动单一参数的关系

早期发表的关于地震动仪器记录的峰值加速度 a 与地震烈度 I 关系的研究结果中，有我国刘恢先教授在《中国地震烈度表（1980 年）》中提出的结果：

$$\lg \bar{a} = 0.3I \pm \sigma \tag{3-64}$$

$$\lg \bar{v} = 0.3I - 1.0 \pm \sigma \tag{3-65}$$

式中：$\lg \overline{a}$、$\lg \overline{v}$ 为峰值加速度 a（cm/s^2）和峰值速度 v（cm/s）的对数平均值。为了保持烈度的连续性，在烈度表中取 $\sigma = 0.15$。

由于峰值加速度 a 与地震烈度 I 之间的关系离散性过大，有人研究了峰值速度 v（cm/s）与地震烈度 I 之间的关系。McGuire（1979 年）提出下述结果：

$$I = 4.9 + 0.49\ln v + 0.4s (\sigma = 0.59) \tag{3-66}$$

Theodulidis 和 Papazachos（1992 年）由希腊、日本和美国阿拉斯加的记录得到：

$$\ln v = -0.36 + 0.79I + 0.04s \tag{3-67}$$

式（3-66）、式（3-67）中，$s = 0$ 表示基岩场地，$s = 1$ 表示冲积土场地。

2）地震烈度与地震动多个参数的关系

地震烈度与单个地震动参数之间的相关性都不太强。烈度相差 1 度，峰值加速度与峰值速度均约差一倍，而同一烈度所对应的实测加速度或速度的峰值却有几十倍的变化。为此，不少人认为追求此种对应关系是不明智的。因而，有不少人研究了地震烈度与多个地震动参数之间的关系。

我国刘恢先教授[47]在 20 世纪 80 年代详细研究了地震烈度的定量标准。他根据国内外取得的强震加速度记录与相应点的地震烈度资料，用统计方法研究了地震烈度与一组地震动参数之间的关系。研究发现：（1）水平向峰值速度与地震烈度的相关性最强，多参数的组合并不能加强其与地震烈度的相关性；（2）推荐了分别用峰值加速度、峰值速度与峰值位移定量的地震烈度。

目前，公认的地震动参数 Y 与地震烈度 I 的衰减关系是：

$$I = f(M, R) \tag{3-68}$$

$$\lg Y = g(M, R) \tag{3-69}$$

由此可见，地震烈度与地震动参数，无论是峰值加速度、速度、位移、反应谱或持时，都与震源特性和传播途径中的介质有关，震级 M 是震源特性的简单表示，距离 R 是传播途径中介质影响的简单表示。根据上述两个关系，可以理解地震烈度、各项地震动参数之间存在相关性；另外，由于震级与距离分别是震源特性与传播途径影响极为简化的参数，因此，上述相关性会有较大的离散性。

假若不考虑上述两种关系中的不确定因素，就可以求得三个参数之间的如下关系：

$$I = F(Y, M) \tag{3-70}$$

$$I = F'(Y, R) \tag{3-71}$$

$$I = G(Y_1, Y_2) \tag{3-72}$$

这里，Y_1 与 Y_2 分别表示不同的地震动参数，如峰值加速度与持时。式（3-72）的应用要特别小心，若使用不当，则不足以反映 M 与 R 的影响。由此可见，地震烈度与地震动单一参数之间的关系为：

$$I = G'(Y) \tag{3-73}$$

它们之间的关系是不确定的，因为它不能反映另一地震动参数 M 或 R 的影响。不确定性的物理意义可以从以下两方面来理解：第一，峰值加速度不是对震害或地震烈度有重要影响的唯一因素，现在公认的影响因素在地震动方面至少还有反应谱与持时，在自然环境方面有场地条件；第二，为了在地震烈度与地震动单一参数的关系中再考虑其他地震动参数的影响，增加第三个参数如 M 或 R 是恰当的。

2. 地震烈度与地震动关系的多值性

上述讨论的地震烈度与地震动参数关系中，把地震烈度作为一个连续量看待。实际上地震烈度是个离散量，是一个人为的等级划分。在讨论这两种不同量的相应关系时，不能忽略这种本质上的差异，不能追求一般物理量之间的那种一一对应关系。图 3-12 给出了地震烈度与地震动峰值加速度两种衰减关系的示意，地震烈度衰减是根据等震线图的物理概念绘制的。与地震烈度 I 相对应的峰值加速度应该是 a_i 至 a_i' 中值，而不是 a_i 一个值。这才是与地震烈度与峰值加速度关系研究中的数值相匹配的。

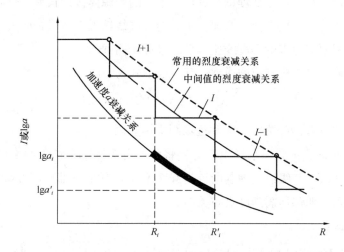

图 3-12　地震烈度与地震动峰值加速度两种衰减关系的示意图

产生这种多值关系的原因还在于地震动的任一峰值，并不是决定地震烈度的唯一因素，其他重要因素还很多。忽略了一些其他重要因素，结果自然就会出现多值。

3. 地震动参数衰减关系

地震动衰减关系描述地震动参数（强度、谱值、持续时间）在空间地域分布中的变化规律。通过这一关系使震源发生的地震与所研究工程场地的地震动参数联系起来。地震动衰减关系具有很强的地区性特征。

一般地，地震动参数的衰减与地质构造、震级大小、传播途径、距离的远近、场地条件等因素有关。在研究中，全面考虑各种因素的影响是不可能的，一般只考虑其中的一些典型因子，常见的地震动参数衰减关系往往只考虑震级 M、距离 R、局部土质条件 s 的影响，而地质构造的影响则是通过区分不同地区研究地震动参数衰减关系来体现的。

衰减模型的选择在研究地震动参数衰减中占有重要的地位。选择衰减模型时既要保证所得结果具有较小误差这一基本要求，更重要的是本身应具有一定的物理意义，以便外延时仍然具有较好的效果，过分追求统计结果的最小误差可能会造成致命的错误。

地震动参数衰减关系的一般表达式可描述如下：

$$y = b_1 f_1(M) f_2(R) f_3(M,R) f_4(P) \varepsilon \tag{3-74}$$

式中：y 为地震动参数；$f_1(M)$ 为考虑震级影响的函数，取 $f_1(M) = \exp(b_2 M)$；$f_2(R)$ 为考虑几何扩散和非弹性衰减效应的函数，取 $f_2(R) = \exp(b_4 R) \cdot (R + b_5)^{-b_3}$；$f_3(M,R)$ 为考虑 y 值近场饱和效应的函数，取 $f_3(M,R) = [R + b_6 \exp(b_7 M)]^{-b_3}$；$f_4(P)$ 为描述地震波传播途径、场地条件的函数，取 $f_4(P) = \sum \exp(b_8 P)$；$\varepsilon$ 为描述 y 不确定性的随机参数，假定为对数正态分布；b_1 为回归系数。

地震动衰减关系通常采用椭圆模型。所谓椭圆，指的是长短轴衰减不同的瘦长形，而不一定是数学上的椭圆。采用椭圆模型主要基于以下两点认识：一是实际的等震线有时明显反映出这种瘦长形状；二是从理论上讲，大地震的震源体接近长形，点源的等震线是圆形的，长形震源体的等震线近似于椭圆。小震的等震线接近于圆形，而大地震的等震线就接近于椭圆。我国西部地震的等震线比东部更接近于椭圆。

地震烈度衰减可采用椭圆或圆模型，其一般形式为：

$$I = C_1 + C_2 M + C_3 \lg(R + R_0) + C_4 R + \varepsilon \tag{3-75}$$

式中：I 为地震烈度；R、R_0 为震中距和近场距离饱和因子。

阎石和李宏男等[48]大致以东经 105° 为界将中国分为东部和西部两个区，选取了发生在我国境内的 258 次 5.0 级以上地震的等震线 719 条，其中东部地震 68 次，采用椭圆模型，给出了中国东、西部地震烈度衰减关系。

中国东部地区：

长轴：　　　$I_a = 5.019 + 1.446M - 4.136\ln(R + 24)$，$\sigma = 0.517$ \qquad (3-76)

短轴：　　　$I_a = 2.240 + 1.446M - 3.070\ln(R + 9)$，$\sigma = 0.517$ \qquad (3-77)

中国西部地区：

长轴：　　　$I_a = 5.523 + 1.398M - 4.164\ln(R + 26)$，$\sigma = 0.632$ \qquad (3-78)

短轴：　　　$I_a = 2.019 + 1.398M - 2.943\ln(R + 8)$，$\sigma = 0.632$ \qquad (3-79)

随着超高层建筑、大跨度桥梁、高耸电视塔、大型储油罐、海洋采油平台等自振周期达数秒乃至 10s 左右的长周期结构物的大量出现，这类建筑物在大震中被破坏的事件时有发生。鉴于长周期结构物一旦遭受地震破坏所造成的直接和间接经济损失的严重性，研究地震动的长周期特性是非常重要的。

虽然长周期地震动特性的研究受到越来越多的关注，但目前对长周期地震动的研究还很不成熟。究其原因，强震观测资料在长周期部分的不可靠阻碍了这类研究的开展。目前，研究长周期地震动衰减关系的方法主要有以强震记录为基础的经验统计方法和将地震震源谱外推到长周期段的外延法等[42]。

3.6　工　程　抗　震　设　防

目前的地震预报，特别是破坏性地震的临震预报准确度有限，即使将来地震预报能做出准确的地震预报，减少人员伤亡，但房屋和工程设施的破坏仍难以避免，将导致重大的经济损失。因此，做好抗震设防，提高工程的抗震能力，是积极而有效地减轻地震灾害的措施。

3.6.1　地震区划

地震区划是对给定区域按照其在一定时间内可能经受的地震影响强弱程度的划分，通常用图的形式来表达。地震区划图是国家经济建设和国土利用规划的基础资料，是工业与民用建筑的地震设防依据，也是制定减轻和防御地震灾害对策的依据。

1. 地震烈度区划图

我国先后有五代地震烈度区划图。1957 年，李善邦主持完成了第一代中国地震烈度区划图，编制原则是：历史上发生过地震的地区，同样强度的地震还可能重复发生；在相同地质构造条件下，可能发生同样强度的地震。由于该区划图没有明确的时间概念，并且所给出的烈度值偏高，因此在实际中未被采用。

1977 年公布了第二代地震区划图，正式成为我国工程建设抗震设防的依据。这个图给出的基本烈度是 100 年内某地区可能发生的最大地震烈度。20 世纪 80 年代中期，中国建筑科学研究院应用地震危险性分析的方法对此地震区划图进行了概率标定，认为区划图所给出的烈度在 50 年内超越概率约为 13%，与国际上通用的 10% 的超越概率比较接近。

《中国地震烈度区划图（1990）》为我国的第三代地震区划图，该图给出的基本烈度是 50 年内，一般场地条件下，可能遭遇超越概率为 10% 的烈度值。该图制定时采用了地震危险性概率分析方法描述地震危险性，考虑了我国地震活动时空不均匀分布的特点，吸收了地震长期预测方面的研究成果。

2001 年 8 月 1 日颁布的第四代地震烈度区划图与以前的地震烈度区划图最大的变化是第一次以地震动峰值加速度和反应谱特征周期这两个地震动参数来表述地震烈度。

第五代地震区划图于 2015 年 5 月 15 日发布，2016 年 6 月 1 日正式实施。第五代地震区划图在第四代的基础上，首次明确了基本地震动、多遇地震动、罕遇地震动和极罕遇地震动四级地震作用下的地震动参数的确定方法，给出全国 4 万余个乡镇政府和街道办事处所在地的地震动参数。

2. 地震动参数区划图

作为工程抗震设防的依据，区划图应直接给出抗震设计所需要的地震动参数。20 世纪 60 年代中后期开始了直接以地震动参数为指标的地震动区划，到 20 世纪 70 年代迅速发展，目前大多数国家采用地震动参数区划，只有少数几个国家采用烈度区划。

2001 年，我国颁布了《中国地震动峰值加速度区划图》GB 18306—2001，给出了两图一表，即中国地震动峰值加速度区划图、中国地震动反应谱特征周期区划图、地震动反应谱特征周期调整表[49]。

中国地震动参数区划图采用 1∶400 万比例尺，给出了我国各地 50 年超越概率 10% 的地震动峰值加速度、地震动反应谱特性，对应的场地条件为平坦稳定的一般（中硬）场地（Ⅱ类场地）。地震动反应谱特征周期表给出了其他类场地对应的反应谱特征周期。

由于目前抗震规范规定的地基处理、结构抗震措施等仍与地震基本烈度有关，因此在采用地震动参数区划图进行结构抗震设计时，地震基本烈度由地震动峰值加速度按表 3-5 确定。

地震动峰值加速度与地震基本烈度对照表　　　　　　　　表 3-5

地震动峰值加速度 g	<0.05	0.05	0.10(0.15)	0.20(0.30)	≥0.40
抗震基本烈度	<6	6	7	8	≥9

3.6.2　抗震设防目标和范围

1. 抗震设防目标

抗震设防的目标和要求是根据国家的经济力量、科技水平、建筑材料和设计、施工现状等综合制定的。国内外抗震设防目标大部分要求建筑物在使用期间，对不同频率和强度的地震，应具有不同的抵抗能力。我国《抗震规范》规定，房屋建筑采用三水准抗震设防目标，即"小震不坏，中震可修，大震不倒"。在小震作用下，主体结构不受损伤或不需进行修理可继续使用；在中震作用下，结构的损伤经一般性修理仍可继续使用；在大震作用下，不致倒塌或发生危及生命的严重破坏。使用功能或其他方面有专门要求的建筑，当采用性能化抗震设计时，具有具体或更高要求的抗震设防目标。

2. 抗震设防范围

小震、中震和大震是按不同的频度和强度划分的具有统计意义上的地震大小。小震烈度又称众值地震烈度或多遇地震烈度，是指该地区 50 年内超越概率约为 63.5% 的地震烈度，其重现期为 50 年；中震烈度又称为基本烈度或抗震设防烈度，是指该地区 50 年内超越概率约为 10% 的地震烈度，其重现期为 475 年；大震烈度又称为罕遇地震烈度，是指该地区 50 年内超越概率为 2%～3% 的地震烈度，其重现期为 1600～2400 年。

一个地区的抗震设防烈度是按国家规定的权限审批、颁布的文件（图件）确定的，一般情况下，抗震基本烈度可采用中国地震动参数区划图确定。抗震设防烈度为 6 度及以上地区的建筑，必须进行抗震设计。抗震规范适用于抗震设防烈度为 6～9 度地区建筑工程的抗震设计以及隔震、消能减震设计。抗震设防烈度大于 9 度地区的建筑及行业有特殊要求的工业建筑，其抗震设计应按有关专门规定执行。我国设防烈度为 6 度及 6 度以上的地区约占全国国土总面积的 2/3 以上。

3.6.3　抗震设防分类和设防标准

我国《建筑工程抗震设防分类标准》GB 50223—2008，根据建筑遭遇地震破坏后可能造成的人员伤亡、直接和间接经济损失、社会影响的程度及建筑功能在抗震救灾中的作用等因素，将建筑分为四个抗震设防类别[50]。

（1）特殊设防类（甲类）：使用上有特殊要求，涉及国家公共安全的重大建筑工程和地震可能发生严重次生灾害等特别重大灾害后果，需要进行特殊设防的建筑。例如，三级医院中承担特别重要医疗任务的门诊、医技、住院用房，国家和区域的电力调度中心。

（2）重点设防类（乙类）：地震时使用功能不能中断或需尽快恢复的生命线相关建筑，以及地震时可能导致大量人员伤亡等重大灾害后果，需要提高设防标准的建筑。例如大型博物馆，幼儿园、小学、中学等教学用房及学生宿舍和食堂。

（3）标准设防类（丙类）：除甲、乙、丁类以外按标准要求进行设防的建筑。例如，大量的一般工业与民用建筑。

（4）适度设防类（丁类）：使用上人员稀少且震损不致产生次生灾害，允许在一定条件下适度降低要求的建筑。

各抗震设防类别建筑的抗震设防标准，应符合以下要求：

（1）特殊设防类（甲类）：应按高于本地区抗震设防烈度提高 1 度的要求加强其抗震措施；但抗震设防烈度为 9 度时应按比 9 度更高的要求采取抗震措施。同时，应按批准的地震安全性评价的结果且高于本地区抗震设防烈度的要求确定其地震作用。

（2）重点设防类（乙类）：应按高于木地区抗震设防烈度 1 度的要求加强其抗震措施；但抗震设防烈度为 9 度时应按比 9 度更高的要求采取抗震措施；地基基础的抗震措施，应符合有关规定。同时，应按本地区抗震设防烈度确定其地震作用。

（3）标准设防类（丙类）：按本地区抗震设防烈度确定其抗震措施和地震作用，达到在遭遇高于当地抗震设防烈度的预估罕遇地震影响时不致倒塌或发生危及生命安全的严重破坏的抗震设防目标。

（4）适度设防类（丁类）：允许比本地区抗震设防烈度的要求适当降低其抗震措施，但抗震设防烈度为 6 度时不应降低。一般情况下，仍应按本地区抗震设防烈度确定其地震作用[7]。

3.6.4　抗震设计方法

为了实现三水准的抗震设防目标，抗震规范采取了两阶段抗震设计方法。

1. 第一阶段为小震作用下的结构设计

在初步设计及技术设计阶段，要按有利于抗震确定建筑形体、结构方案和结构布置，然后进行抗震计算及抗震构造设计。在这阶段，用相应于该地区设防烈度的小震作用计算结构的弹性位移和构件内力，并进行荷载效应组合得到组合的内力设计值，用承载力极限状态方法进行截面承载力验算，按延性和耗能要求采取相应的抗震构造措施。虽然只用小震计算结构地震作用，但是结构的方案、布置、构件设计及配筋构造都是以三水准设防为目标，也就是说，经过第一阶段设计，结构应该具有实现"小震不坏，中震可修，大震不倒"的设防目标的能力。

2. 第二阶段为大震作用下的弹塑性变形验算

抗震规范规定了需要进行弹塑性变形验算的高层建筑的类型，通过大震作用下的弹塑性变形验算，检验结构是否达到大震不倒的抗震设防目标。大震作用下，结构已经进入弹塑性状态，因此要考虑构件的弹塑性性能。如果大震作用下结构的弹塑性层间位移角超过了规范规定的限值，则应修改结构设计，直到层间变形满足要求。如果存在薄弱层，可能造成严重破坏，则应视其部位及可能出现的后果进行处理，采取相应加强措施[43]。

3.7　结构抗震概念设计

建筑抗震设计一般包括三个方面：概念设计、抗震计算和构造措施。抗震概念设计是指根据地震灾害和工程经验等所形成的基本设计原则和设计思想，进行建筑和结构的总体布置，并确定细部构造的过程，概念设计是在总体上把握抗震设计的基本原则；抗震计算为建筑抗震设计提供定量的手段；构造措施则可以在保证结构整体性、加强局部薄弱环节等意义上保证抗震计算结果的有效性。

一个合理的结构抗震设计，不能仅仅依赖于抗震计算，而在很大的程度取决于良好的概念设计。建筑抗震概念设计一般主要包括以下几个内容：注意场地选择和地基基础设计，把握建筑结构的规则性，选择合理抗震结构体系，合理利用结构延性，重视非结构因素，确保材料和施工质量。

3.7.1　场地和地基

选择建筑场地时，应根据工程需要，掌握地震活动情况、工程地质和地震地质的有关资料，对抗震有利、不利和危险地段做出综合评价。对不利地段，应提出避开要求；当无法避开时应采取有效的措施。对危险地段，严禁建造甲、乙类的建筑，不应建造丙类的建筑。

对抗震有利地段，一般是指稳定基岩，坚硬土或开阔、平坦、密实、均匀的中硬土等地段；不利地段，一般是指软弱土，液化土，条状突出的山嘴，高耸孤立的山丘，非岩质的陡坡，河岸和边坡的边缘，平面分布上成因、岩性、状态明显不均匀的土层等地段。

地震时可能发生崩塌、滑坡、地陷、地裂、泥石流等地段以及震中烈度的发震断裂段可能发生地表错位的地段，一般称为建筑抗震的危险地段。

地基和基础的设计应符合下列要求：

（1）同一结构单元的基础不宜设置在性质截然不同的地基上。

（2）同一结构单元不宜部分采用天然地基，部分采用桩基。

（3）地基为软弱黏性土、液化土、新近填土或严重不均匀土时，应根据地震时地基不均匀沉降或其他不利影响，并采用相应的措施。

山区建筑场地和地基基础设计应符合下列要求：

（1）山区建筑场地应根据地质、地形条件和使用要求，因地制宜设置符合抗震设防要求的边坡工程；边坡应避免深挖高填，坡高大且稳定性差的边坡，采用后仰放坡或分阶放坡。

（2）建筑基础与土质、强风化岩质边坡的边缘应留有足够的距离，其值应根据抗震设防烈度的高低确定，并采取措施避免地震时地基基础破坏。

3.7.2　结构的规则性

建筑结构不规则可能造成较大的地震扭转效应，产生严重应力集中，或形成抗震薄弱层。《建筑抗震设计规范（2016 年版）》GB 50011—2010 规定：不规则的建筑方案应按规定采取加强措施；特别不规则的建筑方案应进行专门研究和论证，采取特别的加强措施；不应采用严重不规则的建筑方案。因此，在建筑抗震设计中，应使建筑及其抗侧力构件的平面布置规则、对称，具有良好的整体性；建筑的立面和竖向剖面宜规则，结构的侧向刚度变化宜均匀。竖向抗侧力构件的截面尺寸和材料强度宜自下而上逐渐减小，避免抗侧力结构的侧向刚度和承载力突变而形成薄弱层。

建筑结构的不规则类型可分为平面不规则和竖向不规则。当采用不规则建筑结构时，应按《建筑抗震设计规范（2016 年版）》GB 50011—2010 的要求进行水平地震作用计算和内力调整，并应对薄弱部位采取有效的抗震构造措施[51]。

对体型复杂、平立面特别不规则的建筑结构，可按实际需要在适当部位设置防震缝，形成多个较规则的结构单元，但应注意使设缝后形成的结构单元的自振周期避开场地的卓越周期。高层建筑设置防震缝后，给建筑、结构和设备设计带来一定的困难，基础防水也不容易处理。因此，高层建筑宜通过调整平面尺寸和形状，在构造和施工上采取措施，尽可能不设缝（伸缩缝、沉降缝和防震缝）。

不同结构体系的房屋有各自合适的高度。一般而言，房屋越高，所受到的地震力和倾覆力矩越大，破坏的可能性越大。不同结构体系的最大建筑高度的规定，综合考虑了结构的抗震性能、地基基础条件、震害经验、抗震设计经验和经济性等因素。表 3-6 给出了《建筑抗震设计规范（2016 年版）》GB 50011—2010 中对现浇钢筋混凝土结构最大建筑高度的限制范围。对于平面和竖向不规则的结构，适用的最大高度应适当降低。

现浇钢筋混凝土房屋适用的最大高度（单位：m）　　　　表 3-6

结构类型		烈度				
		6	7	8(0.2g)	8(0.3g)	9
框架		60	50	40	35	24
框架-抗震墙		130	120	100	80	50
抗震墙		140	120	100	80	60
部分框支抗震墙		120	100	80	50	不应采用
筒体	框架-核心筒	150	130	100	90	70
	筒中筒	180	150	120	100	80
板柱-抗震墙		80	70	55	40	不应采用

注：1．"抗震墙"指结构抗侧力体系中的钢筋混凝土剪力墙，不包括只承担重力荷载的混凝土墙。

2．房屋高度指室外地面至主要屋面板板顶的高度（不包括局部突出屋顶部分）。

3．框架-核心筒结构指周边稀疏柱框架与核心筒组成的结构。

4．部分框支抗震墙结构指首层或底部两层为框支层的结构，不包括仅个别框支墙的情况。

5．表中框架，不包括异形柱框架。

6．板柱-抗震墙结构指板柱、框架和抗震墙组成抗侧力体系的结构。

7．乙类建筑可按本地区抗震设防烈度确定其适用的最大高度。

8．超过表内高度的房屋，应进行专门研究和论证，采取有效的加强措施。

房屋的高宽比应控制在合理的取值范围内，房屋高宽比越大，地震作用下结构侧移和基底倾覆力矩越大。由于巨大的倾覆力矩在底层柱和基础中所产生的拉力和压力较难处理，为有效防止在地震作用下建筑的倾覆，保证足够的抗震稳定性，应对建筑的高宽比加以限制。表 3-7 给出了现浇钢筋混凝土结构最大高宽比的限值。

现浇钢筋混凝土结构最大高宽比的限值　　　　表 3-7

结构类型	6 度	7 度	8 度	9 度
框架、板柱-剪力墙	4	4	3	2
框架-剪力墙	5	5	4	3
剪力墙	6	6	5	4
筒体	6	6	5	4

注：1．当有大底盘时，计算高宽比的高度从大底盘顶部算起。

2．超过表内高宽比和体型复杂的房屋，应进行专门研究。

3.7.3 结构抗震体系

采取合理的抗震结构体系，加强结构的整体性，增强结构各构件是减轻地震破坏、提高建筑物抗震能力的关键。结构体系应根据建筑抗震设防类别、抗震设防烈度、建筑高度、场地条件、地基、结构材料和施工等因素，经技术、经济和使用条件综合比较确定。

1. 建筑抗震结构体系的选择要求

在选择建筑抗震结构体系时，应注意符合下列各项要求：

（1）应具有明确的计算简图和合理的地震作用传递路径。

（2）宜有多道抗震防线，应避免因部分结构或构件破坏而导致整个结构丧失抗震能力或对重力荷载的承载能力。在建筑抗震设计中，可以利用多种手段实现多道防线的目的，例如：增加结构超静定数、有目的地设置人工塑性铰、利用框架的填充墙、设置消能元件或消能装置等。

（3）应具备必要的抗震承载力、良好的变形能力和消耗地震能量的能力。结构抵抗强烈地震主要取决于其吸能和耗能能力，这种能力依靠结构或构件在预定部位产生塑性铰，即结构可承受反复塑性变形而不倒塌，仍具有一定的承载能力。为实现上述目的，可利用结构各部位的连系构件形成消能元件，或将塑性铰控制在一系列有利部位，使这些并不危险的部位首先形成塑性铰或发生可以修复的破坏，从而保护主要承重体系。

（4）宜具有合理的刚度和承载力分布，避免因局部削弱或突变形成薄弱部位，产生过大的应力集中；对可能出现的薄弱部位，应采取措施提高抗震能力。

（5）结构在两个主轴方向的动力特性宜相近。

2. 结构构件的设计要求

对结构构件的设计应符合下列要求：

（1）砌体结构应按规定设置钢筋混凝土圈梁和构造柱、芯柱，或采用配筋砌体等。

（2）混凝土结构构件应合理地选择尺寸、配置纵向受力钢筋和箍筋，避免剪切破坏先于弯曲破坏、混凝土的压溃先于钢筋屈服、钢筋的锚固粘结破坏先于构件破坏。

（3）预应力混凝土的抗侧力构件应配有足够的非预应力钢筋。

（4）钢结构构件应合理地控制尺寸，避免局部失稳或整个构件失稳。

3. 构件连接要求

结构各构件之间应可靠连接，保证结构的整体性，应符合下列要求：

（1）构件节点的破坏不应先于其连接的构件。

（2）预埋件的锚固破坏不应先于连接件。

（3）装配式结构构件的连接应能保证结构的整体性。

（4）预应力混凝土构件的预应力钢筋宜在节点核心以外锚固。

（5）各种抗震支撑系统应能保证地震时的稳定。

3.7.4　非结构构件

非结构构件包括建筑非结构构件和建筑附属机电设备。为了防止附加震害，减少损失，应处理好非承重结构构件与主体结构之间的关系。

（1）附着于楼、屋面结构上的非结构构件，以及楼梯间的非承重墙体，应与主体结构有可靠的连接或锚固，避免地震时倒塌伤人或砸坏重要设备。

（2）框架结构的围护墙和隔墙应考虑对结构抗震的不利影响，避免不合理设置而导致主体结构的破坏。

（3）幕墙、装饰贴面与主体结构应有可靠连接，避免地震时脱落伤人。

（4）安装在建筑上的附属机械、电气设备系统的支座和连接，应符合地震使用功能的要求，且不应导致相关部件的损坏。

3.7.5　结构材料与施工

建筑结构材料及施工质量的好坏直接影响建筑物的抗震性能。抗震结构材料应满足下列要求：

（1）延性系数（极限变形与相应屈服变形之比）高。

（2）强度/重力比值大。

（3）匀质性好。

（4）正交各向同性。

（5）构件的连接具有整体性、连续性和较好的延性，并能发挥材料的全部强度。

据此，可提出对常用结构材料的质量要求。

（1）砌体结构材料应符合下列规定：

① 烧结普通砖和烧结多孔砖的强度等级不应低于 MU10，其砌筑砂浆强度等级不应低于 M5。

② 混凝土小型空心砌块的强度等级不应低于 MU7.5，其砌筑砂浆强度等级不应低于 M7.5。

（2）混凝土结构材料应符合下列规定：

① 混凝土的强度等级，框支梁、框支柱及抗震等级为一级的框架梁、柱、节点核心区，不应低于 C30；构造柱、芯柱、圈梁及其他各类构件不应低于 C20。

② 抗震等级为一、二级的框架结构，其纵向受力钢筋采用普通钢筋时，钢筋的抗拉强度实测值与屈服强度实测值的比值不应小于 1.25；钢筋的实际屈服强度不能太高，要求钢筋的屈服强度与强度标准值的比值不应大于 1.3；钢筋在最大拉力下的总伸长率实测值不应小于 9%。

（3）钢结构的钢材应符合下列规定：

① 钢材的屈服强度实测值与抗拉强度实测值的比值不应大于 0.85。

② 钢材具有明显的屈服台阶，且伸长率不应小于 20%。

③ 钢材应有良好的焊接性和合格的冲击韧性[42]。

3.8　结 构 抗 震 计 算

3.8.1　结构抗震计算理论

结构抗震计算也称为结构地震反应分析，是求解结构在地震作用下的位移和内力的过程。结构的地震反应取决于地震动输入，也取决于结构特性，特别是结构的动力特性。结构抗震计算方法目前主要有四种：静力法、反应谱法、时程分析法（直接动力法）和基于性能的抗震设计理论。

1. 静力法

静力法是指在确定地震力时，不考虑地震的动力特性和结构的动力性质，假定结构为刚性，地震力水平作用在结构或构件的质量中心上，其大小相当于结构的重量乘以一个比例系数。

静力法最早始于意大利，发展和应用于日本。20 世纪初，日本学者大森房吉、佐野利器等对静力法的发展做出了重要贡献。该理论假设建筑物为绝对刚体，地震时，建筑物和地面一起运动而无相对位移；建筑物各部分的加速度与地面加速度大小相同，取最大值进行结构的抗震设计。因此，作用在建筑物每一楼层上的水平向地震作用 F_i，就等于该层质量 m_i，与地面最大加速度——峰值加速度 $\ddot{u}_{\mathrm{gmax}}$ 的乘积，即：

$$F_i = m_i \ddot{u}_{\mathrm{gmax}} = k G_i \tag{3-80}$$

式中：k 为地震系数，地面运动峰值加速度 $\ddot{u}_{\mathrm{gmax}}$ 与重力加速度 g 的比值，即 $k = \dfrac{\ddot{u}_{\mathrm{gmax}}}{g}$；$G_i$ 为集中在第 i 层的重量。

该方法没有考虑结构本身的动力反应，仅考虑了质点加速度与地面运动加速度相关，完全忽略了结构本身动力特性（结构自振周期、阻尼等）的影响，这对低矮的、刚性较大的建筑是可行的，但是对多（高）层建筑或烟囱等具有一定柔性的结构物将会产生较大的误差。该法以刚性结构物假定为基础，但是结构振动研究表明，结构是可以变形的，有其自振周期。对于结构振动，共振是很重要的现象，直接影响着结构反应的大小。

2. 反应谱法

反应谱理论的发展是伴随着强地震动加速度观测记录的增多和对地震地面运动性质的进一步了解，以及对结构动力反应特性的研究而发展起来的，是对地震动加速度记录的特性进行分析后所取得的重要成果。

20 世纪 30 年代，强震观测成功获得了强地震动记录。1942 年美国学者 Biot 提出了无阻尼加速度反应谱；此后，Housner 提出了有阻尼加速度反应谱，Clough 提出了地震反应的振型分解组合法。1952 年，美国加州规范首先采用了反应谱法进行结构抗震计算。到 20 世纪 50 年代末，反应谱法已基本取代了静力法。

反应谱是一定阻尼比、一系列单自由度弹性体系的地震反应最大值与周期关系的曲线。单自由度弹性体系在地震地面运动作用下的振动方程为：

$$m\ddot{x} + c\dot{x} + kx = -m\ddot{x}_g \qquad (3\text{-}81)$$

式中：m、c 和 k 分别为单自由度体系的质量、阻尼系数和刚度；x、$\dot{x}$ 和 $\ddot{x}$ 分别为质点相对于地面的位移、速度和加速度反应时程；$\ddot{x}_g$ 为地面运动加速度时程，是时间 t 的函数。

对式（3-81）变形可得：

$$\ddot{x} + 2\xi\omega\dot{x} + \omega^2 x = -\ddot{x}_k \qquad (3\text{-}82)$$

式中：$\omega = \sqrt{\dfrac{k}{m}}$，为体系的无阻尼自振圆频率；$\xi$ 为体系的阻尼比。

当初始位移和速度均为零时，方程（3-82）的解可以写成杜哈梅积分的形式：

$$x(t) = \int_0^t -\ddot{x}_k(\tau)h(t-\tau)\mathrm{d}\tau \qquad (3\text{-}83)$$

式中：$h(t-\tau)$ 为单位脉冲响应函数，其物理意义为当 τ 时刻作用于质点单位脉冲后，质点 t 时刻的反应。对于线弹性单自由度体系，单位脉冲响应函数为：

$$h(t) = \frac{1}{\omega_D}\mathrm{e}^{-\xi\omega t}\sin\omega_D t \qquad (3\text{-}84)$$

式中：$\omega_D = \omega\sqrt{1-\xi^2}$，为有阻尼自振圆频率。

因此，单自由度体系在地震地面运动作用下的相对位移反应、相对速度反应和绝对加速度反应分别为：

$$x(t) = -\frac{1}{\omega_D}\int_0^t \ddot{x}_g(\tau)\mathrm{e}^{-\xi\omega(t-\tau)}\sin\omega_D(t-\tau)\mathrm{d}\tau \qquad (3\text{-}85\mathrm{a})$$

$$\dot{x}(t) = -\frac{\omega}{\omega_D}\int_0^t \ddot{x}_g(\tau)\mathrm{e}^{-\xi\omega(t-\tau)}\cos[\omega_D(t-\tau)+\alpha]\mathrm{d}\tau \qquad (3\text{-}85\mathrm{b})$$

$$\ddot{x}(t) + \ddot{x}_g(t) = \frac{\omega^2}{\omega_D}\int_0^t \ddot{x}_g(\tau)\mathrm{e}^{-\xi\omega(t-\tau)}\sin[\omega_D(t-\tau)+2\alpha]\mathrm{d}\tau \qquad (3\text{-}85\mathrm{c})$$

式中：$\alpha = \arctan\left(\dfrac{\xi}{\sqrt{1-\xi^2}}\right)$。当阻尼比很小（$\xi \ll 1$）时，$\omega_D \approx \omega, \alpha \approx 0$，因此可化简为：

$$x(t) = -\frac{1}{\omega}\int_0^t \ddot{x}_g(\tau)\mathrm{e}^{-\xi\omega(t-\tau)}\sin\omega_D(t-\tau)\mathrm{d}\tau \qquad (3\text{-}86\mathrm{a})$$

$$\dot{x}(t) = -\int_0^t \ddot{x}_g(\tau)\mathrm{e}^{-\xi\omega(t-\tau)}\cos\omega_D(t-\tau)\mathrm{d}\tau \qquad (3\text{-}86\mathrm{b})$$

$$\ddot{x}(t) + \ddot{x}_g(t) = \omega\int_0^t \ddot{x}_g(\tau)\mathrm{e}^{-\xi\omega(t-\tau)}\sin\omega_D(t-\tau)\mathrm{d}\tau = -\omega^2 x(t) \qquad (3\text{-}86\mathrm{c})$$

就结构设计而言，最为关心的是结构在整个地震过程中的最大反应。因此，取式（3-86）最大值，就可得到单自由度线弹性体系在地震地面运动作用下的最大位移反应 S_d、最大速度反应 S_v 和最大绝对加速度反应 S_a。

$$S_{\mathrm{d}} = \mid x(t) \mid_{\max} = \frac{1}{\omega} \left| \int_0^t \ddot{x}_{\mathrm{g}}(\tau) \mathrm{e}^{-\xi\omega(t-\tau)} \sin\omega_{\mathrm{D}}(t-\tau)\mathrm{d}\tau \right|_{\max} \tag{3-87a}$$

$$S_{\mathrm{v}} = \mid \dot{x}(t) \mid_{\max} = \left| \int_0^t \ddot{x}_{\mathrm{g}}(\tau) \mathrm{e}^{-\xi\omega(t-\tau)} \cos\omega_{\mathrm{D}}(t-\tau)\mathrm{d}\tau \right|_{\max} \tag{3-87b}$$

$$S_{\mathrm{a}} = \mid \ddot{x}(t) + \ddot{x}_{\mathrm{g}}(t) \mid_{\max} = \omega \left| \int_0^t \ddot{x}_{\mathrm{g}}(\tau) \mathrm{e}^{-\xi\omega(t-\tau)} \sin\omega_{\mathrm{D}}(t-\tau)\mathrm{d}\tau \right|_{\max} \tag{3-87c}$$

通过式（3-87）可以发现，对已给定的地震地面运动 $\ddot{x}_{\mathrm{g}}$，结构的反应仅与结构的自振圆频率 ω 和阻尼比 ξ 有关。当阻尼比 ξ 给定时，结构对任一地震的最大反应仅由结构的自振圆频率 ω（或结构的自振周期 $T = 2\pi/\omega$）决定，即

$$S_{\mathrm{d}} = S_{\mathrm{d}}(\omega) = S_{\mathrm{d}}(T) \tag{3-88a}$$

$$S_{\mathrm{v}} = S_{\mathrm{v}}(\omega) = S_{\mathrm{v}}(T) \tag{3-88b}$$

$$S_{\mathrm{a}} = S_{\mathrm{a}}(\omega) = S_{\mathrm{a}}(T) \tag{3-88c}$$

改变结构的自振周期 T 就可以得到不同的 S_{d}、S_{v} 和 S_{a}，得到以结构自振周期 T 为自变量的函数 $S_{\mathrm{d}}(T)$、$S_{\mathrm{v}}(T)$ 和 $S_{\mathrm{a}}(T)$，分别称为（相对）位移反应谱、（相对）速度反应谱和（绝对）加速度反应谱。图 3-13 所示为 El-centro 地震波的位移、速度和加速度反应谱曲线。

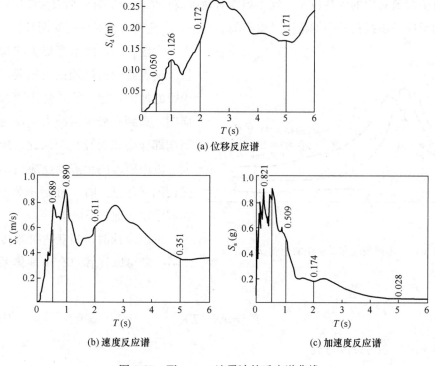

(a) 位移反应谱

(b) 速度反应谱　　　　　　　　(c) 加速度反应谱

图 3-13　El-centro 地震波的反应谱曲线

此外，引入与结构振动最大能量相关的物理量拟速度谱 $PS_{\mathrm{v}}(T)$

$$PS_v(T) = \left| \int_0^t \ddot{x}_g(\tau) e^{-\xi\omega(t-\tau)} \sin\omega_D(t-\tau)d\tau \right|_{max} \tag{3-89}$$

由式（3-87）和式（3-89）可以看出

$$S_d(T) = \frac{1}{\omega}PS_v(T) \tag{3-90a}$$

$$S_a(T) = \omega PS_v(T) \tag{3-90b}$$

拟速度反应谱 $PS_v(T)$ 和速度反应谱 $S_v(T)$ 的差异一般较小。此外，由于在推导加速度反应谱时采用了基于小阻尼比假定的近似处理。因此，有时也称加速度反应谱 S_a 为拟加速度反应谱。

反应谱给出了某一地震动作用下各周期的单自由度体系的最大反应，故反应谱本质上反映的是地震地面运动的特性。自振周期等于 0 时对应的加速度反应谱值等于地震地面运动的加速度峰值，反映了地震动强度的大小；反应谱的形状反映了地震波各频率分量的相对大小，体现了地震动频谱特性的影响。地震动的持时影响单自由度体系动力反应的循环次数，但一般对线弹性体系的最大反应影响不大，因此，持时对反应谱没有影响。

场地、震级和震中距都会影响地震动的频谱特性，从而影响反应谱曲线的形状。地表土对基岩的入射地表波具有放大和滤波的作用。硬土场地对地震波长周期分量有过滤作用，对地震波短周期分量有放大作用，因此硬土场地的反应谱曲线在短周期范围呈锐锋型，反应谱峰值对应的周期较短。软土场地对地震波长周期分量有局部放大作用，因此软土场地的反应谱曲线在长周期范围呈微凸的缓丘型，反应谱峰值对应的周期较长。

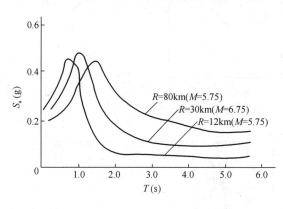

图 3-14　不同震级和震中距的地震反应谱

大地震的震源谱有更多的长周期分量。地震波的传播理论也阐明，随着震中距的加大，地震波传播距离加长，短周期（高频）分量衰减大，反应谱的长周期部分会相对较大。因此，地震震级大、震中距远的地震动反应谱形状会加强长周期部分。图 3-14 所示为不同震级和震中距的地震反应谱。

抗震设计时，当获得加速度反应谱 S_a 后，就可以计算单自由度体系的最大地震力：

$$F = mS_a(T) \tag{3-91}$$

式（3-91）还可以改写成

$$F = mS_a(T) = \frac{|\ddot{x}_g|_{max}}{g} \cdot \frac{S_a(T)}{|\ddot{x}_g|_{max}} \cdot mg$$

$$= k\beta(T)G = \alpha(T)G \tag{3-92}$$

式中：G 为质点的重量，$G = mg$；g 为重力加速度；k 为地震系数，$k = \dfrac{|\ddot{x}_g|_{\max}}{g}$，即地面运动最大加速度与重力加速度的比值；$\beta$ 为动力系数，$\beta = \dfrac{S_a}{|\ddot{x}_g|_{\max}}$，即单自由度体系最大绝对加速度反应相对于地面最大加速度的放大系数，β 的值与结构周期 T 及阻尼比 ξ 有关，$\beta(T)$ 曲线也称为 β 谱；α 为地震影响系数，$\alpha = k\beta$。

与静力法相比，反应谱法在地震力计算时基本保持了静力法的简洁形式，但增加了 $\beta(T)$ 一项，该项反映了结构动力特性与地震动特性之间的动力关系。得到地震力后，按静力方法可以计算结构地震反应（位移、内力等）的最大值。对多自由度体系，可以用振型组合法由多个单自由度体系的反应求得，而各单自由度体系的最大反应可由反应谱计算得到。

反应谱法考虑了地震动强度和频谱特性的影响，是结构抗震设计理论和设计方法的一大飞跃。利用抗震规范给出的设计反应谱可以得到结构地震反应，计算过程简单方便。但以上介绍的反应谱法限于结构的线弹性问题分析，不能考虑结构构件屈服后的性能，也不能考虑地震持续时间的影响。尽管后来也考虑非线性影响，发展了非线性反应谱，但通常属于较粗略的估计。

3. 时程分析法

随着计算机技术和试验技术的发展，人们对各类结构在地震作用下的线性与非线性反应过程有了较多的了解，同时随着强震观测台站的不断增多，各种受损结构的地震反应记录也不断增多，促进了结构抗震动力理论的形成。从地震动的振幅、频谱和持时三要素看，抗震设计理论的静力方法只考虑了高频振动振幅的最大值，反应谱方法进一步考虑了频谱，而按照动力加速度时程计算结构动力反应的研究方法，同时考虑了振幅、频谱和持时的影响，使得计算结果更加合理。

动力法把地震作为一个时间过程，将建筑物简化为多自由度体系，选择能反映地震和场地环境以及结构特点要求的地震加速度时程作为地震动输入，计算出每一时刻建筑物的地震反应。动力法与反应谱法相比具有更高的精确性，并在获得结构非线性恢复力模型的基础上，很容易求解结构非弹性阶段的反应。通过这种分析可以求得各种反应量，包括局部和总体的变形和内力，也可以在计算分析中考虑各种因素，如多维输入和多维反应，这是其他分析方法所不能考虑或不能很好考虑的。

在地震输入上，动力法通常要求根据周围地震环境和场地条件和强震观测中得到的经验关系，确定场地地震动的振幅、频谱和持时，选用或人工产生多条加速度时程曲线。在结构模型上，动力法要求给出每一构件或单元的动力性能，包括非线性恢复力模型，而其他方法只考虑结构总体模型。因此，动力法是可以考虑各构件非线性特性的结构模型。在分析方法上，动力法均在计算机上进行，在时域中进行逐步积分，或在频域中进行变换。在弹性反应时一般采用频域分析或振型分解后的逐步积分；非线性分析时，在时域中进行逐步积分。这种方法可以考虑每个构件的瞬时非线性特性,也可以考虑土-结构相互作用中地震参数的频率依赖关系。

4. 基于结构性能的抗震设计理论

世界各国建筑抗震设计规范大多采用"小震不坏、中震可修和大震不倒"三水准抗震设防准则。为实现三水准抗震设防准则,各国都采用了大同小异的抗震设计方法,但仍可能在大震作用下发生结构丧失正常使用功能而造成巨大的财产损失的情况。20世纪90年代,在美国和日本等国家及地区发生了破坏性地震,由于这些地区集中了大量的社会财富,地震所造成的经济损失和人员伤亡非常巨大。在此背景下,人们不得不重新审视当前的抗震设计思想。于是基于性能的抗震设计被广泛讨论,并且被认为是未来抗震设计的主要发展方向。美国学者率先提出了基于性能的结构抗震设计概念(Performance-Based Seismic Design,简称 PBSD,也称为基于性态的抗震设计或基于功能的抗震设计),引起了整个地震工程界极大的兴趣,被认为是未来抗震设计的主要发展思想。基于性能的抗震设计实质是对地震破坏进行定量或半定量控制,从而在最经济的条件下,确保人员伤亡和经济损失均在预期可接受的范围内。

基于性能的抗震设计是指选择的结构设计准则需要实现多级性能目标的一套系统方法。基于性能的抗震设计实现了结构性能水准(performance levels)、地震设防水准(earthquake hazard levels)和结构性能目标(performance objectives)(表征适当的性能水准,即相应于特定地震设防水准的性能水准)的具体化,并给出了三者间明确的关系。与现行抗震设计理念相比,基于性能的抗震设计具有如下主要特点:

(1)多级性,基于性能的抗震设计提出了多级性能水准设计理念。虽然用小震、中震和大震或更细的划分来确定地震设防水准或等级与现行抗震设计规范相似,但基于性能的抗震设计既要保证建筑在地震作用下的安全性,又要控制地震所造成的经济损失大小,而且非结构构件及其内部设施的损伤或破坏在经济损失中占有相当大的比重,在设计时亦将进行全面分析。

(2)全面性,结构的性能目标不一定直接选取规范所规定的性能目标,可根据实际需要、业主的要求和投资能力等因素,选择可行的结构性能目标,而且设计的建筑在未来地震中的抗震能力是可预期的。

(3)灵活性,虽然基于性能的抗震设计对一些重要参数设定最低限值,例如地震作用和层间位移等,但基于性能的抗震设计强调业主参与的个性化,给予业主和设计者更大的灵活性,设计者可选择能实现业主所要求的抗震性能目标的设计方法与相应的结构措施。因此,有利于新材料和新技术的实际应用[52]。

3.8.2 计算反应谱

抗震规范规定的设计反应谱,是以地震影响系数曲线的形式给出的。该曲线是基于国内外大量地震加速度记录的反应谱得到的,并按照场地条件区分反应谱形状。首先按场地分类，计算同类场地条件下动力系数 $\beta(T)$ 谱曲线，经过统计平均和平滑化处理，得到标准 $\beta(T)$ 谱曲线；然后乘以地震系数 k 后得到 $a(T)$ 谱曲线，即地震影响系数曲线。

图 3-15 为抗震规范给出的阻尼比取 0.05 时的地震影响系数曲线。该曲线由 4 段组成：①直线上升段，周期小于 0.1s 的区段；②水平段，自 0.1s 至特征周期区段，取最大值 α_{max}；③曲线下降段，自特征周期至 5 倍特征周期区段，衰减指数取 0.9；④直线下降段，自 5 倍特征周期至 6s 区段，下降斜率调整系数取 0.02。对于周期大于 6s 的结构，地震影响系数需要专门研究。

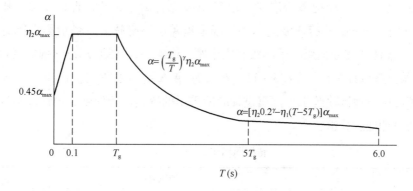

图 3-15　地震影响系数曲线

图中，α 为地震影响系数；α_{max} 为地震影响系数最大值；η_1 为直线下降段的下降斜率调整系数；γ 为衰减指数；T_R 为特征周期；η_2 为阻尼调整系数；T 为结构的自振周期。当结构的阻尼比 ξ 不等于 0.05 时，地震影响系数曲线下降段的衰减指数按下式确定：

$$\gamma = 0.9 + \frac{0.05 - \xi}{0.3 + 6\xi} \tag{3-93}$$

直线下降段的下降斜率调整系数按下式确定，小于 0 时取 0。

$$\eta_1 = 0.02 + \frac{0.05 - \xi}{4 + 32\xi} \tag{3-94}$$

阻尼调整系数按下式确定，小于 0.55 时取 0.55。

$$\eta_2 = 1 + \frac{0.05 - \xi}{0.08 + 1.6\xi} \tag{3-95}$$

多遇地震作用下，钢筋混凝土结构的阻尼比 ξ 取 0.05；钢结构按其高度确定阻尼比，高度不大于 50m 时可取 0.04，高度大于 50m 且不小于 200m 时可取 0.03，高度不小于 200m 时宜取 0.02；混合结构的阻尼比可取 0.04。

确定地震影响系数的曲线有两个关键参数，一个是地震影响系数最大值 α_{max}，它反映了地震动强度的影响，另一个是特征周期 T_g，它反映了地震动频谱特性的影响。表 3-8 列出了水平地震影响系数最大值 α_{max}。

水平地震影响系数最大值 α_{max} 表 3-8

地震影响	6 度	7 度	8 度	9 度
多遇地震	0.04	0.08(0.12)	0.16(0.24)	0.32
设防地震	0.12	0.23(0.34)	0.45(0.68)	0.90
罕遇地震	0.28	0.50(0.72)	0.90(1.20)	1.40

注：括号中数值分别用于设计基本地震加速度为 0.15g 和 0.30g 地区。

特征周期 T_g 与设计地震分组和场地类别有关，按表 3-9 确定。建筑的场地类别，根据土层等效剪切波速和场地覆盖层厚度由表 3-10 划分为 Ⅰ、Ⅱ、Ⅲ、Ⅳ 类，其中 Ⅰ 类场地分为 Ⅰ₀ 和 Ⅰ₁ 两亚类。剪切波速越小，场地覆盖层厚度越大，场地类别越高，特征周期 T_g 越长。设计地震分组反映了震级和震中距的影响，设计地震分组越高，特征周期 T_g 越长。《建筑抗震设计规范》GB 50011—2010 附录 A 给出了我国抗震设防区各县级及县级以上城镇的中心地区建筑工程抗震设计时所采用的抗震设防烈度、设计基本地震加速度值和所属的设计地震分组。

特征周期 T_g（单位：s） 表 3-9

设计地震分组	场地类别				
	Ⅰ₀	Ⅰ₁	Ⅱ	Ⅲ	Ⅳ
第一组	0.20	0.25	0.35	0.45	0.65
第二组	0.25	0.30	0.40	0.55	0.75
第三组	0.30	0.35	0.45	0.65	0.90

各类建筑场地的覆盖层厚度（单位：m） 表 3-10

岩土的剪切波速或土的等效剪切波速（m/s）	场地类别				
	Ⅰ₀	Ⅰ₁	Ⅱ	Ⅲ	Ⅳ
$v_s > 800$	0				
$800 \geqslant v_{se} > 500$		0			
$500 \geqslant v_{se} > 250$		<5	⩾5		
$250 \geqslant v_{se} > 150$		<3	3~50	>50	
$v_{se} \leqslant 150$		<3	3~15	15~80	>80

注：v_s 是岩石的剪切波速。

3.8.3 水平地震作用计算

建筑结构的抗震计算，可采用反应谱底部剪力法和振型分解反应谱法，特别不规则的建筑、甲类建筑和 7 度及以上较高的高层建筑应采用弹性时程分析法进行多遇地震作用下的补充计算。

1. 反应谱底部剪力法

高度不超过 40m、以剪切变形为主且质量和刚度沿高度分布比较均匀的结构，以及近似于单质点体系的结构，可采用底部剪力法进行抗震计算。这些结构的地震反应以基本振型为主，可以等效为单自由度体系，采用结构的基本自振周期 T_1 计算总水平地震作用，然后将总地震作用分配到各个楼层。

结构底部总水平地震作用标准值，即底部总剪力为：

$$F_{Ek} = \alpha_1 G_{eq} \tag{3-96}$$

式中：F_{Ek} 为结构总水平地震作用标准值；α_1 为相应于结构基本自振周期的水平地震影响系数值；G_{eq} 为结构等效总重力荷载，单质点取 $G_{eq} = G_e$；多质点取 $G_{eq} = 0.85G_e$，G_e 为结构总重力荷载代表值，为各层重力荷载代表值之和。重力荷载代表值是指 100% 的恒荷载、50%～80% 的楼面活荷载和 50% 的雪荷载、50% 的屋面积灰荷载之和，不计入屋面活荷载。

假定结构的基本振型沿高度近似为线性分布，各楼层的基本振型位移与该楼层的高度成正比，各楼层的水平地震作用沿高度呈倒三角分布。为考虑高振型对水平地震作用沿高度分布的影响，在顶部附加水平地震作用 $\Delta F_n = \delta_n F_{EK}$。

第 i 楼层处的水平地震作用标准值 F_i 按下式计算：

$$F_i = \frac{G_i H_i}{\sum_{j=1}^{n} G_j H_j} F_{Ek}(1 - \delta_n) \quad (i = 1, 2, \cdots, n) \tag{3-97}$$

式中：δ_n 为顶部附加地震作用系数；G_i、G_j 分别为集中于第 i、j 楼层的重力荷载代表值，与 G_E 计算相同；H_i、H_j 分别为第 i、j 楼层计算高度。

研究表明，顶部附加集中力的大小与结构周期和场地类别有关，顶部附加地震作用系数见表 3-11。当结构基本周期 $T_1 \leqslant 1.4T_g$ 时，高振型影响小，不考虑顶部附加水平地震作用；当基本周期 $T_1 > 1.4T_g$ 时，δ_n 与 T_g 和 T_1 有关。

顶部附加地震作用系数 δ_n 　　　　　　　　　　　　　表 3-11

$\dfrac{T_g}{s}$	$T_1 > 1.4T_g$	$T_1 < 1.4T_g$
$T_g \leqslant 0.35$	$0.08T_1 + 0.07$	
$0.35 < T_g \leqslant 0.55$	$0.08T_1 + 0.01$	0.0
$T_g > 0.55$	$0.08T_1 - 0.02$	

2. 振型分解反应谱法

较高的结构，除基本振型的贡献外，高阶振型的影响比较大，因此采用振型分解反应谱法计算地震作用，以考虑多阶振型的影响。振型分解反应谱法计算分两步：① 采用反应谱法，分别计算各振型的水平地震作用及其效应（内力和位移等）。② 根据随机振动理论，对各阶振型的内力和位移采用一定方法进行组合，以此作为抗震设计的依据。

按照结构是否考虑扭转耦联振动影响，采用不同的振型分解反应谱法计算结构的地震作用及其效应。

1）不考虑扭转耦联的振型分解反应谱法

不考虑扭转耦联的振型分解反应谱法适用于可沿两个主轴方向分别计算的一般结构。一个水平主轴方向每个楼层为一个平移自由度，n 个楼层有 n 个自由度、n 个频率和 n 个振型，结构振型示意图如图 3-16 所示。

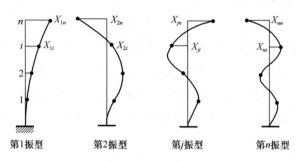

第1振型　　　　第2振型　　　　第j振型　　　　第n振型

图 3-16　结构振型示意图

结构第 j 振型、i 质点的水平地震作用标准值 F_{ji} 为：

$$F_{ji} = \alpha_j \gamma_j X_{ji} G_i \quad (i = 1, 2, \cdots, n; j = 1, 2, \cdots, m) \tag{3-98}$$

式中：α_j 为相应于 j 振型自振周期的地震影响系数；X_{ji} 为 j 振型 i 质点的水平相对位移；G_i 为质点 i 的重力荷载代表值，与底部剪力法中 G_E 计算相同；γ_j 为 j 振型的振型参与系数，按下式计算：

$$\gamma_j = \frac{\sum_{i=1}^{n} X_{ij} G_i}{\sum_{i=1}^{n} X_{ij}^2 G_i} \tag{3-99}$$

每个振型的水平地震作用方向与图 3-16 给出的水平相对位移方向相同，每个振型都可由水平地震作用计算得到结构的位移和各构件的弯矩、剪力和轴力。

各振型水平地震作用下的内力和位移是由反应谱法计算得到的，代表振动过程中的最大值。而实际上各振型的内力和位移达到最大值的时间一般并不相同。因此，不能简单地将各振型的内力和位移直接相加，而是根据随机振动理论，将各个振型的内力和位移进行组合，这就是振型组合。

不考虑扭转耦联振动影响的结构，根据随机振动理论，地震作用下的内力和位移由各振型的内力和位移平方求和以后再开方的方法（Square Root of Sum of Square，简称 SRSS 方法）组合得到：

$$S_{EK} = \sqrt{\sum_{j=1}^{m} S_j^2} \tag{3-100}$$

式中：m 为参与组合的振型数；S_j 为 j 振型水平地震作用标准值的效应（弯矩、剪力、轴力、位移等）；S_{EK} 为水平地震作用标准值的效应。

结构地震反应中并非所有的振型都起主要作用，而是前几个振型起主要作用，因此，只需要用有限个振型计算内力和位移。不考虑扭转耦联振动影响的结构，一般取前 3 个振型进行组合；但如果建筑较高或较柔，基本自振周期大于 1.5s，或房屋高宽比大于 5 时，或结构沿竖向刚度不均匀时，振型数应适当增加，一般取 5～6 个振型进行组合；组合的振型数是否够，可采用式（3-102）检验有效参与重量是否达到 90％以上。

第 j 振型参与的等效重量由式（3-101）计算：

$$\gamma G_j = \frac{\left(\sum\limits_{i=1}^{n} x_{ji} G_i\right)^2}{\sum\limits_{i=1}^{n} x_{ji}^2 G_i} \tag{3-101}$$

若取前 m 个振型，则参与等效重量总和的百分比为：

$$\gamma_{\mathrm{G}}^{\mathrm{m}} = \frac{\sum\limits_{j=1}^{m} \gamma G_j}{G_{\mathrm{E}}} \tag{3-102}$$

2）考虑扭转耦联的振型分解反应谱法

对于平面布置有明显不对称的结构，水平地震作用下将产生平动-扭转耦联振动，可按扭转耦联振型分解反应谱法计算地震作用及其效应。各楼层可取两个正交的水平位移和一个转角位移共 3 个自由度，k 个楼层有 $3k$ 个自由度、$3k$ 个频率和 $3k$ 个振型，每个振型中各质点振幅有 3 个分量。

由于平动-扭转耦联，计算一个方向的地震作用时，会同时得到 x、y 方向及转角方向的地震作用。j 振型 i 层的水平地震作用标准值，按下列公式确定：

$$F_{xji} = \alpha_j \gamma_{tj} X_{ji} G_i \tag{3-103a}$$

$$F_{yji} = \alpha_j \gamma_{tj} Y_{ji} G_i \quad (i=1,2,\cdots,n;\ j=1,2,\cdots,m) \tag{3-103b}$$

$$F_{tji} = \alpha_j \gamma_{tj} r_i^2 \varphi_{ji} G_i \tag{3-103c}$$

式中：F_{xji}、F_{yji}、F_{tji} 分别为 j 振型 i 层的 x 方向、y 方向和转角方向的地震作用标准值。X_{ji}、Y_{ji} 分别为 j 振型 i 层质心在 x、y 方向的水平相对位移。φ_{ji} 为 j 振型 i 层的相对扭转角。r_i 为 i 层转动半径，可按下式计算：

$$r_i^2 = \frac{I_i g}{G_i} \tag{3-104}$$

式中：I_i 为第 i 层质量绕质心的转动惯量。

γ_{tj} 为计入扭转的 j 振型的参与系数，可按下列公式确定：

当仅取 x 方向地震作用时：

$$\gamma_{tj} = \frac{\sum\limits_{i=1}^{n} X_{ji} G_i}{\sum\limits_{i=1}^{n} (X_{ji}^2 + Y_{ji}^2 + \varphi_{ji}^2 r_i^2) G_i} \tag{3-105}$$

当仅取 y 方向地震作用时：

$$\gamma_{tj} = \frac{\sum\limits_{i=1}^{n} Y_{jt}G_i}{\sum\limits_{i=1}^{n}(X_{ji}^2 + Y_{ji}^2 + \varphi_{ji}^2 r_i^2)\,G_i} \tag{3-106}$$

当取与 x 方向斜交的地震作用时：

$$\gamma_{ij} = \gamma_{xj}\cos\theta + \gamma_{yj}\sin\theta \tag{3-107}$$

式中：γ_{xj}、γ_{yj} 分别由式（3-105）和式（3-106）求得参与系数；θ 为地震作用方向与 x 方向的夹角。

单向水平地震作用下的扭转耦联效应采用完全二次方程法（Complete Quadratic Combination，简称 CQC 法）确定：

$$S_{EK} = \sqrt{\sum_{i=1}^{m}\sum_{k=1}^{m}\rho_{jk}\,S_j\,S_k} \tag{3-108}$$

$$\rho_{jk} = \frac{8\sqrt{\xi_j\xi_k}\,(\xi_j + \lambda_T\xi_k)\lambda_T^{1.5}}{(1-\lambda_T^2)^2 + 4\xi_j\xi_k(1+\lambda_T^2)\lambda_T + 4(\xi_i^2 + \xi_k^2)\lambda_T^2} \tag{3-109}$$

式中：S_{EK} 为考虑扭转时地震作用标准值的效应；S_j、S_k 分别为 j 振型和 k 振型地震作用标准值的效应，可取前 9～15 个振型；ρ_{jk} 为 j 振型与 k 振型的耦联系数；λ_T 为 j 振型与 k 振型的自振周期比，$\lambda_T = \dfrac{T_j}{T_k}$；$\xi_j$，$\xi_k$ 分别为结构 j、k 振型的阻尼比，当 $\xi_j = \xi_k = \xi$ 时，式（3-109）为：

$$\rho_{jk} = \frac{8\xi^2(1+\lambda_T)\lambda_T^{1.5}}{(1-\lambda_T^2)^2 + 4\xi^2(1+\lambda_T^2)\lambda_T + 8\xi^2\lambda_T^2} \tag{3-110}$$

当 T_j 小于 T_k 较多时，λ_T 很小，由式（3-109）计算的 ρ_{jk} 值也很小，在式（3-108）中该项可以忽略；当 $T_j = T_k$ 时，$\lambda_T = 1$，因而 $\rho_{jk} = 1$，在式（3-108）中该项为 S_j 的平方，这样，CQC 公式就简化为 SSRS 公式了。

双向水平地震作用下的扭转耦联效应，可以按式（3-111a）和式（3-111b）的较大值确定：

$$S_{EK} = \sqrt{S_x^2 + (0.85\,S_y)^2} \tag{3-111a}$$

$$S_{EK} = \sqrt{S_y^2 + (0.85\,S_x)^2} \tag{3-111b}$$

式中：S_x、S_y 分别为 x 向、y 向单向水平地震作用按照式（3-85）计算的地震效应。

3.8.4　竖向地震作用计算

一般情况下，地震动的竖向加速度峰值约为水平加速度峰值的 $1/2$～$2/3$，但当在震中或发震断层附近时，近场地震动的竖向加速度峰值很大，有时甚至超过水平加速度峰值。高烈度区的宏观震害和强震记录说明竖向地震动及其对结构的影响有时是相当显著的，应在抗震设计中予以重视。抗震规范规定，8、9 度时的大跨度和长悬臂结构及 9 度时的高层建筑，应计算竖向地震作用。

竖向地震作用的计算，多数国家采用静力法或水平地震作用折减法，少数国家采用竖向地震反应谱方法，此外还可以采用时程分析法。这些计算方法及特点如下：

（1）静力法。直接取结构或构件重量的一定百分比作为竖向地震作用。该方法计算简单，不计算结构或构件的竖向自振周期和振型，未考虑结构动力特性的影响。

（2）水平地震作用折减法。取结构或构件水平地震作用的一定百分比作为竖向地震作用。由于竖向地震地面运动与水平地震地面运动的频谱成分不同，且结构竖向振动特性也不同，因此竖向地震作用和水平地震作用并无直接关系，该方法也不甚合理。

（3）竖向地震反应谱法。此法与水平地震反应谱法相同，将结构物简化为多自由度体系，先计算结构的自振频率和振型，再由竖向自振周期从竖向反应谱求得对应于该阶振型的竖向地震作用和效应，最后采用振型组合的方法进行各振型效应的组合。此方法较为合理，但需要建立竖向地震反应谱，对于竖向反应谱，国内外已开展了一些研究。我国抗震规范规定大跨度空间结构的竖向地震作用可采用反应谱方法。竖向反应谱可采用水平反应谱的 65％。竖向反应谱的特征周期与水平反应谱相比，尤其当震中距较大时，明显小于水平反应谱，因此规定竖向反应谱的特征周期可均按设计地震第一组采用。

（4）时程分析法。对高烈度区的重要或复杂结构，还可以采用时程分析法。时程分析法计算工作量大，一般应选用地震部门提供的场地地震波输入，补充实际强震记录；没有场地地震波，则以强震记录为主，补充人工模拟地震波。

根据竖向地震反应谱分析和时程分析法结果的统计分析，我国抗震规范给出了下述各类结构的竖向地震作用简化计算方法。

（1）高层建筑竖向地震作用

9 度抗震设计的高层建筑，结构总竖向地震作用标准值为：

$$F_{\mathrm{Evk}} = \alpha_{\mathrm{v,max}} G_{\mathrm{eq}} \tag{3-112}$$

第 i 层的竖向地震作用标准值为：

$$F_{\mathrm{vi}} = \frac{C_i H_i}{\displaystyle\sum_{j=1}^{n} G_j H_j} F_{\mathrm{Evk}} \tag{3-113}$$

式中：$\alpha_{\mathrm{v,max}}$ 为竖向地震影响系数的最大值，取水平地震影响系数最大值的 0.65 倍；G_{eq} 为结构等效总重力荷载，可取结构总重力荷载代表值的 75％。

楼层的竖向地震作用效应可按各构件承受的重力荷载代表值的比例分配，并宜乘以增大系数 1.5[53]。

（2）平板型网架与跨度大于 24m 的屋架等竖向地震作用

平板型网架屋盖和跨度大于 24m 的屋架、屋盖横梁及托架的竖向地震作用标准值，宜取其重力荷载代表值和竖向地震作用系数的乘积；竖向地震作用系数可按表 3-12 采用。

竖向地震作用系数　　　　　　　　　　　　　表 3-12

结构类型	烈度	场地类别		
		I	II	III、IV
平板型屋架、钢屋架	8	可不计算(0.10)	0.08(0.12)	0.10(0.15)
	9	0.15	0.15	0.20
钢筋混凝土屋架	8	0.10(0.15)	0.13(0.19)	0.13(0.19)
	9	0.20	0.25	0.25

注：括号中数值用于设计基本地震加速度为 0.30g 的地区。

（3）长悬臂和其他大跨度结构

长悬臂构件和其他大跨度结构的竖向地震作用标准值，8 度(0.2g)、8 度(0.3g)和 9 度时可分别取该结构、构件重力荷载代表值的 10%、15% 和 20%。

3.8.5　构件截面抗震验算

我国抗震规范采用两阶段抗震设计方法。第一阶段抗震设计时，计算多遇地震作用下结构构件内力，并和其他荷载效应组合得到组合的内力设计值，用承载力极限状态方法进行构件截面承载力验算。截面抗震验算时，采用以概率为基础的多系数截面承载力验算表达式。

结构构件的地震作用效应和其他荷载效应的基本组合，按下式确定：

$$S = \gamma_G S_{GE} + \gamma_{Eh} S_{Ehk} + \gamma_{Ev} S_{Evk} + \psi_w \gamma_w S_{wk} \qquad (3-114)$$

式中：S 为结构构件内力（弯矩、轴力和剪力等）组合的设计值；S_{GE}、S_{Ehk}、S_{Evk}、S_{wk} 分别为重力荷载代表值的效应，水平地震作用标准值的效应（尚应乘以相应的增大系数、调整系数），竖向地震作用标准值的效应（尚应乘以相应的增大系数、调整系数），风荷载标准值的效应；γ_G 为重力荷载分项系数，一般情况应采用 1.2，当重力荷载效应对构件承载能力有利时，不应大于 1.0；γ_{Eh}、γ_{Ev} 分别为水平、竖向地震作用分项系数，应按表 3-13 采用；γ_w 为风荷载分项系数，应采用 1.4；ψ_w 为风荷载的组合值系数，与地震作用效应组合时取 0.2。

地震作用分项系数　　　　　　　　　　　　　表 3-13

地震作用	γ_{Eh}	γ_{Ev}
仅计算水平地震作用	1.3	0.0
仅计算竖向地震作用	0.0	1.3
同时计算水平与竖向地震作用(水平地震为主)	1.3	0.5
同时计算水平与竖向地震作用(竖向地震为主)	0.5	1.3

结构构件的截面抗震验算，采用下列表达式：

$$S \leqslant \frac{R}{\gamma_{RE}} \tag{3-115}$$

式中：S 为结构构件内力组合的设计值；R 为结构构件承载力设计值；γ_{RE} 为结构构件承载力抗震调整系数，按表 3-14 采用，当仅计算竖向地震作用时，各类结构构件承载力抗震调整系数均取 1.0。

承载力抗震调整系数　　　　　　　　　　　　　　　表 3-14

材料	结构构件	受力状态	γ_{RE}
钢	柱，梁，支撑，节点板件，螺栓，焊缝	强度	0.75
	柱，支撑	稳定	0.80
砌体	两端均有构造柱、芯柱的抗震墙	受剪	0.90
	其他抗震墙	受剪	1.00
混凝土	梁	受弯	0.75
	轴压比小于 0.15 的柱	偏压	0.75
	轴压比不小于 0.15 的柱	偏压	0.80
	剪力墙	偏压	0.85
	各类构件	受剪、偏拉	0.85

3.8.6　结构抗震变形验算

按三水准抗震设防目标，多遇地震作用下，建筑主体结构不受损伤，非结构构件（包括围护墙、隔墙、幕墙、内外装修等）没有过重破坏并导致人员伤亡，保证建筑的正常使用功能；罕遇地震作用下，建筑主体结构遭受破坏或严重破坏但不倒塌。由于变形与结构的性能状态、破坏及倒塌密切相关，因此各国规范均规定了抗震变形验算的内容，并规定了相应的变形限值。根据各国规范、震害经验和试验研究结果及工程实例分析，采用层间位移角作为结构变形验算的指标。结构抗震验算包括两部分内容：一是多遇地震下结构弹性变形验算；二是罕遇地震作用下结构弹塑性变形验算。

1. 弹性变形验算

弹性变形验算，是为了实现"小震不坏"的第一水准设防要求。在多遇地震标准值作用下，楼层内最大的弹性层间位移应符合下式要求：

$$\Delta u_e \leqslant [\theta_e] h \tag{3-116}$$

式中：Δu_e 为多遇地震作用标准值产生的楼层内最大的弹性层间位移；计算时，除以弯曲变形为主的高层建筑外，可不扣除整体弯曲变形；应计入扭转变形，各作用分项系数均采用 1.0；钢筋混凝土结构构件的截面刚度可采用弹性刚度 $E_c I_0$，当局部变形较大时，可适当考虑截面开裂引起的刚度折减，如取 $0.85 E_c I_0$。$[\theta_e]$ 为弹性层间位移角限值，宜按表 3-15 采用。h 为计算楼层层高。

弹性层间位移角限值既要考虑非结构构件可能受到的损坏程度，也要考虑剪力墙、柱等结构构件的开裂。弹性层间位移角限值的确定，主要依据国内外大量的试验研究和有限元分析的结果。不同结构类型，弹性层间位移角限值范围不同。

弹性层间位移角限值   表 3-15

结构类型	$[\theta_v]$
钢筋混凝土框架	1/550
钢筋混凝土框架-剪力墙、板柱-剪力墙、框架-核心筒	1/800
钢筋混凝土剪力墙、筒中筒	1/1000
钢筋混凝土框支层	1/1000
多、高层钢结构	1/250

钢筋混凝土框架结构，一般都有填充墙，填充墙一般比框架柱早开裂。研究表明，填充墙与框架间出现周边裂缝至墙面初裂时，层间位移角约为 1/500；当墙面开裂较普遍，沿对角线基本贯通时，层间位移角为 1/650～1/350。因此，抗震规范采用 1/550 作为钢筋混凝土框架结构的弹性位移角限值，可以在一定程度上避免填充墙出现连通斜裂缝，又可以控制框架柱的开裂。

以钢筋混凝土剪力墙为主要抗侧力构件的结构，其弹性位移角的确定以剪力墙开裂位移为主要依据。试验研究表明，剪力墙开裂的层间位移角为 1/3300～1/1100。对我国 124幢钢筋混凝土框架-剪力墙结构、框架-核心筒结构、钢筋混凝土剪力墙结构和筒中筒结构的抗震计算结果统计分析表明，在多遇地震作用下的最大层间位移角均小于 1/800，其中85％小于 1/1200。因此，抗震规范规定钢筋混凝土框架-剪力墙、板柱-剪力墙、框架-核心筒结构的弹性层间位移角限值为 1/800；钢筋混凝土剪力墙和筒中筒结构的弹性层间位移角限值为 1/1000；钢筋混凝土框支层要求较框架-剪力墙结构更加严格，取为 1/1000。

钢结构的弹性层间位移角限值，日本建筑法施行令规定为 1/200。参照美国加州规范对基本自振周期大于 0.7s 的结构的规定，我国抗震规范取 1/250。

2. 弹塑性变形验算

弹塑性变形验算是为了实现"大震不倒"的第三水准设防要求。结构在罕遇地震作用下的弹塑性变形计算，可采用静力弹塑性分析方法（Push-over 方法）或弹塑性时程分析方法。

抗震规范规定应进行弹塑性变形验算的结构有：(1)8 度Ⅲ、Ⅳ类场地和 9 度时，高大的单层钢筋混凝土柱厂房的横向排架。(2)7～9 度时楼层屈服强度系数小于 0.5 的钢筋混凝土框架结构和框排架结构。(3)高度大于 150m 的结构。(4)甲类建筑和 9 度时乙类建筑中的钢筋混凝土结构和钢结构。(5)采用隔震和消能减震设计的结构。

宜进行弹塑性变形验算的结构有：(1)7～9 度时高度较高且竖向不规则的高层建筑。(2)7 度Ⅲ、Ⅳ类场地和 8 度时乙类建筑中的钢筋混凝土结构和钢结构。(3)板柱-剪力墙结构和底部框架砌体房屋。(4)高度不大于 150m 的其他高层钢结构。(5)不规则的地下建筑结构及地下空间综合体。

在罕遇地震作用下，建筑结构薄弱层（部位）层间弹塑性位移应符合下式要求：

$$\Delta u_{\mathrm{p}} \leqslant [\theta_{\mathrm{p}}]h \tag{3-117}$$

式中：Δu_{p} 为罕遇地震作用下的弹塑性层间位移；$[\theta_{\mathrm{p}}]$ 为弹塑性层间位移角限值，宜按表 3-16 采用；h 为计算楼层层高。

弹塑性层间位移角限值　　　　　　　　　　　　　表 3-16

结构类型	$[\theta_p]$
钢筋混凝土框架	1/50
钢筋混凝土框架-剪力墙、板柱-剪力墙、框架-核心筒	1/100
钢筋混凝土剪力墙、筒中筒	1/120
钢筋混凝土除框架结构外的转换层	1/120
多、高层钢结构	1/50

弹塑性层间位移角限值应对应于结构的极限变形能力。结构的极限变形能力既取决于主要结构构件的变形能力，又与整个结构的破坏机制相关。我国抗震规范采用以构件（梁、柱、墙）和节点达到极限变形时的层间极限位移角作为结构弹塑性层间位移角限值，该限值的确定主要依据国内外大量的试验研究结果。不同结构类型，弹塑性层间位移角限值不同。

钢筋混凝土框架结构的层间位移是框架梁、柱、节点弹塑性变形的综合结果。美国对 36 个钢筋混凝土梁-柱组合试件试验结果表明，极限位移角分布在 $1/27 \sim 1/8$；我国对数十榀填充墙框架的试验结果表明，不开洞填充墙和开洞填充墙框架的极限位移角平均分别为 1/30 和 1/38。考虑一定的安全储备，抗震规范规定钢筋混凝土框架的弹塑性层间位移角限值为 1/50。

以钢筋混凝土剪力墙为主要抗侧力构件的结构，在罕遇地震作用下，剪力墙比框架柱先进入弹塑性状态，最终破坏也相对集中于剪力墙单元。日本对 176 个带边框柱剪力墙的试验研究表明，剪力墙的极限位移角分布在 $1/333 \sim 1/125$；我国对于 11 个带边框的低矮剪力墙试验表明，极限位移角分布在 $1/192 \sim 1/112$。抗震规范取钢筋混凝土剪力墙结构和筒中筒结构的弹塑性层间位移角限值为 1/120。考虑到框架-剪力墙、板柱-剪力墙和框架-核心筒为双重抗侧力结构，其弹塑性层间位移角比剪力墙结构适当放松，取 1/100。

钢结构，美国 ATC3-06 规定，Ⅱ类危险性的建筑（容纳人数较多），层间最大位移角限值为 1/67；美国 AISC《房屋钢结构抗震规定》（1997）规定，与小震相比，大震时的位移放大系数，对双重抗侧力体系中的框架-中心支撑结构取 5，对框架-偏心支撑结构取 4。如果弹性位移角限值为 1/300，则对应的弹塑性位移角限值分别为 1/60 和 1/75。考虑到钢结构在构件稳定有保证时具有较好的延性[54]，我国抗震规范规定弹塑性层间位移角限值为 1/50。

3.9　工程结构隔震与减震

传统结构抗震通过增强结构自身（强度、刚度、延性）来抵御地震所造成的破坏，由结构通过弹塑性变形和延性状态消耗地震能量，这是被动的抗震对策，通常称为"硬抗"。传统的工程结构抗震有其局限性：一方面，若要更好地抵御地震作用，结构就需要制作得更加坚固；另一方面，对性能的更高要求势必增加结构自重和建筑材料用量，不仅提高工程造价，反过来又增大了结构的地震作用，需要结构具有更高的强度，进入一个非良性循环。再者，由于人们尚不能准确预测未来地震的强度和特性，对某一建筑抵御地震的能力并不能估计得十分恰当。

传统抗震方法设计的结构抗震能力，不具备在未来各级地震下自我调节的能力。因此，结构很可能不满足安全性要求，而产生严重破坏或倒塌，造成巨大经济损失和人员伤亡。

为应对传统工程结构抗震的不足，研究者和工程师提出了新的合理有效的减震途径：对结构施加地震控制装置，使大部分地震能量由这些装置所隔离或者消散，以减轻结构的地震反应。这样对抵御地震作用来说，从传统的"硬抗"转化为"软抗"，是对抗震对策的重大突破和发展。

地震控制装置主要包括基础隔震和消能减震两大类。60 余年科学研究和实际工程检验表明：隔震和消能减震技术具有很好的经济和社会效益。下面就隔震和消能减震技术分别进行介绍。

3.9.1　结构隔震技术

建筑隔震技术的本质作用，是通过水平刚度低且具有一定阻尼的隔震器将上部结构与基础或底部结构之间实现柔性连接，使输入上部结构的地震能量和加速度显著降低，并由此大幅提高建筑结构对强烈地震的抵御能力。在许多应用实例中，隔震器是安装在上部结构和基础之间的，因而又称其为基底隔震。

1. 结构隔震技术原理

1）基底隔震技术的基本原理

为方便起见，将图 3-17 中的上部结构简化成具有质量 M 的一个刚体，其水平位移为 $x(t)$；隔震装置的水平刚度和阻尼系数分别以 K、C 表示。设隔震装置基座水平地震运动加速度为 $\ddot{x}_g(t) = \ddot{x}_{g0}\sin(\omega t)$，则由单自由度体系线性振动理论可以得出刚体的水平加速度振幅 $\ddot{x}_0$ 与 $\ddot{x}_{g0}$ 之比：

$$TR = \frac{\ddot{x}_0}{\ddot{x}_{g0}} = \sqrt{\frac{[1+(2\xi\omega_R)^2]}{[(1-\omega_R^2)^2+(2\xi\omega_R)^2]}} \tag{3-118}$$

式中：$\xi = \dfrac{C}{2\sqrt{KM}}$ 为阻尼比，$\omega_R = \dfrac{\omega}{\omega_n}$ 为频率比，而 $\omega_n = \sqrt{\dfrac{K}{M}}$ 是体系的固有圆频率。

图 3-18 是由式（3-118）绘制的，以阻尼比 ξ 为参变量的 $TR - \omega_R$ 关系曲线。由图可见，当 $\omega_R \leqslant \sqrt{2}$ 时，阻尼比越大，上部结构的加速度越小，但隔震装置对上部结构的作用却总是放大了其基座的输入加速度；但当 $\omega_R > \sqrt{2}$ 后，通过隔震装置传到上部结构的加速度总是比基座上的输入加速度小，而且是频率比越高、阻尼比越小，其隔震效果越好。

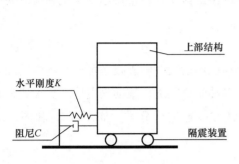
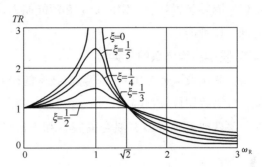

图 3-17　结构隔振体系的组成　　　　　　图 3-18　单自由度结构隔振效果

设结构与基础之间由常规连接提供的水平刚度为 K_0，而隔震装置的水平刚度为 K，其中 $K \leqslant K_0$，则非隔震与隔震体系的固有圆频率之比为 $\omega_{R0}/\omega_R = \sqrt{K/K_0} \geqslant 1$。这意味着与非隔震相比，采用较柔性的隔震装置后，体系的频率比 ω_R 被显著地提高到了可有效隔震的范围。应当指出的是，采用较大的频率比和较小的阻尼比，虽然均对隔震有利，但其效果得以进一步提高的程度不大，而且会较大幅度地增大结构位移，降低结构抗风或其他干扰的能力，给建筑结构的日常使用带来不便。因此，隔震装置刚度和阻尼参数的选定应综合考虑。

隔震是通过隔震器的较大变形来改变体系动力特性，上部结构在地震中的水平变形，从传统结构的"放大晃动型"转变为隔震结构的"整体平动型"，使得其在强烈地震中仍处于弹性状态，不但有效地保护了结构本身，而且也保护了建筑内部的装修和精密设备。隔震技术就是这样有效地提高了结构对地震作用的适应能力，使建筑结构平、立面设计更加灵活多样化，并可降低对结构构件尺寸和材料强度的要求。

以上仅是通过单自由度体系的线性振动理论来阐述了基底隔震的基本原理。对于常见的多高层建筑结构，将其简化成多自由度体系进行隔震分析更为合理，其中隔震器在设防地震或罕遇地震的特性一般应按非线性模型处理。

2）隔震结构体系的基本要求

结构隔震体系是指在结构物底部或其他部位设置某种隔震装置而形成的结构体系。它包括上部结构、隔震器（装置）和下部结构三部分。隔震体系具有以下基本特征：

（1）隔震装置须具有足够的竖向承载力，能够安全地支承上部结构的所有荷载，确保建筑结构在使用状态下的绝对安全并满足使用要求。

（2）隔震装置应具有可变的水平刚度。在强风或微小地震时，隔震器应具有足够高的水平刚度，使上部结构发生的水平位移极小而不影响使用要求。在中等强度地震下，其水平刚度将逐渐变小，使原本刚性的抗震结构体系变为柔性隔震结构体系，其固有周期大大延长而远离场地的特征周期，从而明显地降低上部结构的地震反应。

（3）由于隔震装置具有水平弹性恢复力，使隔震结构体系在地震中具有自动复位功能，由此满足震后建筑结构的使用功能要求。

（4）隔震装置具有一定的阻尼和消能能力，以保证体系在日常使用受干扰和地震时应具有的工作性能。

3）隔震结构体系的分类

根据我国及世界各国对多种隔震技术的研究和应用情况，隔震技术可按其不同的隔震装置（分为叠层橡胶垫隔震、铅芯橡胶垫隔震、滑动摩擦隔震、滚动隔震层、支承式摆动隔震、滚珠或滚轴隔震、混合隔震）和不同的隔震位置进行分类，如图 3-19 和图 3-20 所示。

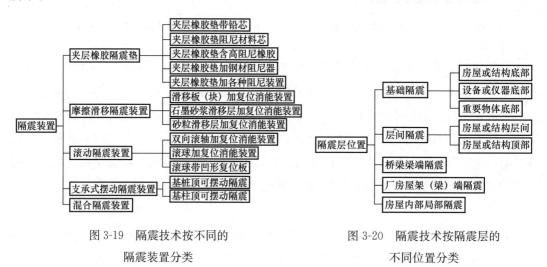

图 3-19　隔震技术按不同的
隔震装置分类

图 3-20　隔震技术按隔震层的
不同位置分类

4）隔震结构的优越性

经过抗震设计的建筑物，仍不能避免地震时的强烈晃动；当遭遇罕遇大地震时，虽然可以保证建筑不倒塌，但不能完全保证室内非结构构件和装饰物的安全，并因此而造成人员伤亡。采用隔震技术可以避免这种情况的发生，因为隔震结构的地震作用力、楼面的反应加速度和上部结构的层间变形往往较小，建筑结构、非结构构件和装饰物等在大地震中均能够得到较好的保护。

与传统的抗震结构体系相比较，隔震结构体系具有下述优越性：

（1）有效减轻结构的地震反应，提高地震时结构的安全性。国内外大量试验数据和工程经验表明：隔震一般可以使结构的水平地震加速度反应降低 60％ 左右，上部结构的地震反应仅相当于不隔震情况下的 1/8～1/4。

地震时建筑物上部结构的反应类似于刚体平动，结构的振动和变形均可控制在较轻微的水平，从而使建筑物和内部设备的安全得到更可靠的保证。

（2）地震防护措施简单明了。隔震设计把非线性、大变形集中到了隔震支座与阻尼器这样一组特殊的构件上，从考虑整个结构复杂的、不甚明确的抗震措施转变为只考虑隔震装置，这样就可以把设计、试验和建造的注意力集中到这些构件上。由于主体结构近似于弹性变形状态，结构分析的方法也可以简化；同时，地震后只需对隔震装置进行必要的检查更换，而无须过多考虑建筑结构本身的修复。

（3）具有巨大的经济与社会效益。采用隔震技术，为适应大变形要求而对建筑、设备和电气方面的处理以及特殊的设计、安装费会增加基建投资（约 5%），但是上部结构得以降低了要求的抗震措施会节省建筑总造价。从汕头、广州、西昌等地建造的隔震房屋得知，多层隔震房屋比多层传统抗震房屋节省土建造价：7 度节省 1%～3%，8 度节省 5%～15%，9 度节省 10%～20%。如果将地震灾害的潜在综合损失考虑进去，隔震建筑显然具有更高的经济和社会效益。

（4）使建筑结构形式多样化，设计自由度增大。由于采用隔震结构，就可以放弃过去抗震结构设计时的一些习惯做法和僵化思路，从而设计出更加形式多样化的建筑结构。

（5）大幅降低地震时内部非结构构件和装饰物的振动、移动和翻倒的可能性，从而减轻了次生灾害。

隔震技术经过理论分析、试验研究、工程试点、经济分析，其有效性得到了验证，技术也日益完善与成熟。在国际上日美等发达国家已于 1985 年先后提出了结构隔震设计指南和规范草本。我国《建筑抗震设计规范（2016 年版）》GB 50011—2010 已正式纳入了隔震技术，使隔震技术由工程试点发展为广泛的应用。据了解，我国已经建造的隔震建筑面积已达数百万平方米，分布在全国 20 多个省市，涉及生命线工程、民用建筑、古建筑加固等[55]。

2. 基础隔震技术

隔震装置（又称隔震器）是指将建筑物与地基隔离的装置和机构。地震时将建筑物与地基完全隔离而使其浮在空中，目前的技术水平尚达不到。故隔震器须具有能承受建筑物重量的承载力和刚度，而在水平方向则具有充分的柔度。隔震器的水平刚度越小，越能接近完全隔离（绝对隔离），使地震输入减小、反应加速度也较小。但在另一方面，隔震器水平刚度越小，建筑物与地基的相对位移增加越显著。因此，隔震器必须选用合适的性能指标，使其既可以减小结构的反应加速度，又可以使结构相对位移控制在适当范围内。此外，选择隔震器时还要考虑经济性、施工性、耐久性等重要方面的性能指标。

1）由隔震器与阻尼器组成的隔震系统

隔震器的作用一方面是支撑建筑物全部重量，另一方面则是因它具有弹性而延长了建筑物自振周期，使结构基频处于高能量地震频率之外，从而有效降低建筑物的地震反应。目前常用的隔震器包括各种形式的叠层橡胶支座（图 3-21）、螺旋弹簧支座等。

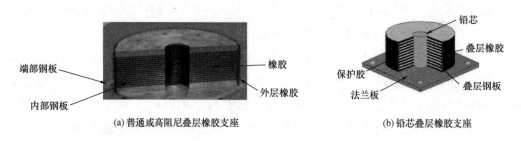

(a) 普通或高阻尼叠层橡胶支座　　　　　　(b) 铅芯叠层橡胶支座

图 3-21　橡胶垫隔震装置构造

阻尼器的作用是吸收地震能量，抑制地震波中、长周期成分可能给隔震建筑物带来的大变位，并帮助恢复大变形位移，使建筑物在地震后尽快恢复原先静平衡位置。目前阻尼器主要有钢棒阻尼器、液压阻尼器、摩擦阻尼器等，应根据其主要特性和实际工程需要来选用。

（1）普通叠层橡胶支座

这种橡胶支座一般由橡胶板与薄钢板层层交错叠合而成 ［图 3-21(a)］，通过高温硫化工艺使橡胶与钢板粘结，其中钢板边嵌于橡胶之内以防生锈。由于钢板对橡胶层的约束，这种支座在竖直方向上可以具有很高的刚度，而在水平方向的剪切变形却与纯橡胶的基本接近（图 3-22）。因此，这种支座只能隔离水平地震作用，而对竖向地震作用的隔震效果较差。此外，这种支座的荷载-位移滞回曲线狭窄 ［图 3-23(a)］，阻尼较小，常需配合阻尼器一起使用。

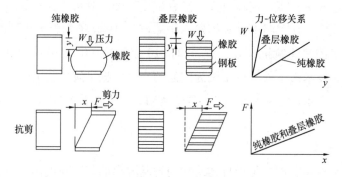

图 3-22　纯橡胶支座与叠层橡胶支座力学性能的比较

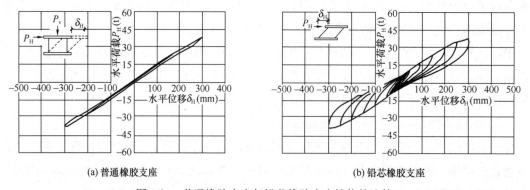

(a) 普通橡胶支座　　　　　　　　(b) 铅芯橡胶支座

图 3-23　普通橡胶支座与铅芯橡胶支座性能的比较

（2）铅芯叠层橡胶支座

这种支座是在普通橡胶支座上垂直钻孔，孔中填入铅芯而构成［图 3-21(b)］。铅芯具有两个作用：一是增加支座早期刚度，减小支座系统的变形，有利于结构在风和小震作用下保持稳定性；另一个则是耗散地震能量。这种铅芯橡胶支座，集隔震器和阻尼器于一身，能提供饱满的水平荷载－位移滞回曲线［图 3-23(b)］，阻尼较高，可独立使用。铅芯橡胶支座也存在着一些问题，如铅芯会增加结构的高频反应、铅芯的断裂问题等。

（3）高阻尼叠层橡胶支座

高阻尼叠层橡胶支座由高阻尼橡胶材料制成，可以通过在天然橡胶中掺入石墨制成，也可以通过高分子合成材料制成。这种支座阻尼比较大，变形时吸能较多，可以防止结构出现大变形。

（4）螺旋弹簧支座

螺旋弹簧支座主要用金属圆柱形螺旋弹簧组成。常用材料为锰钢、硅锰钢、铬锰钢。螺旋弹簧的主要优点是材料和结构参数的可选范围较大，可适应不同的荷载变形，同时水平刚度小，弹性性能稳定，耐久性好，价格低。但它的阻尼比一般仅为 0.005～0.01，位移反应大，需与阻尼器联合使用。

（5）金属阻尼器

当作用力达到一定数值后，金属的变形一般均进入明显的塑性状态。利用这种特性可以研制出门类较多且实用简便的金属阻尼器。图 3-24 给出了花瓣弹簧阻尼器、铅棒阻尼器的照片。花瓣弹簧阻尼器一般由对称安装的 4 根单圈螺旋弹簧及其上、下连接板组成，其受力特性具有无方向性，与隔震联合使用，可同时发挥阻尼和复位作用。图 3-24(b)所示双 J 形铅棒阻尼器一般最大水平向容许变形为 30～100mm，屈服力为 60～150kN，消能作用较好，但在两个水平正交方向上的力-变形特性有一定的差别。

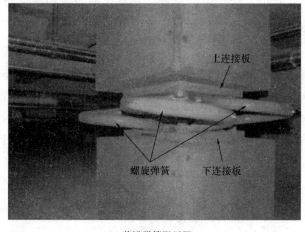
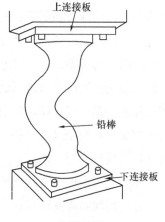

(a) 花瓣弹簧阻尼器　　　　　　(b) 铅棒阻尼器

图 3-24　两种常用的金属阻尼器

2）滑动摩擦基底隔震系统

滑动摩擦隔震技术，主要是通过建筑物与基础之间的滑动摩擦来隔离地震对结构的作用的。它用一层滑移材料（滑板）将上部结构和基础隔开，仅通过滑动摩擦发挥隔震作用。风载或小震时，静摩擦力使结构固结于基础之上；当大震引起结构的惯性力大于系统的摩擦力时，结构相对于基础产生水平滑动，这种滑动一方面限制了水平地震作用向上部结构传递，另一方面其摩擦阻尼耗散了部分地震能量。

摩擦滑移材料种类主要有：聚四氟乙烯、不锈钢板、砂粒、滑石粉、水泥砂浆、油毡、聚合混凝土、环氧砂浆、石墨或有机物涂层等。摩擦滑移隔震结构在摩擦支座滑动前初始刚度很大，而滑动后其切线刚度为零。因此，这种隔震技术一般只适用于刚度较大的砖混结构，而不宜用于框架结构，在罕遇地震作用下往往需设限位装置。地震时，由于竖向地震作用的影响，使得摩擦支座法向应力发生变化，继而影响水平摩擦力，使分析工作更加复杂化。

（1）砂垫层隔震系统

砂垫层滑动隔震是利用支座的滑移使建筑与基础解耦。此隔震系统隔震效果较好，工程造价较低，适合于一般的民用建筑。我国研究出了一种在水磨石板间加垫砂粒作滑动层，适用于多层砖房的基底隔震。试验测得垫在两块水磨石板间的、经严格筛选的细圆砂粒层摩擦系数约为 0.2，且在一般六层民房的荷载下，砂粒不会被压碎，水磨石板也不会压出印痕。

（2）石墨垫层滑动支座

石墨垫层滑动支座性能与砂层的相似。

（3）钢珠滑动支座

主要有滚轴隔震和滚珠（球）隔震两种。它是在基础与上部结构之间铺垫一层滑动性能好的滚轴或钢珠（称滚子）。当地震作用时，滚子可沿设置在基础顶面的弧沟槽滚动，将水平方向的地震动隔开；地震动消失后，滚子可沿弧槽回复到原位。

（4）聚四氟乙烯滑板摩擦支座

由两块普通聚四氟乙烯摩擦滑板支座组成，接触面为四氟板，并有润滑剂，可保证接触面的最大初始滑动摩擦系数不大于 0.06，稳定摩擦系数在 0.05 左右。支座上、下部分在其外侧粘结一层橡胶，当滑移量较小时，结构可自由滑动；当滑移量超过控制值时，外层橡胶受力，控制过大位移。这种支座是全封闭的，可保证房屋在使用寿命内摩擦特性不变，具有较好的耐久性。

（5）可控摩擦力滑动支座

普通滑动隔震支座存在一些缺点：①对中小地震隔震效果不良；②在长期不动的条件下，难以保证设计需要的支座摩擦系数；③发生强烈地震时，不能抑制上部结构与地基之间的过大位移。为了克服位移过大的缺点，国外有人提出了可控摩擦力滑动支座：支座底部有一个箱子，箱子与钢板接触面是滑动面，箱子内侧用橡胶密封，箱内盛满液体；地震时，计算机根据测得的上部结构加速度反应与滑动位移信号，通过指令调整液体压力，实现对摩擦力的控制。

滑动摩擦隔震系统利用滑移摩擦层抗剪强度小的特点隔离水平地震作用，同时又利用滑动摩擦力来耗散能量。这类隔震系统成本低，且不具有明显的频率特性，对输入的频率特征依赖性小。但是，由于往复滑动时摩擦力产生的阶跃突变会在一定程度上激发上部结构的高频响应，隔震效果往往不及橡胶支座。此外，无向心复位装置的纯摩擦滑移机构无自动复位功能，不利于结构震后复位。

3）由橡胶支座和摩擦板组成的组合隔震系统

吕西林等[56]根据叠层橡胶支座和滑板摩擦隔震支座的特点，提出了组合基础隔震系统，并以中国和日本的在建隔震房屋为工程背景，进行了组合基础隔震房屋模型和基础固定房屋模型模拟地震动振动台试验和理论研究。分析结果表明，在由橡胶支座和摩擦板并联组成的组合基础隔震系统中，叠层橡胶支座提供系统的向心复位能力，滑板摩擦支座通过滑移隔离地震，通过摩擦消耗地震能量。这种隔震系统在地震时可自动调节摩擦板的摩擦力，使橡胶支座不致遭受破坏。

法国电力系统所提出的基底隔震系统由橡胶支座和摩擦板串联组成，摩擦板在橡胶支座上面，在小地震作用下摩擦板不滑动，这时这种隔震系统就像橡胶支座基底隔震系统那样工作；但在大地震作用下，摩擦板开始滑动，由此既耗散地震能量，又限制了水平地震作用向上部结构传递。

3.9.2　消能减震技术

地震发生时，地面地震能量向结构输入而引起结构的振动反应。结构接收大量的地震能量后，只有进行能量转换或被耗散才能终止振动。对传统的抗震结构体系，地震能量的耗散主要是通过允许结构及承重构件（柱、梁、节点等）在地震中出现损坏来实现的。与抗震、隔震技术不同的是，消能减震技术通过在上部结构（以下称为主结构）上采取合适的特殊措施，以消耗结构地震反应能量或将地震能量从主结构上转移出去，从而达到减震的目的。

在结构中可采用的消耗地震能量的方式多种多样。例如，可将结构的某些构件（如支撑、剪力墙、连接件等）设计成消能杆件或在结构的某部位（节点、连接缝等）装设阻尼器，它们在风或小震作用下处于弹性状态且具有足够的初始刚度，使结构具有足够的侧向刚度以满足使用要求；但当出现中、大地震时，它们将率先进入黏性、塑性等消能状态，从而保护主体结构及构件在强烈地震中免遭破坏。根据地震模拟振动台试验结果可知，消能减震结构与传统抗震结构，其地震反应可减少 40%～60%。在经济上，采用消能减震结构比采用传统抗震结构，可节省造价 5%～10%；若用于既有建筑物的地震防护性能改造，则可节省造价 10%～60%。

结构消能减震的另一种常见方式是在主结构上安装特殊的子结构，使其在强烈地震作用下与主结构之间产生动力相互作用，以此降低主结构的地震反应而实现地震防护的目的。这种结构消能减震技术无须提供外部能量，主要通过调整结构体系的动力特性而使主结构的地震能量转移至附加子结构，由此实现主结构的减震，故又被称为动力消震、被动调谐减震等。在能够合理地选取附加子结构参数的条件下，主结构的地震反应可以降低30%～60%。

1. 结构阻尼消能减震原理

阻尼种类较多，它们在地震作用下的定量分析模型往往较为复杂。为简便起见，现仍采用图 3-17 所示的单自由度体系来说明线性黏滞阻尼对结构振动的影响。由于利用消能减震的结构与基础之间一般采用常规的连接方式，该图中的水平弹簧刚度乃至体系的自振频率均要比隔震结构的大得多。因此，对于低频简谐地震作用，频率比 $\omega_R = \omega/\omega_n$ 通常将会低于 $\sqrt{2}$。在此频率比范围内，图 3-18 中的曲线簇表明：

（1）无论阻尼比高低，结构对地面地震加速度总是具有放大作用的。

（2）结构体系的阻尼比 ξ 越大，结构对地面地震加速度的放大作用越小，意味着通过设置消能构件（或消能装置）来增大阻尼将有益于减少结构的地震反应，在 $\omega_R = 1$ 附近（共振区）尤其如此。

（3）当 $\xi > 0.5$ 时，结构地震反应随阻尼比的增大而降低的幅度变小，意味着通过采取进一步的工程措施以提高阻尼比来减小振动反应的效率将会不够理想。

在另一方面，在地震作用后，若结构能尽快停止振动，则对其安全稳定性也是具有较为重要的意义的。若将此模拟成具有初始位移 x_0 和速度 $\dot{x}_0$ 的自由振动问题，则结构的运动方程为：

$$\ddot{x} + 2\xi\omega_n\dot{x} + \omega_n^2 x = 0 \tag{3-119}$$

求解该方程可分别得到有阻尼结构的自振圆频率和振幅：

$$\omega_d = \omega_n\sqrt{1 - \xi^2} \tag{3-120}$$

$$x_0(t) = e^{-\xi\omega t_D}\sqrt{x_0^2 + \left(\frac{\dot{x}_0 + \xi\omega_n x_0}{\omega_d}\right)^2} \tag{3-121}$$

图 3-25 是有阻尼单自由度体系位移-时间关系曲线。由图可见，随着阻尼比 ξ 的增大，结构反应按指数曲线规律衰减的速率加快。这说明若在结构体系中设置特殊的措施以提高阻尼，则结构在地震后将能更快地停止振动。

现实结构大多是多自由度的，其构件以及附加的消能设施在地震作用时通常呈复杂的非线性状态。对于这些问题，将其简化成单自由度体系是不合适的，一般应采用多自由度体系和非线性时程分析法来优化选定结构的消能设施参数，并对其减震效果进行评价。

2. 消能减震技术的特点

消能减震结构体系与传统抗震结构体系相比，具有如下几个特点：

（1）安全性。传统抗震结构体系实质上是把结构本身及主要承重构件（柱、梁、节点

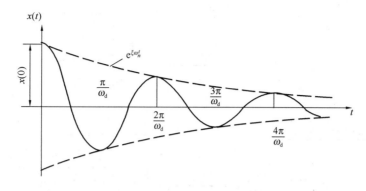

图 3-25　有阻尼单自由度体系自由振动反应曲线

等）作为"消能"构件。按照传统抗震设计方法，容许结构本身及构件在地震中出现不同程度的损坏。由于地震烈度的随机变化性和结构实际抗震能力设计计算的误差，结构在地震中的损坏程度难以控制；特别是出现超烈度强地震时，结构难以确保安全。

消能减震结构体系由于特别设置非承重的消能构件（消能支撑、消能剪力墙等）或消能装置，它们具有很强的消能能力，在强地震中能率先消耗结构的地震能量并降低结构的地震反应，保护主体结构和构件免遭损坏，以此实现结构在强地震中的安全性。

另外，消能构件或装置属于"非结构构件"，其功能一般是在结构变形过程中发挥消能作用，而不在结构中发挥主要的承载作用，它在完成消能任务中即使有所损坏，也不对结构的承载能力和安全性构成严重的影响或威胁。因此，消能减震结构体系是一种较为安全可靠的结构减震体系。

（2）经济性。传统抗震结构采用"硬抗"地震的途径，通过加强结构、加大构件断面、加多配筋等途径来提高抗震性能，因而其造价大大提高。

消能减震结构是通过"柔性消能"的途径来减少结构地震反应，其抗震墙的数量、构件断面尺寸和配筋量等可以明显地减少。据国内外工程应用总结资料，采用消能减震结构体系比采用传统抗震结构体系，可节省造价 5%～10%；若用于既有建筑结构的抗震性能改造加固，消能减震方法比传统抗震加固方法，节省造价 10%～60%。

（3）技术合理性。传统抗震结构体系是通过加强结构、提高侧向刚度以满足地震防护要求的。但是，结构越加强，刚度越大，地震作用也就越大，继而只能再加强结构。如此循环，其结果除了安全性、经济性问题外，还将对高层建筑、超高层建筑、大跨度结构及桥梁等的工程建设在技术上带来严重的制约。

消能减震结构则是通过设置消能构件或装置，使结构在出现变形时大量而迅速地消耗地震能量，以保护主体结构在强地震中的安全。结构越高、越柔，跨度越大，消能减震效果一般越显著。因此，消能减震技术将成为安全而经济地建造高柔、大跨结构的新途径。

3. 消能减震体系的类型

结构消能减震体系由主体结构和消能构件（或装置）组成。目前人们常按消能构件或装置形式、消能方式进行分类，如图 3-26 所示。

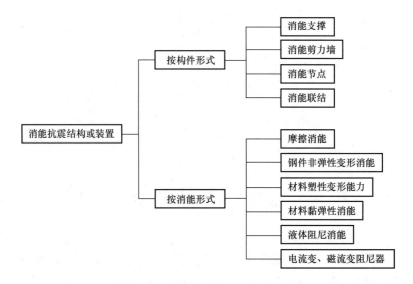

图 3-26　消能减震结构体系的分类

1）按消能构件或装置的构造形式分类

结构体系中的消能构件或装置，按照其构造形式可以分为：

（1）消能支撑：消能支撑可以代替一般的结构支撑，在抗震（或抗风）中发挥支撑的水平刚度和消能减震作用。如图 3-27 所示，消能支撑可以做成偏交耗能支撑、耗能隅撑、耗能框支撑等。

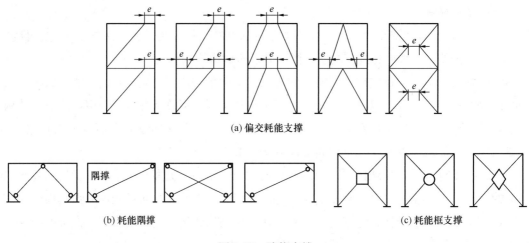

图 3-27　消能支撑

（2）消能剪力墙：消能剪力墙可以代替一般结构的剪力墙，在抗震（或抗风）中发挥剪力墙的水平刚度和消能减震作用。消能剪力墙可做成竖缝剪力墙、横缝剪力墙、斜缝剪力墙、周边缝剪力墙、由弹塑性材料浇筑的整体剪力墙，如图 3-28 所示。

（3）消能节点：在结构的梁柱节点或梁节点处装设的消能装置（图 3-29），当结构产生侧向位移导致在节点处产生位移时，它们即发挥消能减震作用。

（4）消能联结：当结构缝隙或构件之间的联结处产生相对变形时，设置在该处的消能装置（图 3-30）即可发挥消能减震作用[57]。

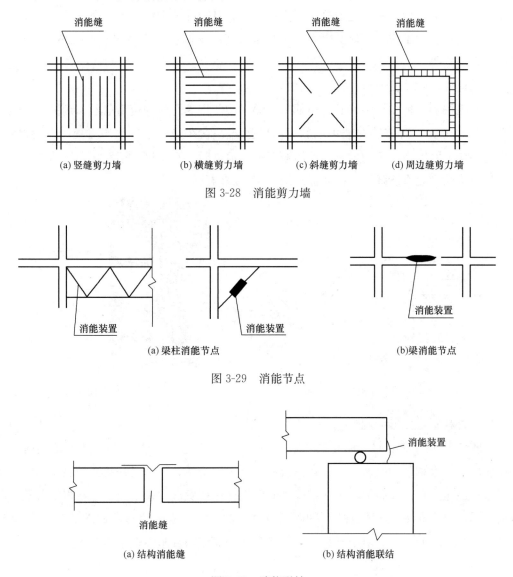

图 3-28　消能剪力墙

（a）竖缝剪力墙　　（b）横缝剪力墙　　（c）斜缝剪力墙　　（d）周边缝剪力墙

图 3-29　消能节点

（a）梁柱消能节点　　　　　　　　　　（b）梁消能节点

图 3-30　消能联结

（a）结构消能缝　　　　　　　　（b）结构消能联结

2）按消能形式分类

消能构件或装置的功能是当结构构件或节点发生相对位移或转动时能产生较大的阻尼，从而对主结构发挥消能减震作用。为了达到最佳消能效果，除消能构件或装置应安放在合适的位置外，一般还要求它们能够提供较大的阻尼。对消能构件或装置的消能能力，通常用荷载与变形关系滞回曲线的包络面积来反映，包络面积越大，其阻尼或消能能力越强。

对消能构件或装置，若按其消能方式或工作原理来分类，则具有如下多种类型：

（1）摩擦消能

这种构件或装置是利用两固体接触面在相对运动时的摩擦力做功耗能，其力-位移关系滞回曲线一般较为饱满且近似呈矩形或菱形，具有较强的消能能力，而且其结构和加工工艺比较简单，便于应用。该类阻尼器包括摩擦消能支撑和板式摩擦节点（图 3-31）、钢绳摩擦阻尼器等。

（2）钢件非弹性变形消能

金属阻尼器的种类较多，其中包括基底隔震中使用的花瓣弹簧阻尼器和钢棒、钢板阻尼器。图 3-32 是一种安装在墙中的软钢板阻尼器，它在受到小震作用时处于弹性状态，对提高结构的刚度有一定的贡献；但当遭遇强烈地震时，它将进入塑性状态而消耗地震能量且使结构的刚度有所降低，由此提高结构对地震的防护能力。

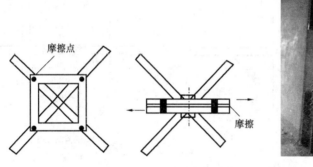

图 3-31　摩擦消能装置

图 3-32　钢板消能装置

（3）材料塑性变形消能

如图 3-33 所示的铅挤压阻尼器，是一种典型的材料塑性变形消能装置。地震时，由地震作用能量推动其中心滑杆，后者再通过往复运动挤压管中的铅并使其发热，从而消耗地震作用能量。铅是仅有的一种在常温下能做塑性循环变形而又不会发生累积疲劳破坏的普通金属，具有很好的塑性性质。由它制作的阻尼器，其力-位移滞回曲线接近于矩形（与摩擦阻尼器的相似），对小震和大震都能起到耗能作用且基本上与速度无关。

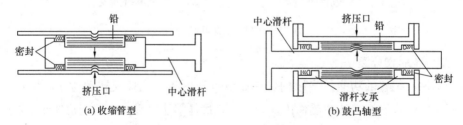

(a) 收缩管型　　　　　　　　　　　　　　(b) 鼓凸轴型

图 3-33　铅挤压阻尼器

（4）材料黏弹性消能

在受地震作用时，黏弹性材料能够同时产生与速度有关的阻尼力和与位移有关的弹性反力，以满足大、小震情况下控制结构动力反应的不同需要。

黏弹性阻尼器通常选用聚丙烯类黏弹性高分子材料制成，其主要优点是具有较大的阻尼耗能能力和较好的耐久性，没有明显的阈值，对大震和小震均有效。黏弹性阻尼装置的刚度和阻尼值受外界温度的影响，一般来说，温度升高，其刚度降低，阻尼值也变小。但在常温范围内，这种黏弹性阻尼装置都能提供合适的刚度和足够的阻尼比。工程应用中的关键问题是如何提高材料的弹性模量、变形能力和减小受温度的影响。这种阻尼器的价格比较低，但在材料和制造工艺等方面均有一些特殊要求。

图 3-34 是美国研制的一种黏弹性阻尼器，它由三块平行钢板和中间两层黏弹性材料粘合而成（为加强上、下钢板，在其外侧各焊一块垂直板而形成 T 形板），安装于结构后，地震或风振将使黏弹性材料产生剪切滞回变形而耗能。图 3-35 是由我国原华南建设学院研制的铅-黏弹性复合阻尼器，它由黏弹性材料、铅、钢板及上下连接板组成，可安装于结构支撑构件或联结缝中，构成消能支撑或消能联结。该阻尼器同时利用了两种耗能机制（黏弹性材料剪切滞回变形耗能和铅材料塑性变形耗能），其消能减震效率更高，与此同时，它仍能保持较高的弹性恢复力，使结构在地震或风作用下能自动复位。

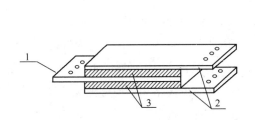

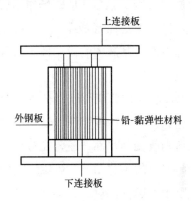

图 3-34　黏弹性阻尼装置　　　　　　　图 3-35　铅-黏弹性复合阻尼器

1—中层钢板；2—上、下层钢板；3—中间层黏弹性材料

（5）流体阻尼消能

黏滞阻尼器是利用黏滞流体的阻力随运动速度按一次方或多次方增加的特性而研制的，其结构一般包括油缸（管）、活塞及黏性介质等。目前常用的黏性介质为硅油，阻尼器利用活塞的往复运动来推、吸储油室中的硅油通过节流孔并产生阻尼力。这类阻尼器只能在轴线方向上起作用，其使用可以不增加结构本身的弹性恢复力或刚度，以免因减小结构的自振周期、增大地震作用而部分地抵消阻尼器的减震效果。

调整黏性介质的性质和阻尼器的内部构造，可设计出不同性能的黏滞阻尼器。图 3-36 是采用具有压缩性的弹性黏胶制成的阻尼器。这种材料类似于半干的胶或胶泥，在活塞的挤压下会产生弹性反力和阻尼力，但它一般只能受压。为使该阻尼器在拉、压状态下均能起作用，可采取图 3-37 所示方式填充弹性黏胶材料，也可在制造时对弹性胶粘体施加预压力，在使用时便可将拉力转化为压力卸载。

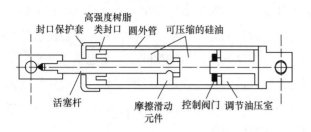

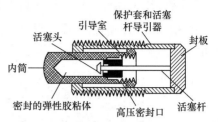

图 3-36　活塞型油阻尼器　　　　　　　图 3-37　弹性胶粘体阻尼装置

（6）磁流变阻尼器、电流变阻尼器

这两种阻尼器分别是通过控制磁场和电场在很短的时间内使阻尼器中的流变体实现自由流动、黏滞流动和半固态的交替变化。比较而言，由于磁流变液体中的磁性微粒使阻尼的控制变得非常简单和可靠，磁流变阻尼器具有更好的应用前景。

磁流变（Magnetorheological，简称 MR）液体的基本组成是微米级的磁性微粒悬浮于合适的载液中。当施加磁场作用后，在原本具有自由流动性的液体中，磁性颗粒将获得一个双极子力矩而形成平行于磁力线的线性链（图 3-38），其宏观表现便是悬浮颗粒固化，并由此抑制液体的流动性。这种液体的屈服应力将随作用磁场大小而变，此现象被称为磁流变效应。

MR 液体的载液可以是硅油、合成油、乙二醇和水，但其中应含 20%～40% 体积的高纯度软性铁（如羰基铁、铁粉等）微粒，其直径一般为 3～5μm。为促进微粒悬浮、增加润滑和改变黏弹性，还要在液体中加入与普通润滑剂类似的添加剂。图 3-39 是一种磁流变阻尼器的示意图，它可以直接应用低压电源，在线路和环境方面无特殊要求，对温度的影响很不敏感，对大、小地震都可获得较好的减震效果[58]。

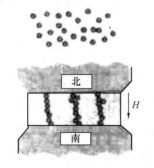

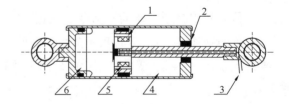

图 3-38　磁流变液的流变原理　　　　　　图 3-39　磁流变阻尼器

1—节流孔；2—密封与导向件；3—线圈引线；

4—磁流变液体；5—线圈；6—氮气蓄压器

电流变（Electrorheological，简称 ER）液体指的是由可极化的固体微粒分散在非极性载液中所制得的悬浮液。用作固体微粒的材料可以是一般无机非金属材料、有机半导体材料和高分子半导体材料，粒径由几个纳米到十几微米不等；而非极性载液有硅油、植物油、煤油及卤代烃等，其共同的特性是具有较低的电导率和良好的抗击穿性能。在不受电场作用时，ER 流体呈低粘度的牛顿流体特性；但在电场作用下，悬浮微粒迅速极化而形成链条，由此增加的阻力将阻碍流体间的切向移动。当电场强度足够大时，流体由液态转化为凝胶态甚至达到固态，其性状与具有高屈服应力的黏塑性体相类似。这种现象就是电流变效应，它具有连续、可逆和迅速（响应时间在微秒级）的特点，而且耗电量小[59]。

图 3-40 给出了三种典型的电流变阻尼器的示意图，其中剪切模式阻尼器由活塞、电极、工作缸及蓄能器等组成，它在使用时的主要特点是工作缸上、下腔的压力差近似为零，环状电极间隙内的 ER 液体基本处于非流动状态，阻尼力仅来源于活塞电极对流体的剪切作用。流动模式阻尼器与剪切模式阻尼器在结构上的重要差别在于活塞体与工作电极的正极分离，使得 ER 液体在上、下腔之间产生压力差，从而促使 ER 液体在电极间隙中做往复流动并形成节流作用和阻尼力。复合模式阻尼器综合了上述两种阻尼器的共同特点，其阻尼力是由 ER 液体在流经工作电极间隙时活塞对 ER 液体的剪切作用和电极间隙对 ER 液体的节流作用联合产生的。对这三种电流变阻尼器，只要改变电极间的电场强度或工作电压，即可改变电极间液体的流变状态，继而达到调整阻尼力的目的。

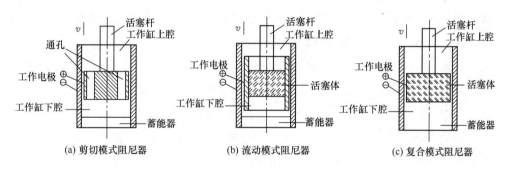

(a) 剪切模式阻尼器　　　　(b) 流动模式阻尼器　　　　(c) 复合模式阻尼器

图 3-40　电流变阻尼器

第4章 风灾灾害

4.1 风灾的基本概念

4.1.1 常见风的类型

由于太阳光线对大气的加热作用表现出非均匀的性质，因此在不同地区的大气层会吸收不同程度的太阳光线能量，这会引起空气的温度随着时空位置的变化而变化，同时引起气压的差别（气压差），在气压差的存在下，气体会从高气压处流向低气压处，其流动的过程就形成了风；在自然界中常见的风的类型包括：台风、季风和龙卷风等。风灾害对结构的破坏在于其通常会对结构施加较大的风力。

风力是指风吹到物体上所表现出的力量的大小。一般根据风吹到地面或水面的物体上所产生的各种现象的明显程度，把风力大小分为13个等级（类似地震烈度），最小是0级，最大为12级[2]。根据我国2012年6月发布的国家标准《风力等级》GB/T 28591—2012[60]，依据标准气象观测场离地10m高度处的风速大小，将风力依次划分为18个等级，我国台风预报时常用单位为m/s，其他常用单位如：海里/小时和公里/小时。中国气象局于2001年下发布的《台风业务和服务规定》，以蒲福风力等级为准，将12级以上台风风速范围补充到17级，其各个等级的风速范围如图4-1所示。值得注意的是琼海30年前那场台风，中心附近最大风力约为73m/s，已超过17级的最高标准，于是称之为18级

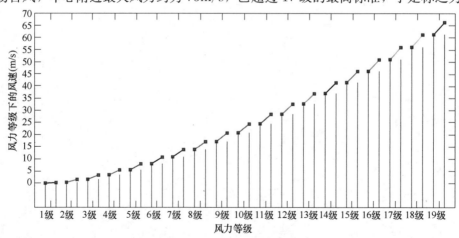

图 4-1　风力等级

风力，也被国际航海界称为特大台风；通常在风力等级大于 8 级左右，建筑房屋等结构就会出现不同程度的损坏[4]。

4.1.2 风灾的类型、成因及分布

风灾是一种频繁发生的自然灾害，风灾不仅吹毁房屋、淹没农田，而且还造成生命财产的损失。

1. 台风

台风是形成于热带、亚热带洋面上的一种具有暖心结构的强气旋性涡旋，是自然环境中最具破坏性的天气系统之一；根据热带气旋中心处的平均最大风力可以对热带气旋进一步划分为：热带低气压（中心平均风力 6~7 级，风速为 10.8~17.1m/s）、热带风暴（中心平均风力 8~9 级，风速为 17.2~24.4m/s）、强热带风暴（中心平均风力 10~11 级，风速为 24.5~32.6m/s）以及台风或飓风（中心平均风力大于等于 12 级，风速大于 32.6m/s）。依据台风发生的地区不同而对这种风灾赋予了不同的名称，如在澳洲地区通常被叫作热带气旋，在大西洋和东太平洋地区则被称为飓风，对于在西北太平洋和南海地区被称为台风（我国习惯称为台风）。我国最初是通过对台风采取编号的方法去记录历史台风事件，即依据年代的后两位数字加上这一年发生的先后顺序编号，例如对于台风编号 9901 来说，99 代表历史台风事件的发生年代 1999 年，01 代表第一次发生的台风，即第 1 号台风；而对于英美国家则采用名称的方式记录所发生的台风事件，如美国关岛海军联合台风警报中心则用英美国家的人名命名，我国在 2000 年起也采用这种台风命名方式。图 4-2 给出了台风对我国及世界其他区域造成的灾害。

台风的形成原理是基于太阳辐射在海面上的热量转换成动能这一过程的不断进行，最

图 4-2 台风气象图及产生的灾害

终形成热带气旋。赤道附近的海洋水面在光照作用下蒸发而产生向上运动的水汽，使热低压区和稳定的高压区之间产生气压差，从而引起空气流动并彼此补充进而空气以螺旋状态的形式流动，热带气旋的旋转流动速度与气压差有关，通常气压差越大，其速度越大。

我国沿海所处的西北太平洋地区是世界上除美国所处的墨西哥湾、加勒比海和北大西洋地区以外台风活动最频繁的地区，每年约有十几个台风登陆或对沿海地区造成影响。据统计，1951 年至 2016 年期间，登陆我国的台风总计 842 个，在华南沿海登陆的台风有455 个，约占全部数目的 54%，这其中登陆广东的有 247 个，约占华南地区总数的 33%，广西壮族自治区登陆的有 38 个，占华南地区的 8%，华南地区是全国受台风灾害影响最频繁的地区之一。[61]

2. 季风

季风是大气流中最为常见的风，季风的形成是由于冬季内陆的低温环境而形成高气压，而海洋面温度高于内陆会形成低气压，风则从高气压的内陆地区吹向低气压的海洋地区，而夏季则相反；对于这种受季节温度变化影响的风，被称为季风。季风通常对气候有较大的影响，比如在东南季风系统变异的影响下，我国夏季旱涝等气候灾害频繁发生，在冬季又会经常遭遇寒潮、冻雨等灾害，这会造成巨大的经济损失和人员伤亡。如 1981 年7 月 11—14 日，四川西部和北部地区的洪涝灾害淹没 776 个乡镇，经济损失达到了 25 亿元，再比如引起的 2007 年淮河流域特大洪涝灾害。总体而言，季风的作用会引起其他自然灾害，而季风通过自身风力对工程结构的作用最终造成的破坏的案例还较少。

3. 龙卷风

理论上讲，只要条件成熟，任何地区都可以发生龙卷风。龙卷风多发生在强对流天气，上升气流对低层小尺度涡旋的拉伸作用，而对气体造成强烈的扰动。龙卷风具有持续时间短、破坏性强的特征，并且发生的时空性质具有随机性而难以预测。全世界每年发生龙卷风的次数超过 1000 次，美国是龙卷风发生最多的国家，此外，加拿大、墨西哥、英国等国家也有发生，我国龙卷风多发生在华南、华东地区以及西沙群岛，近年来，在东北部地区也有观测到龙卷风。龙卷风的风速一般在 50~150m/s，在特殊情况下其风速可以达到 300m/s 左右；龙卷风的破坏力主要来自其内部的低气压，在低气压的作用下，会对附近的物体产生吸力和升力，且这种力的作用易对低矮房屋造成破坏，如 2022 年 5 月发生在哈尔滨五常市附近的龙卷风，造成较多农村低矮房屋破坏。在龙卷风多发地区进行城市规划时，必须考虑龙卷风的影响以保证城市的经济和社会效应；图 4-3 给出了龙卷风对

图 4-3　龙卷风灾害

结构造成的破坏（左侧两张图的地点为美国地区，最右侧为哈尔滨 2022 年 5 月龙卷风灾后房屋破坏）。

为了描述龙卷风的强度及破坏性等级，芝加哥大学的气象学家藤田哲也于 1971 年提出的藤田级数被广泛参考使用，见表 4-1。

龙卷风分级   表 4-1

等级	风速（m/s）	出现概率	灾害状况	灾害表现
F0	<32	29%	轻微程度	烟囱、树枝折断，根系浅的树木倾斜，路标损坏等
F1	33～49	40%	中等程度	房顶被掀走，可移动式车房被掀翻，行驶中的汽车刮出路面等
F2	50～69	24%	较大程度	木板房的房顶墙壁被吹跑，可移动式车房被破坏，货车脱轨或掀翻，大树拦腰折断或整棵吹倒。轻的物体刮起来后像导弹一般，汽车翻滚
F3	70～92	6%	严重程度	较结实的房屋的房顶墙壁刮跑，列车脱轨或掀翻，森林中大半的树木连根拔起。重型汽车刮离地面或刮跑
F4	93～116	2%	破坏性灾害	结实的房屋如果地基不十分坚固将刮出一定距离，汽车像导弹一般刮飞
F5	117～141	<1%	毁灭性灾害	坚固的建筑物也能刮起，大型汽车如导弹喷射般掀出超过百米，树木刮飞

除了上述三种类型的风灾之外，还有其他类型的风灾，如下击暴流、雷暴风等。这些风灾不仅会对建筑结构和社会生产生活造成破坏，还会引起次生灾害，如洪水、冻雨等，因此，无论是人类的社会活动还是建筑结构设计、运行以及维护都必须合理地考虑可能发生的风灾害的影响。

4.2 结构抗风计算原理

在工程中，通常主要考虑两种类型的荷载，确定性荷载和随机荷载，前者荷载的特点是在任何时间，荷载的大小和方向都是相同的，后者则表示荷载的大小和方向是随时间变化的，对于风荷载而言，其具有随机荷载的性质。通过对风速资料进行分析处理，研究人员发现在顺风向的实测风速记录中，风速由两部分组成：一种是长周期部分的风速过程，其周期大小一般在 10min 以上；另一种是短周期部分的风速过程，相当于在长周期风速基础上的波动（脉动），其周期只有几秒到几十秒[2]。工程上把风的这两部分作用分为平均风和脉动风，以此来考虑具有随机荷载性质的风荷载对工程结构的作用。

其中，平均风在给定的时间间隔内，其风速、风向等其他物理量不随时间的变化而变化，平均风的自身长周期成分一般远离结构的自振周期，可按静力风荷载进行考虑；而脉动风则具有强度随时间任意变化的特征，其作用性质具有随机动力荷载的性质，脉动风周期较短，与实际结构较为接近[7]。根据风对结构的作用特性的不同，将风在结构上的作用划分为：顺风向的平均风和脉动风；而对于分析细长的柔性工程结构时，比如大跨度桥梁、高塔等结构，这时也要考虑其横风向效应的作用特征。风荷载的量化是结构抗风计算分析的基础，下面将分别介绍风荷载的计算及原理。

4.2.1　静力风荷载

1. 风速与风压

分析风荷载对建筑物的压力作用，首先需要计算风压的数值，平均风对结构的作用相当于静力作用，即风压是在最大风速时，垂直于风向平面上所受到的压力，风压的大小与风速 v 有关，其单位通常取为 kN/m^2。假设气流中任意一点的物理量不随时间变化，对于给定流线中的任意段 dl，在该段左侧的风压为 w_1，则作用在该段右侧的风压力为 $w_1 + dw_1$，规定顺风向为正，则在 dl 段上作用的合力为[4]：

$$w_1 dA - (w_1 + dw_1)dA = - dw_1 dA \tag{4-1}$$

式中，右侧等于合力即小段 dl 的气流质量 M 与气流的加速度 a 的乘积，则有：$- dw_1 dA = Ma(x) = \rho dA dl \dfrac{dv(x)}{dt}$，其中，$M = \rho dA dl$，$a(x) = \dfrac{dv(x)}{dt}$，即：

$$- dw_1 = \rho dl \frac{dv(x)}{dt} \tag{4-2}$$

式中：ρ 为空气密度，$\rho = \dfrac{r}{g}$，g 为重力加速度，r 为空气容重；根据 $dl = v(x)dt$，代入式 (4-2) 得到 $dw_1 = - \rho v(x)dv(x)$，整理微分项则有：

$$w_1 = - \frac{1}{2}\rho v^2(x) + c \tag{4-3}$$

式中：c 为常数，上式称为伯努利方程，它的实质是表示流体流动过程中的能量守恒定律，即：

$$\frac{1}{2}\frac{r}{g}v_1^2 + w_1 = \frac{1}{2}\frac{r}{g}v_2^2 + w_2 = \text{constant} \tag{4-4}$$

上式描述了气流运动过程中的压力随流速的变化关系，即流速加快，压力减小；流速减缓，压力增大；流速为零时，压力最大。取 $v_2 = 0$、$v_1 = v$，则结构受到的气流冲击净压力为 w，则有：$w = w_2 - w_1$，即

$$w = \frac{r}{2g}v^2 \tag{4-5}$$

式中：r 为空气的容重，其取值受到气压、温度和湿度等气象参数影响，在标准大气压、常温 15℃ 的情况下取为 $0.012kN/m^3$；g 为重力加速度，取 $9.8m/s^2$，则 $w = w_0$，w_0 为标准风压。

$$w = w_0 = \frac{0.012018\text{kN/m}^3}{2 \times 9.8\text{m/s}^2} v^2 \approx \frac{1}{1600} v^2 \tag{4-6}$$

为了简化计算，我国《建筑结构荷载规范》GB 50009—2012[62] 中，$\frac{r}{2g}$ 在一般情况下取为 1/1600。

2. 基本风压的确定

根据风速可以计算出风压。风压会受到地面物体的影响，从而引起风速随距离地面高度的不同而变化，通常距离地面越近，其风速越小。不同的地貌特征其粗糙程度不同，最终对风的摩擦作用也不同，即在不同地貌环境下，同样高度的风速也不同。为了掌握不同地区的风速或风压的变化规律，需要提前规定测量风速时的地貌、高度以及时距等参数，而在规定的条件下测得的风速所确定的风压称为基本风压，基本风压定义：在场地空旷平坦地面上 10m 高度处观测时长为 10min 的平均风速，经概率统计测算出 50 年一遇的 10min 时距的年最大平均风速[63-64]。

值得注意的是，由于大气边界层的风速随高度及地面粗糙度变化而变化，我国规范统一考虑 10m 高处、空旷地面作为参考标准，对于高度变化和地貌特征的影响，则通过其他系数进行考虑。平均风速的统计数值受到时距的影响，如果时距太短，则易突出风速在时距曲线中峰值的影响，把脉动风的成分考虑到了平均风中，即较低的风速难以体现，因此最大风速值将很高[2]。如果时距很长，这时风速的变化会很平滑，不能反映出强风的作用及影响，致使最大风速较低。此外，建筑物具有一定的侧向长度，最大瞬时风速难以同时作用在建筑物的全部长度上，因此不能选用瞬时风速。

我国规范采用了 50 年一遇的年最大平均风速来考虑基本风压下的结构安全程度，用年最大平均风速作为基本统计量，是因为年是自然界有规律周期变化的最基本时间单位，因此，采用年最大平均风速作为平均风强度统计的基本统计量。重现期具有概率统计的意义，代表了结构的安全度，称之为不超过该值的保证率。若重现期用 T_0（年）来表示，则不超过该最大平均风速的概率为：

$$p = 1 - \frac{1}{T_0} \tag{4-7}$$

取 $T_0 = 50$ 年，则不超越概率为 98%。如果结构设计时考虑的重现期不为 50 年，则需要对基本风压进行修正，我国规范将重现期设为 50 年。规范也给出了全国各城市重现期为 10 年、50 年和 100 年的风压值，对于其他重现期（R）下的风压值可根据 10 年和 100 年的风压值按下式确定：

$$x_R = x_{10} + (x_{100} - x_{10})(\ln R/\ln 10 - 1) \tag{4-8}$$

其中，x_{10} 和 x_{100} 分别为重现期 10 年和 100 年的风压值。

3. 风压高度变化系数

平均风速随着高度的增加而增加，常称为平均风速梯度，也称为风剖面，它是风的重要性质之一，由于地表的摩擦作用，地表附近的风速随着离地面高度的减小而降低。通常认为当离地高度在300～500m以上时，风不再会受到地表的影响，而在气压梯度的作用下可以自由流动，从而达到所谓的梯度风速，出现这种风速的高度叫作梯度风高度。由于地面的粗糙度不同，地表附近的风速变化规律也不同，认为在同一高度处，开阔场地的风速要大于城市场地的风速。平均风速沿高度变化的规律可以用指数函数来表述[6]，即：

$$\left(\frac{\overline{v}_z}{\overline{v}_1}\right) = \left(\frac{z}{z_1}\right)^{\alpha} \tag{4-9}$$

其中，z、$\overline{v}_z$分别表示研究场点的高度及在此高度处的平均风速，z_1、$\overline{v}_1$分别代表标准高度（10m）及该处的平均风速。α为地面粗糙度系数，地面粗糙度是指风在到达结构物以前，吹越2km范围内的地面时，描述该地面上不规则障碍物分布情况的等级，我国规范将地面粗糙度分为A、B、C、D四类，A类指近海海面和海岛、海岸、湖岸及沙漠地区；B类指田野、乡村、丛林、丘陵以及房屋比较稀疏的乡镇；C类指有密集建筑群的城市市区；D类指有密集建筑群房屋较高的城市市区；不同粗糙度类别下的风压变化系数如图4-4所示。

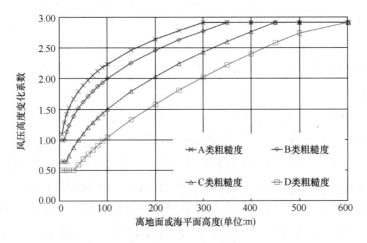

图4-4　不同粗糙度类别下的风压变化系数μ_z

4. 风荷载体型系数μ_s

为了考虑建筑物体型和尺度对建筑物受到的实际风荷载的影响，引入风荷载体型系数μ_s来表示风荷载在建筑物上的分布，图4-5给出了《建筑结构荷载规范》GB 50009—2012[62]中关于封闭式双坡屋面及封闭式落地双坡屋面的风荷载系数的取值建议，对于其他体型的建筑物可参考该规范进行确定。对于实际工程设计，通常可以简化考虑，如对于方形、矩形的平面建筑物而言，总风压系数取1.3，如果建筑物的高宽比大于4且长宽比在1.0～1.5的范围内时，风压系数取为1.4；对于弧形、十字形和槽形平面建筑物的风压系数则取为1.4；正多边形平面的总风压系数取为$0.8 + \frac{1.2}{\sqrt{n}}$，其中，$n$为多边形的边数。

对于重要且体型复杂的房屋和构筑物，应由风洞试验进行确定。

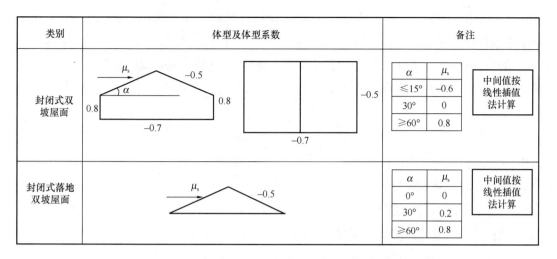

类别	体型及体型系数	备注	

图 4-5 封闭式双坡屋面及封闭式落地双坡屋面的体型系数

当存在多个建筑物时，特别是密集的高层建筑群，需要考虑风力互相干扰的建筑群效应；通常的做法是将单独建筑物的体型系数乘以相互干扰系数，对于矩形平面高层建筑，当单个施加干扰建筑与受扰建筑高度相接近时，根据施扰建筑的位置，对顺风向风荷载可在 1.0～1.1 范围内选取，对横风向风荷载则在 1.0～1.2 范围内选取。对于其他特殊情况，则依据风洞试验进行确定。

4.2.2 脉动风荷载

风振系数考虑了风压随风速、风向不平稳变化而变化的性质，对于非圆截面，顺风向风振响应占主要地位。通常把风作用的平均值当作稳定风压或平均风压，而实际的风压是随机变化的，只有稳定风压作用下的结构具有不变的侧移，而对于风压的波动部分则会引起建筑物在侧移的附近振动，这种作用对于高柔房屋不可忽略，且随着结构自振周期的增加，风振也会随之加强，目前规范通过风振系数来考虑这种风压脉动对结构造成的动力效应。我国规范规定，对于高度大于 30m 且高宽比大于 1.5 的房屋，以及基本自振周期 T_1 大于 0.25s 的各种高耸结构，应考虑风压脉动对结构产生顺风向风振的影响。

对于一般的竖向悬臂结构，如高层建筑、塔架、烟囱等高耸结构，可只考虑第一阶振型的影响，此时，结构的风振系数可根据下式计算：

$$\beta_z = 1 + 2gI_{10}B_z\sqrt{1+R^2} \tag{4-10}$$

式中：g 为峰值因子，取 2.5；I_{10} 为在 10m 高度处的名义湍流强度，$I_{10} = 0.12$，0.14，0.23 和 0.39，分别对应于 A、B、C 和 D 类地面粗糙程度；R、B_z 分别为脉动风荷载的共振因子和脉动风荷载的背景分量因子，脉动风荷载的共振因子可按下式计算：

$$R = \sqrt{\frac{\pi}{6\zeta_1}\frac{x_1^2}{(1+x_1^2)^{4/3}}},\ x_1 = \frac{30f_1}{\sqrt{k_w w_0}},\ x_1 > 5 \tag{4-11}$$

式中：f_1 为结构的第 1 阶自振频率（Hz）；k_w 为地面粗糙度修正系数，对于 A、B、C 和 D 类地面粗糙度分别取 1.28、1.0、0.54 和 0.26；ζ_1 为结构阻尼比，对于钢结构取 0.01，对于填充墙的钢结构房屋可取 0.02，对于钢筋混凝土及砌体结构可取 0.05。

脉动风荷载的背景分量因子可按下式计算：

$$B_z = kH^{\alpha_1} \rho_x \rho_z \frac{\phi_1(z)}{\mu_z} \tag{4-12}$$

式中：$\phi_1(z)$ 为结构的 1 阶振型系数；H 为结构的总高度，对于 A、B、C 和 D 类地面粗糙度，H 的取值分别不应大于 300m、350m、450m 和 550m；注意当考虑迎风面和侧风面的宽度沿高度近似线性变化且质量沿高度连续规律变化的高耸结构时，要对 B_z 进行修正，k 和 α_1 的具体取值见《建筑结构荷载规范》GB 50009—2012。

ρ_x 和 ρ_z 分别为脉动风荷载水平方向和竖直方向的相关系数：

$$\rho_x = \frac{10\sqrt{B + 50e^{-B/50} - 50}}{B} \tag{4-13}$$

$$\rho_z = \frac{10\sqrt{H + 60e^{-H/60} - 60}}{H} \tag{4-14}$$

式中：B 为迎风面宽度（m），$B \leqslant 2H$。对于迎风面宽度较小的高耸结构，水平相关系数可取为 1。

4.2.3 旋涡脱落干扰力

通常情况下，横风向力小于顺风向力而可以忽略，但对于细长的柔性结构而言，如塔架、缆索等，横向风力会对其产生很大的动力效应，具体表现为横风向的振动，这主要由旋涡脱落而引起的涡激共振。作用在风流场建筑物上的气流相当于一种钝体绕流，当气流绕过建筑物并在建筑物后重新汇合时会产生脱落现象，如果脱落表现出稳定状态，则不会引起横风向的力，但如果脱落呈现出不稳定的状态，这种非对称脱落的旋涡就会对建筑物产生横风向的干扰力，这就是旋涡脱落干扰力。

对于具有圆截面的主体结构，如果发生旋涡脱落时，脱落频率与结构自振频率接近时，会出现共振现象。

1. 雷诺数和斯脱罗哈系数

层流和紊流是流体运动的两种状态，流体质点做有条不紊的运动，彼此不相混掺的形态称为层流。流体质点做不规则运动、互相混掺、轨迹曲折混乱的形态叫作紊流（湍流）。由于不同状态的流体，其具有的性质不同，因此要对流态进行区分。根据雷诺数 Re 的范围对流态进行判别，即流体属于层流还是紊流。

对于流动的空气，惯性力和粘性力是对流体质点起主要作用的两种力。根据牛顿第二定律，流体上的惯性力为单位面积上的压力 $\frac{1}{2}\rho v^2$ 乘以受力面积，粘性力代表流体抵抗剪切变形能力的力，等于粘性应力乘以面积，粘性越大的流体，抵抗剪切变形的能力越强，粘性系数 μ 的大小表征流体粘性的大小，流体中的粘性应力则为粘性系数乘以速度梯度或剪切角的时间变化率。通过试验分析，雷诺数表示成惯性力与粘性力的比值：

$$Re = \frac{\rho v^2 l^2}{\frac{\mu v}{l} l^2} = \frac{\rho v l}{\mu} = \frac{v l}{\frac{\mu}{\rho}} = \frac{v l}{x} \tag{4-15}$$

式中：ρ 为流体密度，μ 为粘性系数，v 为流速，l 为建筑物长度，$\frac{\mu v}{l}$ 代表粘性应力，l^2 代表面积，$\rho v^2 l^2$ 则为惯性力，$x = \frac{\mu}{\rho}$ 代表运动粘性系数。

雷诺数越大，则粘性力相对于惯性力则越小，即粘性力造成的影响越小，对于空气这种流体则是惯性力起主要作用。进一步考虑空气的运动粘性系数约为 $1.45 \times 10^{-5} \mathrm{m^2/s}$，且垂直于流速方向的物体截面的最大尺寸 B 代替上式中的 l，则有：

$$Re = 69000 v B \tag{4-16}$$

对于圆形截面结构，雷诺数可以根据圆形截面结构的阻力系数与雷诺数的关系分为三个临界范围，即当 $300 < Re < 3 \times 10^5$ 时为亚临界范围，当 $3 \times 10^5 \leqslant Re < 3.5 \times 10^6$ 时为超临界范围，当 $Re \geqslant 3.5 \times 10^6$ 时为跨临界范围。当风流过圆形截面的结构时，在圆柱的后部将产生旋涡，如果此时的雷诺数在亚临界和跨临界范围之间时，尾流的旋涡会产生周期性的不对称脱落，其脱落的频率为：

$$f_s = \frac{S_t \times v}{D} \tag{4-17}$$

式中：v 为风速，D 为圆形截面结构直径，S_t 为斯脱罗哈系数，与截面几何形状和雷诺数有关，对于雷诺数处于亚临界和跨临界范围内的圆形截面的结构，$S_t = 0.2$。

当旋涡的脱落频率接近自振频率时，会引起共振从而产生较大的振幅。当雷诺数处于亚临界范围时，此时风速较小而不会产生较重的破坏。随着风速的增大，而使雷诺数处于超临界范围时，这时旋涡的脱落没有明显的周期，结构的横向振动也呈随机性。因此如果雷诺数不处于跨临界范围时，只通过采取工程构造防振措施即可控制结构的轻微振动，不影响其正常使用功能；随着风速的增大，进入跨临界范围，此时旋涡的脱落周期再次呈现出规则性，此时在强风速的条件下，当脱落周期和结构自振频率相接近时，结构将发生共振，而具有极大的幅值，因此必须予以重视。

2. 圆形截面应根据雷诺数的不同情况按下述规定进行横向风振校核

当雷诺数处于亚临界范围时，需要控制结构顶部风速 v_H 不超过临界风速 v_{cr}，v_H 和 v_{cr} 可按下式计算：

$$v_{cr} = \frac{D}{T_1 S_t} \tag{4-18}$$

$$v_H = \sqrt{\frac{2000\mu_H w_0}{\rho}} \qquad (4\text{-}19)$$

式中：T_1 为结构基本自振周期；$S_t = 0.2$；μ_H 为结构顶部风压高度变化系数；w_0 为基本风压（kN/m^2）；ρ 为空气密度（kN/m^3）。当 $v_H > v_{cr}$ 时，应采取构造措施，或控制 $v_{cr} \geqslant 15m/s$。

当雷诺数处于跨临界范围时，$1.2v_H > v_{cr}$ 时，可发生跨临界的强风共振，此时需要考虑横风向风振的等效荷载，高度 z 处 j 阶振型的等效风荷载标准值可按下式计算：

$$w_{Lk,j} = |\lambda_j| v_{cr}^2 \varphi_j(z) / 12800\zeta_j \qquad (4\text{-}20)$$

式中：λ_j 为计算系数；v_{cr} 为临界风速；$\varphi_j(z)$ 代表在 z 高处结构的 j 振型系数；ζ_j 表示结构第 j 阶振型的阻尼比，对第 1 振型，钢结构取 0.01，房屋钢结构取 0.02，混凝土结构取 0.05。λ_j 和 $\varphi_j(z)$ 的取值可参考规范，而 v_{cr} 的起点高度 H_1 可按下式计算：

$$H_1 = H \times \left(\frac{v_{cr}}{1.2v_H}\right)^{1/\alpha} \qquad (4\text{-}21)$$

其中，α 为地面粗糙度系数，对 A、B、C 和 D 分别取 0.12、0.16、0.22 和 0.30。通过对横向风荷载效应与顺风向风荷载效应进行组合（二者的均方根），可以得到风荷载的总效应。

4.2.4　建筑物抗风设计规范

综合上述风荷载计算参数，根据《建筑结构荷载规范》GB 50009—2012，当考虑主要受力结构时，其垂直于建筑物表面上的风荷载标准值可以按下式确定：

$$w_k = \beta_z \mu_s \mu_z w_0 \qquad (4\text{-}22)$$

式中：w_k 为风荷载标准值（kN/m^2）；β_z 为高度 z 处的风振系数；μ_s 为风荷载体型系数；μ_z 为风压高度变化系数；w_0 为基本风压（kN/m^2）。对于围护结构时，则有：

$$w_k = \beta_{gz} \mu_{sl} \mu_z w_0 \qquad (4\text{-}23)$$

式中：β_{gz} 为高度 z 处的阵风系数；μ_{sl} 为风荷载局部体型系数。基本风压的取值不应小于 $0.3kN/m^2$，规范规定对于高层及高耸建筑，基本风压的取值应该适当提高。

高层建筑物在正常使用条件下，结构应具有足够的刚度，即不会出现过大的位移而影响结构的承载力、稳定性和正常使用。我国《高层建筑混凝土结构技术规程》JGJ 3—2010[65] 规定，对于弹性方法计算的风荷载作用下的楼层层间最大位移与层高之比 $\Delta u/h$ 应符合以下规定：

对于高度小于等于 150m 的高层建筑，楼层层间最大位移与层高之比 $\Delta u/h$ 不宜大于表 4-2 的建议限值。对于高度不小于 250m 的高层建筑，其楼层层间最大位移与层高之比不宜大于 1/500，而对于高度在 150~250m 的高层建筑，采用插值法确定。

楼层层间最大位移与层高之比的限值　　　　　　　表 4-2

结构体系	$\Delta u/h$ 限值
框架	1/550
框架-剪力墙、框架-核心筒、板柱-剪力墙	1/800
筒中筒、剪力墙	1/1000
除框架结构外的转换层	1/1000

同时规定建筑物在受到超越概率水平为 10 年一遇的风荷载标准值的作用下，结构顶点的顺风向和横风向振动的最大加速度计算值要求不超过表 4-3 中的限值。

结构顶点风振加速度限值 a_{lim}　　　　　　　　　表 4-3

使用功能	a_{lim}（m/s^2）
住宅、公寓	0.15
办公、旅馆	0.25

结构除满足正常使用的要求，还要满足舒适度的要求，楼盖结构的竖向振动频率不宜小于 3Hz，竖向振动加速度峰值不宜超过表 4-4 的限值[62]。

楼盖竖向振动加速度限值　　　　　　　　　　　　表 4-4

人员活动环境	峰值加速度限值（m/s^2）		
	竖向自振频率不大于 2Hz	竖向自振频率为 2~4Hz	竖向自振频率不小于 4Hz
住宅、办公	0.07	峰值加速度按线性	0.05
商场及室内连廊	0.22	内插取值	0.15

4.3 台风的危险性分析

台风是一种快速旋转移动的中心低压天气，台风一旦靠近海岸或者登陆，会给沿海区域带来直接的灾难损失，如狂风、暴雨和风暴潮，也极易诱发次生灾害，如洪水内涝、房屋倒塌、山洪泥石流等，是造成人员伤亡和经济损失最严重的自然灾害之一。有数据显示，19、20 世纪，全国受台风灾害影响的死亡人数接近 190 万人，每年约有 10000 人死于台风灾难，造成的经济损失为 600~700 亿美元。西北太平洋每年约发生 30 次台风，其中有 6~8 次台风直接登陆我国东南沿海地区，合理估计沿海地区的台风危险性，对保障该区域的经济发展及人员安全具有重要意义。

需要说明的是，我国规范并没有分开考虑季风和台风天气状况下对基本风速、基本风压的影响。台风天气过程与大尺度天气过程具有不同的性质，从发生概率上来说，台风过程发生的概率水平低于季风过程，台风的平均风速大于季风的平均风速。美国、日本、澳洲等国家和地区的荷载规范对易发生台风的地区已经明确考虑台风的影响，但我国《建筑结构荷载规范》GB 50009—2012 中对于台风地区的基本风速、基本风压的统计分析没有区分季风、台风数据。

4.3.1　台风关键参数及概率分布

成熟的台风具有相似的结构与特征，台风模型通常包含若干参数描述台风过程，这些参数称为台风关键参数，主要包括台风年发生率 λ、台风中心气压差 ΔP、台风最大风速半径 $R_{\max}$、台风中心移动速度 V_{T}、台风中心移动方向 θ、台风路径与研究点间的最小距离 $D_{\min}$，这些参数描述了台风的发生及其运动特征。对于我们感兴趣的研究场点，对场点附近一定范围内（如模拟圆法考虑半径 250km）的台风数据进行搜集，统计分析台风关键参数的概率分布。这里先介绍一下台风关键参数常用的概率分布，对数正态分布、双正态分布、Von Mises 分布和三参数 Weibull 分布[66]：

（1）对数正态分布的函数表达式为：

$$F(x) = \frac{1}{\sqrt{2\pi}\sigma} \int_{-\infty}^{x} e^{-\frac{(t-\mu)^2}{2\sigma^2}} \mathrm{d}t \tag{4-24}$$

其概率密度函数表达式为：

$$f(x) = \begin{cases} \dfrac{1}{\sqrt{2\pi}\sigma x} e^{-\frac{(\ln x - \mu)^2}{2\sigma^2}} & x > 0 \\ 0 & x \leqslant 0 \end{cases} \tag{4-25}$$

式中：μ 是样本取对数的均值，$\mu = \dfrac{\sum \ln x_i}{n}$；$\sigma^2$ 是样本对数的方差，$\sigma^2 = \dfrac{\sum (\ln x_i - \mu)^2}{n-1}$，$n$ 是样本容量。

（2）双正态分布的函数表达式为：

$$F(x; a_1, \mu_1, \sigma_1, \mu_2, \sigma_2) = \frac{a_1}{\sqrt{2\pi}\sigma_1} \int_{-\infty}^{x} e^{-\frac{(t-\mu_1)^2}{2\sigma_1^2}} \mathrm{d}t + \frac{1-a_1}{\sqrt{2\pi}\sigma_2} \int_{-\infty}^{x} e^{-\frac{(t-\mu_2)^2}{2\sigma_2^2}} \mathrm{d}t \tag{4-26}$$

其概率密度函数表达式为：

$$\begin{aligned} f(x; a_1, \mu_1, \sigma_1, \mu_2, \sigma_2) = &\frac{a_1}{\sqrt{2\pi}\sigma_1} \exp\left[-\frac{1}{2}\left(\frac{x-\mu_1}{\sigma_1}\right)^2\right] + \\ &\frac{1-a_1}{\sqrt{2\pi}\sigma_2} \exp\left[-\frac{1}{2}\left(\frac{x-\mu_2}{\sigma_2}\right)^2\right] \end{aligned} \tag{4-27}$$

值得注意的是，双正态分布多用来描述台风移动方向的概率模型，此时上式的自变量取值范围变为 $[-180, 180]$。

（3）Von Mises 分布是方向数据统计理论，如参数估计和假设检验的前提条件，其概率密度函数表达式为：

$$f(\theta; \mu_0, k) = \frac{1}{2\pi I_0(k)} e^{k\cos(\theta - \mu_0)} \quad 0 \leqslant \theta < 2\pi,\ 0 \leqslant \mu_0 < 2\pi/l,\ k > 0,\ l \geqslant 1 \tag{4-28}$$

其中，$I_0(k)$ 为修正的第一零阶 Bessel 函数，其中有 $I_0(k) = \sum\limits_{i=0}^{\infty} \dfrac{1}{(r!)^2}\left(\dfrac{2}{k}\right)^{2k}$，$\mu_0$ 为位置参数，k 为刻度参数。

（4）三参数 Weibull 分布的函数表达式为：

$$F(t) = 1 - \exp\{-[(t-r)/\eta]^{\beta}\} \tag{4-29}$$

式中：β 为形状参数，η 为尺度参数，r 为位置参数，其中 β、η 和 r 均大于 0，当 $r = 0$ 时，退化为二参数 Weibull 分布，其概率密度函数为：

$$f(t) = (\beta/\eta)[(t-\gamma)/\eta]^{\beta-1}\exp\{-[(t-r)/\eta]^{\beta}\} \tag{4-30}$$

值得注意的是，当考虑关键参数的分布类型时，通常考虑多种概率分布去拟合关键参数，通过分析比较出最适合的分布，其参数的常用备选概率分布见表 4-5。

台风关键参数备选概率分布模型　　　　　　　表 4-5

关键参数	备选概率分布
λ	泊松分布，二项分布，负二项分布
ΔP	对数正态分布，伽马分布，Weibull 分布
V_{T}	对数正态分布，伽马分布，正态分布
θ	正态分布，双正态分布，Von Mises 分布
$D_{\min}$	均匀分布，多项式分布，梯形分布

台风的年发生率 λ 描述了一年中研究区域受到台风影响作用的次数，其中台风是发生在以研究站点为圆心的模拟圆里面。中心压差 ΔP 表示台风系统最外围的闭合等压线的气压值与台风中心处最低气压的差值，ΔP 是描述台风强度的主要参数。台风的移动速度 V_{T} 是根据台风观测时间间隔内，其中心位置的变化距离得到。台风的移动方向 θ 是由台风中心移动过程中，相邻两个中心的连线确定的。最小距离 $D_{\min}$ 是指台风移动过程中，计算场点到台风的最小距离，即研究点与台风移动路径的垂直距离。

4.3.2　台风风场相关模型

风场数值模拟是目前探索研究区极值风速的主要手段，台风模拟一直都是风工程和气象科学领域内的研究热点问题。在气象学对于风场的数值模拟中，通常考虑环境流场、温度场、水循环等，而在风工程领域，我们通常寻求相对既简单又有足够精度的手段去模拟台风。Batts 模型作为第一代风场模型，有着形式简单、易于求解的特点，并可以初步满足这样的条件，本部分内容将对 Batts 和 Georgiou 风场模型进行介绍[67-68]。

1. Batts 风场模型

该模型中最大梯度风速为：

$$V_{\mathrm{gx}} = K\sqrt{\Delta P} - (R_{\max}/2)f \approx K\sqrt{\Delta P} \tag{4-31}$$

式中：K 为经验常数，取值范围为 $6.93 \sim 6.97$；f 为科氏加速度，$f = 2\Omega\sin\psi$，Ω 是地球转动速度，单位为 rad/s，ψ 是空气微团所处的纬度；$R_{\max}$ 为最大风速半径，单位为 km；ΔP 为台风中心压差，单位为 hPa。

2. Georgiou 风场模型

该模型以 Holland 气压场和梯度平衡方程为基础，其风场模型由 3 部分组成，第 1 部给出约 2.5km 高度处的非对称梯度风场，其风速即梯度平衡风速，其表达式为：

$$V_g(r, \alpha) = \left\{ B\Delta\rho/\rho\exp[-(R_{\max}/r)^B](R_{\max}/r) + \frac{1}{4}(V_T\sin\alpha - f_r)^2 \right\}^{0.5} \frac{1}{2}(V_T\sin\alpha - f_r)$$

$$(4-32)$$

风向表达式为：

$$\psi_g(r, \alpha) = \alpha + \theta + \beta \tag{4-33}$$

式中：α 为角度；$V_g(r, \alpha)$ 为在 (r, α) 处的梯度风速；$\psi_g(r, \alpha)$ 为梯度风速方向；ρ 为空气密度；f 为科氏加速度；θ 为台风移动时的方向角，正北方向取为 0 度，以顺时针方向旋转方向为正；β 为 $90°$（如果研究场点在北半球），其他则为 $180°$，$B=1$。

考虑 500m 高度处与 2.5km 高度处之间的风场，在台风眼壁处，假定按方位角平均的风速近似为常数，

$$V_{500}(R_{\max}) = V_g(R_{\max}) \tag{4-34}$$

式中：$V_g(R_{\max})$ 为在最大风速半径位置处按方位角平均的风速；$V_{500}(R_{\max})$ 为在边界层内 500m 处按方位角平均的最大风速半径处的风速。再考虑大气边界层范围即地表至 500m 处的风场，这里需要利用 Shapiro 风场的结果，我们可以计算得到 500m 高度处任一点的风速：

$$V_{500}(r, \alpha) = V_h(r, \alpha)V_{500}(R_{\max})/V(R_{\max}) \tag{4-35}$$

式中：$V_{500}(r, \alpha)$ 为 500m 高度处 (r, α) 的风速；$V_h(r, \alpha)$ 为应用 Shapiro 风场模型计算出 (r, α) 处的垂直平均风速；$V(R_{\max})$ 是基于 Shapiro 风场模型按方位角平均的最大风速半径处的风速，再考虑此时的风向转化公式有：

$$\theta_{500}(r, \alpha) = \theta(r, \alpha)/3 \tag{4-36}$$

式中：$\theta_{500}(r, \alpha)$ 为 500m 高度 (r, α) 位置处的风向；$\theta(r, \alpha)$ 为应用 Shapiro 风场模型得到的 (r, α) 位置处的平均风速风向。

对于 Batts 模型，其公式可以看成简化的经验模型，没有描述出台风系统的主要特征，由于高质量数据的缺乏，而让 Batts 模型没有得到充足的验证，但 Batts 作为第一代风场模型，为后面各种模型的发展提供了基础。Georgiou 首次采用实际台风观测数据验证台风风场模型，这对于后面对台风的分析研究十分重要，但为了节省数值计算时间，忽略了阻力系数和涡旋粘性系数对风速的影响，而将风场分成了三个层次的考虑也需要进一

步验证。除了 Batts 和 Georgiou 风场模型外，还有其他风场模型，如 US Army Corps of Engineers（CE）风场模型和 Vickery 风场模型等，近年来，这些模型在风场研究中也有着广泛的研究。

3. 台风边界层模型

从风场模型得到的是边界层厚度内的平均 1h 的平均风速，这时需要考虑采用风速折减因子，将边界层模型转化为表面风速，即 10m 高海面或者陆地风速。一种相对简单的考虑方式则是采用折减因子，Georgiou 发现在整个台风的水平区域内，转化系数取 0.75，而在最大风速半径处偏大一些。因此 Georgiou 建立了经验的海面边界层模型：

$$V_{10}(r, \alpha) = \phi_w V_{500}(r, \alpha) \tag{4-37}$$

式中：$V_{500}(r, \alpha)$ 为 500m 高度处的平均风速；$V_{10}(r, \alpha)$ 为海面表面风速；ϕ_w 为转化系数，其值的大小随着 r 和 R_{max} 的比值而变化。

4. 台风衰减模型

台风登陆后，其自身能量会逐渐减小从而降低台风的强度，并导致风速减小以及风向、风剖面的改变，学者们建议采用中心压差来考虑台风的这种衰减特性，引入台风衰减率来考虑这种特性，台风登陆后和台风登陆时的中心压差的比值为衰减率，并认为登陆的持续时间和移动距离是影响台风衰减率的两个关键因素；Batts 考虑衰减规律采用下式描述：

$$\Delta p(t) = \Delta p_0 - 0.02(1 + \sin\varphi)t \tag{4-38}$$

式中：Δp_0 是登陆时台风中心压差，单位为 hPa；t 为时间，单位为小时（h）；φ 为台风移动方向与海岸的夹角，取值为 0°～180°。Georgiou 则给出了下面的台风衰减规律：

$$\Delta p/\Delta p_0 = 1/[1 + (d/f_D)^2] \text{ 或 } \Delta p/\Delta p_0 = \exp(-d/f_D) \tag{4-39}$$

式中：f_D 为衰减参数，不同地区分别取为 150、350、450、1000；d 为登陆后台风移动的距离（km）；其他参数的物理意义和上式一样。

Vickery 研究建议采用下式模拟台风的衰减：

$$\Delta p(t) = \Delta p_0 \exp(-at) \tag{4-40}$$

式中：a 为衰减系数，$a = a_0 + a_1 \Delta p_0 + \varepsilon$，$a_0$ 和 a_1 的取值随区域变化，ε 代表随机误差，服从均值为 0 的正态分布，该模型被 FEMA（2003）及 ASCE-7（2003）应用。

5. 海洋风速和陆地风速之间的转换模型

台风登陆后会受到地表摩擦（地表粗糙程度、地形和建筑区域的状况等）的影响，从而降低台风的表面风速。Batts 建议台风登陆后的风速 $V^l(10)$ 与海面风速 $V^w(10)$ 的比值可以表示为：

$$\frac{V^l(10)}{V^w(10)} = \frac{1}{0.2p\ln\left(\frac{10}{z_0}\right)} \tag{4-41}$$

式中：$V^l(10)$ 和 $V^w(10)$ 分别为登陆后和海面风速在 10m 高处 10min 内的平均值；p 为障碍因子，取值为 0.83；z_0 为粗糙长度，取值为 0.005m。Georgiou 建议海陆风速的转换模型为：

$$\phi_l = \begin{cases} 1.0 - 0.015DC & 0 \leqslant DC \leqslant 10 \\ 0.875 - 0.0025DC & 10 < DC \leqslant 50 \\ 0.75 & DC > 50 \end{cases} \tag{4-42}$$

式中：ϕ_l 代表陆地表面风速与海面风速的比值；DC 为从海岸线起算，到内陆研究点的距离。该式适用于空旷、平坦的地区，对于地形地貌复杂的区域，其转换模型要专门通过风洞试验进行研究。

4.3.3　台风危险性分析

台风危险性分析的最直接的方法就是利用历史记录，对研究区的台风遭遇状况进行分析，但是我国的台风历史资料还存在若干问题，我国的气象台站大多位于靠近海岸或者城市内，对于台风在海面上的观测数据还相对缺乏，风观测资料大多从 1949 年开始，而直接依靠从 1949 年至今的数据作为样本，其统计结果与实际情况差异较大；早期的观测设备与近年的观测设备在精度方面有较大差异，因而具有误差。考虑这些原因，采用 Monte Carlo 模拟方法可以解决估计研究场点风速的问题。

通过实际的观测数据拟合其台风关键参数的概率模型，并结合台风相关模型，可以通过 Monte Carlo 模拟的方法对研究区域展开台风危险性分析。Monte Carlo 方法又被叫作随机模拟法或者统计试验法，该方法以概率理论为基础，依据大数定律（样本均值替代总体均值）和贝叶斯原理，解决一些难以通过数学方法求解的复杂问题。

对于研究场点，选定考虑半径为 250km 的模拟圆范围，根据分析样本数据拟合的台风关键参数概率分布和衰减模型可以生成台风过程，在台风过程中，假设每个台风在时间间隔 1h 内其移动风向、移动速度和最小距离不变，而中心气压差会随着台风登陆而衰减。假设台风的移动路径为直线，台风登陆之后通过衰减模型考虑台风关键参数的变化。通过随机数抽样获取台风关键参数生成台风移动路径[69]，对在模拟范围内的台风，计算其每小时时间间隔的台风位置，最终得到场点的台风序列。

通过 Monte Carlo 方法得到研究场点的台风极值序列后，要考虑采用极值分布模型对获得的台风极值系列进行拟合回归其分布参数，在危险性分析中，常用的极值分布有三种：分别为极值 I 型分布—Gumbel 分布，极值 II 型分布—Frechet 分布和极值 III 型分布—Weibull 分布。如果不考虑拟合其概率模型，也可以根据样本直接建立经验分布。以往的研究发现采用 Weibull 分布拟合 Monte Carlo 方法分析得到极值风速序列时要比 Gumbel 分布效果更好，但值得注意的是，这三种类型的极值分布都对尾部形状进行了简化的假定，在实际应用中要考虑这种简化带来的影响。

4.3.4 台风灾害的研究实例

1. 低矮房屋

台风对低矮的建筑结构通常具有较强的破坏性，我国的低矮房屋主要采用轻质框架结构[70]，虽然具有较好的抗震性能，但其抗风性能往往不能很好地保证。近年来，人们发现轻钢房屋在台风灾害的作用下表现出相对较重的破坏性，轻钢房屋在厂房等工业建筑中具有较多的应用，调查分析这类结构在台风灾害下的破坏形式、特征，对开展台风的防灾减灾具有重要意义。图4-6给出了通常采用的双坡面轻钢房屋结构的示意图，其一般采用门式刚架结构，并以冷弯薄壁型钢作为檩条、墙梁，采用压型钢板作为屋面以及墙面的围护结构[71]。

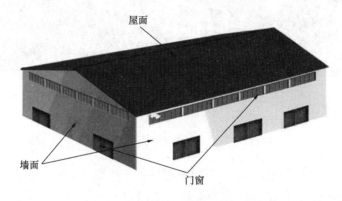

图 4-6 轻钢房屋结构示意图

通过对风灾的调查发现，围护结构通常为风灾中最直接损坏的结构构件，其损坏形式主要有三种[69]：（1）屋面围护系统损坏，如屋面板被吹落、屋面板横向和纵向搭接破坏，此外，山墙的局部节点也可发生破坏。（2）门窗围护系统在强风作用下的破坏。（3）墙面围护系统的破坏，调查发现墙面破坏较屋面围护系统破坏较轻，一般为局部的节点破坏，如图4-7所示[70]。从台风灾害调查研究可以发现，研究结构在台风整个过程下不同构件的破坏损失形态，掌握其相应的破坏特征，对结构的抗风设计以及减轻台风灾害具有重要作用。

2. 低矮房屋在台风灾害作用下结构响应分析实例

这里介绍文献［71］提出的一种有效的分析轻钢结构的房屋在台风作用下的破坏估计，基于风洞试验对低矮房屋的破坏过程进行研究分析，通过考虑房屋维护结构的开孔工况、内压变化以及台风作用下的风速变化等多个因素，构建不同构件的破坏模型，最后给出结构的失效概率的估计方法。门、窗的破坏主要由风压和飞掷物冲击破坏所致，当外荷载 W，大于抗风承载力 R 时，门或窗则发生风压破坏，考虑风荷载和承载力作为两个独立随机变量，则门窗的破坏概率可以表示为：

图 4-7　台风灾害调查下轻钢结构的破坏

$$P_{\mathrm{w}} = \iint_{r \leqslant w} f_{\mathrm{w}}(w) f_{\mathrm{R}}(r) \mathrm{d}r \mathrm{d}w \tag{4-43}$$

式中：$f_{\mathrm{w}}(w)$ 为风压极值分布；$f_{\mathrm{R}}(r)$ 为门或窗的抗风承载力分布。在台风下的强风环境中，房屋结构的残骸、瓦砾以及碎石等会被吹起而成为飞掷物，从而对结构构件造成破坏，对这一方面的考虑，可以采用 Cope 提出的飞掷物冲击破坏模型，该模型在描述飞掷物对结构的破坏中已有较为普遍的应用，门或窗受飞掷物冲击破坏的概率表述为：

$$P_{\mathrm{d}}(V) = 1 - \exp(-n_{\mathrm{c}} \times c_1 \times c_2 \times c_3 \times c_4) \tag{4-44}$$

式中：$P_{\mathrm{d}}(V)$ 为给定风速 V 时，其结构构件即门或窗的破坏概率，这里 V 为 10min 内的平均风速；n_{c} 表示飞掷物残骸的数量；c_1 为飞掷物的比例；c_2 表示房屋飞掷物数目；c_3 表示迎风墙上门或窗与迎风墙总面积的比值；c_4 表示飞掷物冲击动量超过门窗破坏极限的概率。n_{c} 服从正态分布，且均值为 200，变异性为 0.2。值得注意的是，基于公式（4-43）及公式（4-44）考虑飞掷物冲击或风压导致门窗破坏，当忽略二者的相关性时，则单个门窗的破坏概率可以表示为：

$$P_{\mathrm{wd}} = P_{\mathrm{w}} + P_{\mathrm{d}} - P_{\mathrm{w}}P_{\mathrm{d}} \tag{4-45}$$

式中：P_{d} 表示由飞掷物冲击导致门窗破坏的概率；P_{w} 表示风压引起门窗破坏的概率。

假设有 M 个门窗，则墙面门窗的损失率可以表示为：

$$D_{\mathrm{w}} = \frac{1}{M} \sum_{i=1}^{M} Q_i \tag{4-46}$$

式中：$Q_i = 1$ 或 0 表示门窗破坏或完整的情况。

当围护结构受到破坏而出现孔洞时，房屋的内压会急剧上升，从而让整个结构体系的净压产生变化，因此需要估计内压的响应时程，基于非定常形式的伯努利方程，对于 m 个开孔房屋内压响应的控制方程为：

$$\begin{cases} \rho l_{e1} \ddot{x}_1 + \dfrac{\rho}{2k^2} \dot{x}_1 \, |\, \dot{x}_1 | = 0.5\rho \bar{U}_h^2 (C_{pe1} - C_{pi}) \\ \qquad\qquad \vdots \\ \rho l_{em} \ddot{x}_m + \dfrac{\rho}{2k^2} \dot{x}_m \, |\, \dot{x}_m | = 0.5\rho \bar{U}_h^2 (C_{pem} - C_{pi}) \end{cases} \tag{4-47}$$

考虑连续性假定和等熵绝热方程，有：

$$\frac{\gamma P_0}{V_0}(a_1 x_1 + a_2 x_2 + \cdots + a_m x_m) = 0.5\rho \bar{U}_h^2 C_{pi} \tag{4-48}$$

式中：x_j、$\dot{x}_j$ 和 $\ddot{x}_j$ 分别表示第 j 处开孔位置气流的位移、速度和加速度；C_{pej} 为第 j 处开孔位置外压系数；C_{pi} 为内压系数；ρ 表示空气密度；l_{ej} 为第 j 处开孔气柱的有效长度；k 为常数，通常取为 0.6；γ 表示空气比热容；P_0 代表标准大气压；V_0 表示房屋容积；a_j 表示第 j 个开孔面积；$\bar{U}_h$ 为参考高度下的平均风速。联立上式，可以求得内压响应时程，且 $l_{ej} = \sqrt{\pi a_j}/2$。上式按照弹簧-质量-阻尼系统考虑，其系统共振频率有：

$$f_H^2 = \sum_{j=1}^{m} f_j^2 \tag{4-49}$$

其中，$f_j = 1/2\pi \sqrt{kra_j P_0 / \rho l_{ej} V}$ 为第 j 处开孔对应的单开孔房屋 Helmholtz 频率。接下来要考虑的则是风荷载作用下屋面风压的分布特征，基于风洞试验，通常在屋面板上布置一定数量的观测点，而观测点外位置的风压则考虑采用插值的方法。文献 [71] 估计这部分的风压的方法则是通过本征正交分解（POD）和人工神经网络。结合房屋面板的模拟获得的外压和估计得到的内压，就可以确定屋面板的净风压，对于螺钉的内力计算则根据：

$$F_{si} = 0.5 C_{si} \rho V^2 L \tag{4-50}$$

第 i 个螺钉的内力系数则可以按下式考虑：

$$C_{si} = \sum_{m=1}^{N} q_m I_{si,m} \tag{4-51}$$

式中：V 为参考高度处的风速；L 为檩条间距；q 为相应均布线荷载，等于测点处的风压系数乘以螺钉间距；N 为测点的总数目；I 为影响系数，通过影响线法计算得到。对螺钉受力时程进行分析，并建立归一化后的极值分布，最终考虑 Gumbel 分布作为目标函数，采用最大似然估计的方法确定其待估参数。

$$F_Y(y) = \exp\left[-\exp\left(\frac{-y-\mu}{\sigma} \right) \right] \tag{4-52}$$

式中：μ 和 σ 为 Gumbel 分布的均值和标准差；y 为内力极值。当考虑多个螺钉内力极值时，当螺钉总数量为 n，此时令 $Y = [Y_1, Y_2, \cdots, Y_n]$ 表示 n 个螺钉的内力极值向量，令 $Z = [Z_1, Z_2, \cdots, Z_n]$ 表示 n 元标准高斯向量，基于传递理论，标准高斯过程与非高斯过程有以下关系：

$$Z_j = \Phi^{-1}[F_{Y_j}(y_j)], \ j = 1, 2, \cdots n \tag{4-53}$$

式中：$F_{Y_j}(y_j)$ 表示第 j 个螺钉的内力极值分布；$\Phi(\cdot)$ 表示高斯累计正态分布；$\Phi^{-1}(\cdot)$ 表示逆分布。则对于 n 个螺钉的联合概率分布有下式：

$$F_Y(y) = f_{Y_1}(y_1) f_{Y_2}(y_2) \cdots f_{Y_n}(y_n) \frac{\varphi_n(z, \Sigma_Z)}{\varphi(z_1)\varphi(z_2)\cdots\varphi(z_n)} \tag{4-54}$$

式中：f 代表 $F_{Y_j}(y_j)$ 的概率密度函数；φ_n 代表 n 元联合高斯概率密度函数；Σ_Z 为高斯向量下的相关系数矩阵，而对于螺钉内力极值的相关函数可采用迭代求解。

$$\rho_{ij}^y = \int_{-\infty}^{\infty} \int_{-\infty}^{\infty} \left(\frac{y_i - \mu_{y_i}}{\sigma_{y_i}}\right)\left(\frac{y_j - \mu_{y_j}}{\sigma_{y_j}}\right)\varphi_2(z_i, z_j, \rho_{ij}^z)\mathrm{d}z_i\mathrm{d}z_j \tag{4-55}$$

式中：μ_{yi} 和 o_{yi} 分别表示 Y_i 的均值和标准差。ρ_{ij}^y 是关于 ρ_{ij}^z 严格一一对应的单调函数。为了避免公式（4-54）中迭代计算，针对 Y_i 和 Y_j 服从的一系列分布组合给出了基于 ρ_{ij}^z 计算 ρ_{ij}^y 的经验公式。其中，当 Y_i 和 Y_j 都服从 Gumber 分布时，则公式（4-54）可近似为 $\rho_{ij}^z = \rho_{ij}^y[1.064 - 0.069\rho_{ij}^y + 0.005(\rho_{ij}^y)^2]$。

对于屋面的破坏估计要先考虑螺钉的失效准则，通常考虑螺钉强度服从正态分布，而对于屋面板的破坏，则认为屋面板上所有的螺钉与结构发生破坏后，会引起整个屋面板破坏，则屋面板的失效概率为：

$$p = 1 - \iint_{w_1 < r_1} \iint_{w_2 < r_2} \cdots \iint_{w_{n_s} < r_{n_s}} f_R(r) f_W(w) \mathrm{d}r\mathrm{d}w \tag{4-56}$$

式中：$f_R(r)$ 代表屋面板强度的联合分布；$f_W(w)$ 表示螺钉内力的联合分布。综合考虑上述分布，基于蒙特卡洛法模拟，可以考虑结构在台风灾害作用下，门窗和屋面结构的破坏，进而取得在不同工况条件下，结构的易损性分布规律，最终建立结构的破坏概率与风速（不同风向下）之间的数学关系，可为工程设计和风险评估提供重要的指导。

3. 输电塔在台风灾害作用下结构响应研究实例

随着我国经济的不断发展，电力的供应需求成为一个显著的问题；为了缓解这一情况，新建和拟建了大量高压及超高压输电塔系统，而这类结构具有柔、相对高耸并带有柔软的大跨度导线的结构特征，在强台风的作用下会引起输电塔线路的破坏。本部分内容以文献［72］和文献［73］为例，简要介绍并归纳输电塔在台风作用下的动力响应分析研究步骤。首先，需要考虑输电塔结构在台风作用下的屈曲特征，这是一种相对理想化的情况，通常认为结构体系在受到某个荷载时，结构除了保持原平衡状态外，还会出现另外一个平衡状态，其实质则为求解矩阵特征值的问题，因此也被称为特征值的屈曲分析，而此状态下，结构的荷载则为屈曲荷载。对于屈曲分析，则通过数值方法进行，即应用有限元方法建立结构体系的有限元模型，对于常见的输电塔系统（图 4-8），其主要构件有：输电塔、导线、地线以及绝缘子串；其有限单元选用 BEAM188 梁单元模拟输电塔构件，值得注意的是，在进行特征值屈曲分析时，BEAM188 单元为钢材理想弹性力学模型；输电塔结构除受到自身重力外，还有导线传来的竖向荷载，而绝缘子和输电塔以及导线之间的连接则考虑为铰接的形式，输电线系统在强风作用下所产生的摇摆作用需要考虑，通过 LINK10 单元可以模拟这种柔索作用。在建立有限元模型时，导线和地线相邻的悬挂点的距离较大且其刚度很小，通常不考虑其侧向刚度，在有限元建模中，仅分析导线和地线所承受的轴向张力作用。

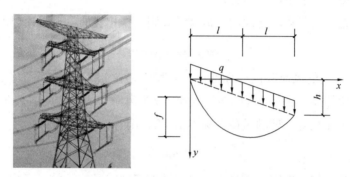

图 4-8　输电塔示意及抛物线示意图[76]

在输电塔系统的有限元模型的初始条件中，导线和地线为初始平衡状态，其初始几何形状为受重力作用下的悬链线形，但由于悬链线的方程形式较为复杂，而采用抛物线方程作为近似简化，其抛物线方程为：

$$y = \frac{4fx(l-x)}{l^2} + \frac{h}{l}x \tag{4-57a}$$

其中，导线和地线跨中的垂直长度和竖向荷载的关系为：

$$H = \frac{ql^2}{8f\cos\theta} \tag{4-57b}$$

对于索长的近似值为：

$$S = l\left[1 + 0.5\left(\frac{h}{l}\right)^2 + \frac{8}{3}\left(\frac{f}{l}\right)^2\right] \tag{4-57c}$$

式中：q 为沿着索长度方向均匀分布的竖向荷载；l 为水平跨度；h 为悬挂点的高差；H 为水平张力；f 为跨中垂直高度。

索的最大张力则为：

$$T = H\sqrt{1 + 16(f/l)^2 + (h/l)^2 + 8fh/l^2} \tag{4-57d}$$

与前面计算低矮房屋构件的内力相关性矩阵参数相似，这里依旧采用迭代的方法进行计算：（1）依据上述抛物线方程，在悬索曲线位置建立有限单元模型。（2）施加微小的初始应变，确定抛物线的形状。(3) 通过反复迭代，最终让初始张力和索的垂直距离满足计算精度。

对于施加结构的风荷载，则按照本章节中的抗风设计规范进行计算，对于输电塔结构而言：

$$W_k = \beta_z \mu_z \mu_s \omega_0 A_s \tag{4-58}$$

式中：W_k、β_z 及 μ_z 分别指高度为 z 处的风荷载标准值、风振系数以及风压高度变化系数；μ_s 为风荷载体型系数；ω_0 为基本风压；A_s 为承受风压方向上的投影面积，对于高耸结构的风振系数则按照第 4.2 节中的内容进行计算。

值得注意的是，对于输电导线的风荷载计算则依据相应的电力设计规范[73]。

$$W_x = \alpha \mu_z \mu_{sc} \omega_0 \beta_c d l_p \sin^2(\theta) \tag{4-59}$$

式中：W_x 为高度 z 处的风荷载设计标准值；α 为风压施加的不均匀系数；β_c 为调整系数；d 为导线或地线的外径；l_p 为杆塔的水平档距；θ 为风向与线缆之间的夹角；μ_{sc} 为体型系数，对于绝缘串子在高度 z 处的风荷载标准值 W_I，则有：

$$W_I = \mu \omega_0 A_s \tag{4-60}$$

将计算出的风荷载施加在有限元模型上，可以获取不同工况（风向）下结构的失稳模态和风速，而在有限元静力分析过程中，可以考虑 ANSYS 中的双线性随动强化模型并采用 Mises 屈服准则去描述结构材料的弹塑性性能，将多个风电塔系统组合，可以获取在不同风速水平下的一系列风电塔系统的整体失稳情况，最终为工程设计提供指导。

4.4　风洞试验及风振控制

4.4.1　风洞试验原理及类型

当面对流体力学的复杂问题时，直接采用流体力学求解往往具有困难或者计算条件受到限制时，为了深入了解流体的复杂作用，需要采取物理试验的方法。风洞试验最初是为了满足航空领域研究的要求，如今在土木工程领域采用风洞试验去研究分析一些复杂的风场和大跨度、大柔度的结构在风场作用下的响应越来越多。1960 年后，随着风工程学的发展，国外开始为研究建筑物在风场中的响应建立专门的大气边界层风洞，比如加拿大 University of Western Ontario 的风洞试验室。我国在风洞试验方面的研究起步时间较晚，但是近些年来发展非常迅速，国内的很多科研院所和高校都有了风洞试验室。风洞，是指在一个满足一定设计准则的管道系统内，采用动力装置（风机）驱动内部气流，从而使气流接近真实的实际结构受到的气流状态，模拟结构所受到的时变风荷载。风洞有直流式风洞（图 4-9）和回流式风洞（图 4-10）两类[3,43,74]。

其中回流式风洞的各部分组成包括：试验段、扩压段、回流段、拐角和导流片、安定

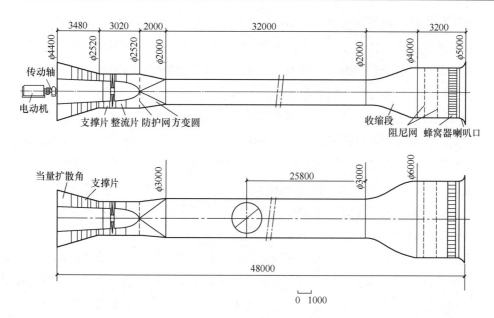

图 4-9 直流式风洞示意图（单位：mm）

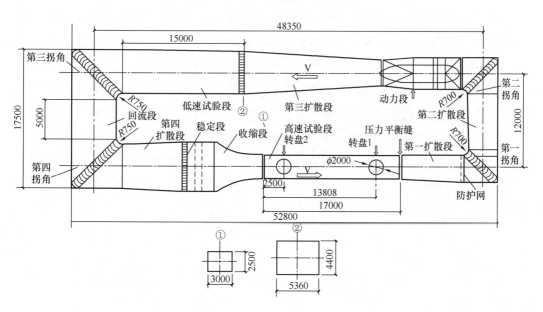

图 4-10 回流式风洞示意图（单位：mm）

段与整流网、收缩段以及风扇段。试验段用来安置模型，有开口试验段和闭口试验段两种类型，其中开口试验段周围没有洞壁，虽然气流损失较大，但易于观测气体流动状态；闭口试验段则存在洞壁。扩压段是截面逐渐扩大的管道，其作用在于减慢气体的流速而让试验段的压力等于大气压力，因此可以在扩压段附近看到压力平衡孔[3]。回流段也相当于一个面积逐渐扩大的扩压段，其作为气流回路的通道。在风洞装置中存在 90°的直角会让气流产生分离并形成旋涡，造成气流场的不均匀变化，此外，在角度突变处也会引起气流能量的损失，所以需在拐角处布置一列具有较大弯曲角度的翼型导流片，分隔成一系列小通道，进而让气流经过拐角位置时气流场缓慢变化。收缩段目的在于对进入试验段前的气流进行加速并使其稳定，让气流变得均匀和平直。由于风洞中的气流循环过程会与洞壁产生摩擦，进而造成气流能量的损失，而为了保证进入试验段的气流具有相对稳定的流态，还需要布设风扇段从而补充气流损失的能量。

由于大气边界层紊流特性和不规则建筑物在风场作用下其气动特性表现出十分复杂的特征，目前还无法给出精准的建筑结合风场作用的数学模型，而基于试验、理论和数值模型相结合的手段可以对这类问题进行探索，从而获得满足精度要求的解。我国《建筑结构荷载规范》GB 50009—2012 规定，房屋结构大于 200m 或有下列情况之一时，建议进行风洞试验判断建筑物的风荷载：平面形状或立面形状复杂；立面开洞或连体建筑；周围地形和环境较复杂的情况。

在风洞试验中，对于研究结构（试验对象）制成缩尺模型或者一定比例的模型，风洞试验的理论依据是流动的相似性原理。要求流体的运动满足运动微分方程，并通过运动的初始条件和边界条件建立约束方程；研究中要求缩尺模型和研究对象之间满足几何相似和运动相似。几何相似即研究对象和缩尺模型的几何比例一致，包括夹角和线性长度的比值相等。运动相似即研究对象和缩尺模型的流体运动微分方程满足一致性原则，要求二者物理量之间的比值互相约束，满足不可压缩流体的相似性准则，即流体的黏性力相似—雷诺数相似准则，流体运动时的重力作用相似—弗劳德相似准则，流动压力与惯性力的比值—欧拉相似准则，此外，也要考虑二者之间斯脱罗哈数的相似性准则。具体来说，运动相似指代原型与缩尺模型都遵守相同的微分方程且物理量之间的比值相互制约[75]。

建筑结构在进行风洞试验分析时，在试验中采用的是缩尺比例模型。根据运动的相似理论，风洞试验中要求建筑结构和试验模型的无量纲系数的数值相同，这是为了保证试验中的缩尺模型和建筑结构具有同样的运动相似性。这里的运动相似性则要求建筑结构和缩尺模型都满足同一微分方程。根据流体的运动方程：

$$\frac{\partial u_i}{\partial t} + u_j \frac{\partial u_i}{\partial x_j} = f_j - \frac{1}{\rho} \frac{\partial p}{\partial x_i} + v \frac{\partial}{\partial x_j}\left(\frac{\partial u_i}{\partial x_j} + \frac{\partial u_j}{\partial x_i}\right)(i,j=1,2,3) \tag{4-61}$$

其中，$v = \mu/\rho$，为空气的动力粘度，要求实际建筑结构和缩尺比例模型满足上式。具体来说有如下的比例关系：

$$c_t = \frac{t}{t^m}, \ c_l = \frac{x_i}{l^m}, \ c_u = \frac{u_i}{u_i^m}, \ c_p = \frac{p}{p^m}, \ c_f = \frac{f}{f^m}, \ c_v = \frac{v}{v^m}, \ c_\rho = \frac{\rho}{\rho^m} \tag{4-62}$$

其中，C_t、C_l、C_u、C_p、C_f、C_v、C_ρ 代表了比值常数，上标 m 代表缩尺模型的变量参数，对于不带上标的参数则代表建筑结构的变量参数，依次代表时间、几何尺寸、速度、压力、附加外力、动力粘度及密度的比值常数。对于几何尺寸的相似性则进一步有下述关系：

$$c_l = \frac{l}{l^m}, \ c_A = \frac{A}{A^m} = \frac{l^2}{(l^m)^2}, \ c_v = \frac{l^3}{(l^m)^3} \tag{4-63}$$

其中，C_l、C_A、C_v代表实际建筑结构与缩尺模型长度、面积、体积的比值常数。将式 (4-62)带入流体的运动方程，有：

$$\frac{\partial u^m c_u}{\partial t^m c_t} + u_j^m \frac{\partial u_i^m c_u^2}{\partial x_j^m c_l} = f_i^m c_f - \frac{1}{\rho^m}\frac{\partial p^m}{\partial x_i^m}\frac{c_p}{c_\rho c_L} + v^m \frac{\partial}{\partial x_j^m}\left(\frac{\partial u_i^m}{\partial x_j^m} + \frac{\partial u_j^m}{\partial x_i^m}\right)\frac{c_v c_u}{c_l^2} \quad (4-64)$$

对上式乘以 c_l/c_u^2，并考虑实际结构和缩尺模型的运动相似性，则各物理量之间的比值需要满足下式：

$$\frac{c_l}{c_u c_t} = \frac{c_f c_t}{c_u^2} = \frac{c_p}{c_\rho c_u^2} = \frac{c_v}{c_u c_l} = 1 \quad (4-65)$$

上式描述了斯脱罗哈系数、雷诺数、欧拉数及弗劳德数的相似性准则，在风洞试验中，根据具体研究分析的条件，选出符合相似性的最重要的参量即可。

根据研究目的不同，我们把风洞试验分成刚性模型测压试验（图 4-11）和气弹模型试验（图 4-12）。当仅考虑建筑气动外形时，并采用刚性模型测压试验时，可以忽略结构和气流之间相互耦合作用，从而获取结构上的平均风荷载和脉动风荷载，刚性模型测压试验对于大跨度形式的屋盖结构可以获取与实际情况较为接近的结果。大量的试验测试结果表明，在缩尺模型的选取中，还要考虑风洞试验段截面面积的大小，为了在风洞中尽可能地模拟真实的风环境，要求阻塞度控制在 5% 以内。

图 4-11 刚性模型

气弹模型还可以再细分为全气动弹性模型、节段气动弹性模型以及等价气动弹性模型三种。全气动弹性模型制作复杂且具有较高的造价，该试验模型能够较为真实地反映实际建筑结构的风场响应规律；节段气动弹性模型常用于长细比较大的建筑结构，风洞试验时，在缩尺模型上安装振幅和频率控制设备从而获取结构响应；等价气动弹性模型相当于一种简化考虑结构风场下的响应，认为实际结构为线性形状，采用几何相似性准则，分别对建筑结构在顺风向、横风向和扭转三个方向下的基础振型进行分析，主要考虑实际结构

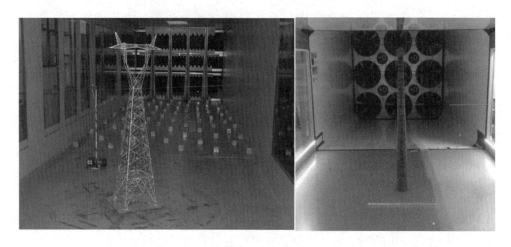

图 4-12 气弹模型

的剪切变形和扭转变形。

4.4.2 风振控制技术及类型

风振控制技术分为被动控制技术和主动控制技术[3,43]，二者根据是否有外部控制系统加入到结构系统中进行分类。

1. 风振被动控制技术

耗能减振系统的作用机理是在结构中考虑消能原件，或者设置阻尼器，在风荷载的作用下，消能原件吸收风的作用能量，从而减小结构的位移而使其维持在使用人员舒适和结构正常使用的限度。对结构安放阻尼器是常用的耗能手段，而阻尼减振系统包括：黏弹性阻尼器、金属阻尼器、摩擦阻尼器（图 4-13）和黏弹性液体阻尼器。

图 4-13 黏弹性阻尼器、金属阻尼器、摩擦阻尼器

黏弹性阻尼器是具有简单和良好性能的耗能设备，通过材料的黏弹变形吸收作用到结构的能量，从而减小结构的振动。但由于黏弹性材料属于高分子聚合物，其工作状态受到环境温度和荷载作用频率等参数的影响，当采用金属材料制作阻尼器时，被称为金属阻尼器。当阻尼器考虑通过摩擦装置耗散能量时，被称为摩擦阻尼器。此外，黏弹性液体阻尼器是指在缸体内装有硅油或其他黏性流体，同时缸体外部安装活塞，当结构做循环往复运动时，液体对活塞和缸体之间的相对运动产生阻尼，从而耗散掉外部荷载引起的结构振动

能量。

除采用阻尼设备之外，也可以通过在主结构中附加子结构，从而让外部振动能量在主结构和子结构之间重新分配，常用的有调谐质量阻尼器和调谐液体阻尼器。调谐质量阻尼器是一种已经发展相对成熟的控制设备，通常安放在结构的顶部，具有较大的质量，实际应用中，考虑将调谐质量阻尼器的自振频率设置成和主体结构的自振频率相近，从而让二者共振吸能，调谐质量阻尼器放在振幅最大处可以获得较好的减振效果。调谐液体阻尼器则是在建筑顶面上安放水箱，利用结构振动过程中水箱中水体的晃动对水箱侧壁产生侧向力进而减弱结构的振动，而水体的晃动也能吸收结构振动的能量。

2. 风振主动控制技术

主动控制技术需要外部提供能量输入，其本质是通过对受到荷载而振动的结构施加方向相反的控制力来减弱结构的振动。其中包括主动控制调谐质量阻尼器、主动拉索控制系统、主动空气动力挡风板控制系统、主动支撑系统和气体脉冲发生器控制系统。这些系统的工作通过传感器将信息传递给计算机，再由计算机计算出控制系统应施加的控制力，并驱动伺服机构。半主动控制技术是指通过控制系统来调整结构的参数，比如可变刚度系统、可变阻尼系统和可控液体阻尼器等。

第5章 火 灾 灾 害

5.1 火灾的基本概念

火灾是指在时间或空间上失去控制的燃烧所造成的灾害。随着生产力的发展，社会财富日益增加，火灾带来的损失程度以及火灾的危害范围都呈现出扩大趋势，火灾的科学防治已经成为社会安全保障的重要组成部分[75]。因此，在充分认识火灾机理的基础上，减少火灾的发生及其对生产、生活及资源环境的危害成为土木工程防灾减灾的重要任务。

5.1.1 火灾的分类

火灾根据可燃物的类型和燃烧特性，按照国家标准《火灾分类》GB/T 4968—2008规定，可分为A、B、C、D、E、F六大类：A类火灾：指固体物质火灾。这种物质通常具有有机物质性质，一般在燃烧时能产生灼热的余烬，如木材、干草、煤炭、棉、毛、麻、纸张（燃烧后有灰烬）等火灾。B类火灾：指液体或可熔化的固体物质火灾，如煤油、柴油、原油、甲醇、乙醇、沥青、石蜡、塑料等火灾。C类火灾：指气体火灾，如煤气、天然气、甲烷、乙烷、丙烷、氢气等火灾。D类火灾：指金属火灾，如钾、钠、镁、钛、锆、锂、铝镁合金等火灾。E类火灾：指带电火灾，物体带电燃烧的火灾。F类火灾：指烹饪器具内的烹饪物（如动植物油脂）火灾[77]。

根据火灾造成的损失情况，《生产安全事故报告和调查处理条例》中将火灾分为特别重大火灾、重大火灾、较大火灾和一般火灾四个等级，见表5-1。

根据受灾情况分类 表 5-1

名称	含义
特别重大火灾	造成30人以上死亡，或100人以上重伤，或1亿元以上直接财产损失的火灾
重大火灾	造成10人以上30人以下死亡，或50人以上100人以下重伤，或5000万元以上1亿元以下直接财产损失的火灾
较大火灾	造成3人以上10人以下死亡，或10人以上50人以下重伤，或1000万元以上5000万元以下直接财产损失的火灾
一般火灾	造成3人以下死亡，或10人以下重伤，或1000万元以下直接财产损失的火灾

5.1.2 火灾发生的条件

燃烧是一种放热、发光的化学反应。物质燃烧必须同时具备三个条件，可燃物、助燃物和着火源。

（1）可燃物：能在空气、氧气或其他氧化剂中发生燃烧反应的物质都称为可燃物，如木材、纸张、汽油、酒精等。可燃物从化学组成上分为有机可燃物和无机可燃物；从物质形态上分为气体可燃物、液体可燃物和固体可燃物。不同可燃物的燃烧难易程度不同，同可燃物的燃烧难易程度也会因条件改变而改变。

（2）助燃物：凡能帮助和支持可燃物燃烧的物质都叫助燃物，如空气、氧气、氯酸钾等。发生火灾时，空气是主要的助燃物。

（3）着火源：凡能引起可燃物燃烧的热能源均可称为着火源。着火源可以是明火，也可以是高温物体。它们可以由热能、化学能、电能、机械能转换而来。电器开关、电器短路、静电等产生的电火花，炉火、烟头、火柴、蜡烛等，是常见的引起火灾的着火源。

5.1.3　建筑火灾发展过程

一般建筑物室内发生的火灾，最初常常仅局限于起火部位周围的可燃物的燃烧，随着温度的上升，随后会延烧到室内其他可燃物，造成整个房间起火，进而再扩大到其他房间或区域，使整个建筑起火。室内火灾的发展过程可以用室内烟气的平均温度随时间的变化来描述，如图 5-1 所示。

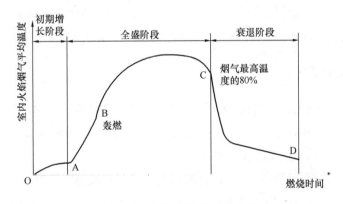

图 5-1　室内火焰温度-时间曲线

1. 初期增长阶段（OA 阶段）

室内火灾发生后，最初只是起火部位及其周围可燃物着火燃烧，这时燃烧状况与火在敞开的空间里燃烧相似。这一阶段的特点是：燃烧是局部的，仅限于初始起火点附近；发生火灾的部位平均烟气温度较低；火灾蔓延速度较慢，火势不够稳定，破坏力小；火灾持续时间取决于着火源的类型、物质的燃烧性能和布置方式，以及室内的通风情况等。

2. 全盛阶段（AC 阶段）

在火灾初起阶段后期，火灾范围迅速扩大，当火灾室内温度达到一定值时，聚积在室内的可燃气体突然起火，这时燃烧蔓延到了整个房间，室内可燃物都被引燃，温度迅速提高，燃烧比较稳定，直到室内燃烧产生的热与外围结构散失的热量接近平衡，否则温度继续上升，到达曲线 C 点的最高温度。火灾由初起到全面燃烧的瞬间称为轰燃，它是室内火灾最显著的特征之一，标志着火灾全面发展阶段的开始。

这一阶段室内进入猛烈燃烧的状态，燃烧强度增大，燃烧速度加快，燃烧面积扩大，放热速度很快，热辐射和热对流加剧，并出现持续性高温，最高温度可达 1100℃ 左右。火焰、高温烟气从房间的开口大量喷出，把火灾蔓延到建筑物的其他部分甚至相邻建筑。室内高温还对建筑构件产生热作用，使建筑构件的承载力下降，当温度到达一定值，甚至造成建筑物局部或整体倒塌破坏。该阶段持续的时间长短及最高温度取决于可燃物的性质和质量、门窗的部位及其大小等。

3. 衰退阶段（CD 阶段）

随着室内可燃物的减少，火灾燃烧速度下降，室内烟气平均温度也开始下降。当室内烟气平均温度下降到最高平均温度的 80% 时，火灾进入衰减熄灭阶段。随后，房间温度明显下降，直到房间内的全部可燃物烧尽，室内外温度趋于一致，火灾结束。火灾熄灭之前，温度还很高。在这一阶段，应注意防止建筑构件因较长时间受高温作用和灭火射水的冷却作用而出现裂缝、下沉、倾斜或倒塌破坏，确保消防人员的人身安全，并应注意防止火灾向相邻建筑蔓延。

上述三个阶段持续的时间与诸多因素有关，因此不同火灾其特性曲线也存在很大的差异。上述的火灾发展过程是火灾自然发展过程。实际上，大多数火灾发生和发展会受到人为控制，人们总会采取各种措施来控制火灾的发展。不同的措施可以在火灾的不同阶段发挥作用。

5.1.4 火灾的危害

随着我国经济的发展，人员密集的场所越来越多，一旦发生火灾，就很容易造成群体性伤亡。仅 2020 年一年，全国共接报火灾 25.2 万起，发生较大火灾 65 起，死亡 1183 人，受伤 775 人，直接财产损失 40.09 亿元。

对建筑物而言，由于高温的影响，会使得混凝土的体积膨胀，强度和刚度折减，使其承载力大幅度降低，影响结构的安全性。特别对于钢结构，钢材的机械性能——屈服点、抗拉强度和弹性模量等会因为温度的升高而急剧下降。不加保护的钢结构耐火极限为 15min 左右，在 450～650℃ 就会失去承载能力，产生较大形变，甚至发生垮塌。对建筑物结构来说，在高温过火情况下，造成破坏的主要原因有：

（1）高温作用。在高温下混凝土的强度和变形性能降低的机理大致可归纳为三点：混凝土内部各种水分蒸发后造成结构内部大量空隙和裂缝出现；粗骨料和水泥石的热能不一样，受热产生变形差异，内应力在材料交界面上产生，形成裂缝；凝胶材料的收缩产生的影响，水泥中的氢氧化钙等水化物在 500℃ 以后大量脱水分解，这使得水泥石密度降低乃至结构破坏，混凝土强度降低。

火灾高温对钢材的影响主要来自以下几个方面：原子的原有热振动加剧并且扩散，钢材产生软化，达到一定程度后抵消硬化的影响；高温下原子间的结合力降低，增大滑移变形，减小了抗滑能力；在 1400℃ 以上时，钢材进入液态相，失去了抵抗荷载的能力。因此火灾高温对冷加工钢筋的影响大于热轧钢筋。此外，火灾高温对钢材的影响还与钢材种类和生产加工工艺有关。

（2）爆炸作用。物质爆炸时，产生的高温高压气体以极高的速度膨胀，像活塞一样挤压周围空气，把爆炸反应释放出的部分能量传递给压缩的空气层，空气受冲击而发生扰动，使其压力、密度等产生突变，这种扰动在空气中传播就称为冲击波。冲击波的传播速度极快，在传播过程中，可以对周围环境中的机械设备和建筑物产生破坏作用和使人员伤亡。冲击波还可以在它的作用区域内产生震荡作用，使物体因震荡而松散，甚至破坏。冲击波的破坏作用主要是由其波阵面上的超压引起的。在爆炸中心附近，空气冲击波波阵面上的超压可达几个甚至十几个大气压，在这样高的超压作用下，建筑物被摧毁，机械设备、管道等也会受到严重破坏。当冲击波大面积作用于建筑物时，波阵面超压在 20～30kPa 内，就足以使大部分砖木结构建筑物受到强烈破坏。

（3）附加荷载。建筑物的荷载能力与安全性存在着必然的联系，若出现超负载情况，也会导致火灾坍塌事故的发生。当高温过火导致建筑物内局部结构发生倒塌，灭火时大量灭火剂的使用，室内书籍、棉织物等吸水，消防喷水灭火后大量积水未及时排出，在扑灭火灾的过程中，大量工作人员进入现场等因素，都会导致重量大量增加，使得建筑物内活荷载加大，减小了安全系数，而结构承重构件在高温下性能削弱，当荷载超过结构安全所允许的范围时，建筑结构就会发生破坏。

图 5-2 给出中国 2011—2020 年火灾统计结果[78]。面对火灾所造成的危害，预防火灾的发生和控制火灾的蔓延显得尤为重要。本章将从材料、结构方面，分别阐述材性、设计在控制火灾危害中的作用，以及介绍防火减灾的措施与对策。

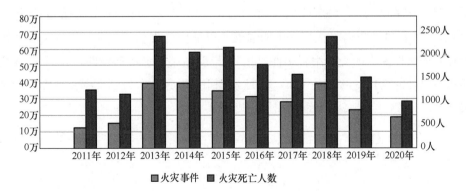

图 5-2　2011—2020 年中国火灾统计结果

5.2　材料的高温性能

材料在高温下的力学性能是指其在高温下或是高温后刚度、强度、弹性模量等随着温度的升高而变化的规律。各种材料在火灾作用下，其力学性能的变化各不相同。对于不燃烧材料，遇火虽然不燃烧，但它会随着火灾温度的上升而降低强度，特别是当温度上升到一定程度后，其强度可能会显著下降，进一步会使构件的承载性能下降，造成结构损伤，甚至使构件丧失承载力，导致构件失稳或爆裂穿孔等。因此，建筑材料尤其是结构材料在火灾高温下保持良好的力学性能具有重要作用，有利于建筑物的防火。

5.2.1　高温下钢材的力学性能

钢材是现代建筑结构主要用材之一，质量轻、强度高是其主要优点。钢材遇火不燃烧，也不向火源提供燃料，但是钢结构构件导热系数大（是混凝土材料的 40 倍），受到火的作用将迅速变软，继而造成结构坍塌。因此，未做防火保护的钢结构不耐火，火灾对钢结构的威胁远远大于钢筋混凝土结构和砖石结构[12]。

在工程实际中，为了评估火灾后建筑物的损伤程度，必须对火灾后型钢及钢筋混凝土的力学性能进行分析。因此，火灾后钢材力学性能的变化是一个不可缺少的参数。结合相关研究成果，钢材在高温下的物理力学性能可总结如下：

1. 强度

普通钢材，随着温度的升高，其屈服台阶变得越来越小。在 300℃ 以下时，其强度在高温时略高，但塑性降低。在温度超过 300℃ 以后，其屈服强度取决于条件屈服强度，已经没有明显的屈服极限和屈服台阶。因此需要指定一个强度作为钢材的名义屈服强度。通常以一定量的塑性残余应变（名义应变）所对应的应力作为钢材的名义屈服强度。众所周知，在常温下一般取 0.2% 的应变作为名义应变。而在高温下，对于名义应变的取值没有统一标准。ECCS 规定，当温度超过 400℃ 时，以 0.5% 的应变作为名义应变，当温度低于 400℃ 时，则在 0.2%（20℃ 时）和 0.5% 的应变之间进行线性插值确定。英国 BS5950：Part8 提供 3 个名义应变水平的强度，以适应各类构件的不同要求，即 2% 应变适用于有防火保护要求的受弯组合构件，1.5% 应变适用于受弯钢构件，0.5% 应变适用于除上述两类以外的构件。欧洲规范 EC3、EC4 则取 2% 应变作为名义应变来确定钢材的名义屈服强度。ECCS 给出高温下钢的屈服强度公式为：

$$\frac{f_{yT}}{f_y} = 1 + \frac{T}{767\ln\dfrac{T}{1750}} \qquad (0 \leqslant T \leqslant 600℃) \qquad (5\text{-}1a)$$

$$\frac{f_{yT}}{f_y} = \frac{108\left(1 - \dfrac{T}{1000}\right)}{T - 440} \qquad (600℃ \leqslant T \leqslant 1000℃) \qquad (5\text{-}1b)$$

对于普通热轧钢筋，当温度小于 300℃ 时，其屈服强度降低 10% 以内，而当温度升高到 600℃ 时，其屈服强度只剩下常温时的 50% 左右，屈服台阶亦随温度的升高逐渐消失。高温下钢筋的应力-应变关系表达式如图 5-3 所示。

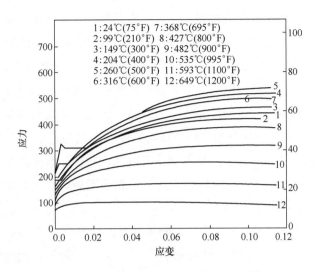

图 5-3　高温下钢筋的应力-应变关系[3]

普通低合金钢筋在 300℃ 以下时，其强度略有提高但塑性降低；超过 300℃ 时，其强度降低而塑性增加。低合金钢强度降低幅度比低碳钢稍小。冷加工钢筋（冷拔、冷拉）在冷加工过程中所提高的强度随温度升高而逐渐减小和消失，但冷加工所减小的塑性可得到恢复。高强钢丝没有明显的屈服强度，在火灾高温作用下，其极限抗拉强度值降低要比其他钢材更快[3]。

2. 弹性模量

钢材的弹性模量随温度升高而降低，具体表现为：在 0～600℃ 范围内，弹性模量随温度升高而逐渐降低；当超过 600℃ 后，其随温度升高而显著下降。高温冷却后，钢材的弹性模量与常温下的基本相同，故一般可考虑不予折减。同时也可看出，冷却方式的不同对于弹性模量没有明显的影响。

根据试验研究，很多国家给出了钢材弹性模量与温度关系的计算方案。在进行抗火灾分析时，这种差别会给高温下结构的变形和极限状态计算结果带来较大的差异。当 $0 \leqslant T \leqslant 600℃$，目前国内多采用 ECCS 建议的方案：

$$\frac{E_T}{E} = -17.2 \times 10^{-12} T^4 + 11.8 \times 10^{-9} T^3 - 34.5 \times 10^{-7} T^2 + 15.9 \times 10^{-5} T + 1 \quad (5-2)$$

式中：E——常温下的弹性模量（N/mm²）；

　　　E_T——温度为 T 时的初始弹性模量（N/mm²）。

3. 高温对钢材性能的作用机理分析

钢在常温下的基本组织是铁素体、渗碳体和珠光体三种。铁素体是碳在 a-Fe 中的固溶体。铁素体内原子间的空隙较小，溶碳能力较低，常温下仅能溶碳 0.006%，在 727℃ 时溶碳量最大，但也只有 0.02%，由于溶碳量少，其性质极其柔软，塑性和韧性很好，但硬度和强度较低。渗碳体是碳和铁形成的化合物 FeC，其含碳量达 6.69%，晶体结构复杂，外力作用下不易变形，故性质非常硬脆，抗拉强度很低，塑性及韧性几乎等于零。珠光体是铁素体和渗碳体组成的机械混合物，两成分相间片状存在于同一晶粒内，含碳量为 0.77%，其性质介于铁素体和渗碳体之间，既有一定的强度和硬度，也有一定的塑性和韧性，它只存在于 727℃以下，当温度高于 727℃以上时，就转变为奥氏体。

常温下热轧钢筋的内部微观组织是珠光体和铁素体组成的亚共析体。随着受火温度的升高，珠光体晶粒开始变小，在温度超过 300℃时，珠光体开始分解成铁素体和渗碳体；当温度为 550℃左右时，渗碳体开始聚结成球状，随着温度的进一步升高，球化加速，得到的球化组织越粗软，同时，铁素体越来越清楚可见，并且开始转化为等轴晶粒，因此强度降低。另一方面，在 500℃以上的高温作用下，钢表面脱碳形成脱碳层，含碳量下降，珠光体减少使强度有所降低。

在 700℃以上，自然冷却与喷水冷却下的强度都比炉内冷却的高，这主要是钢筋内部产生了相变的原因。700℃以上的自然冷却相当于一个正火过程，钢筋中出现了索氏体，故强度有所提高，但幅度不大，当在 700℃以上喷水冷却时，则相当于一个淬火过程，钢筋中出现马氏体，强度则大幅度提高。700℃以上的炉内冷却相当于一个退火过程，在退火过程中加热时，奥氏体的含碳量是不均匀的，在随后的慢冷或等温保持中，不均匀的奥氏体中的高碳处，会成为渗碳体的均匀形核位置，从而使部分渗碳体直接成长为球状，但仍有部分不可避免地以片状方式成长，这一部分片状碳化物则在随后的慢冷或等温过程中逐渐球化。

5.2.2　高温下混凝土的力学性能

混凝土是非均质材料，其结构组成为水泥石、骨料、水分，并有孔隙和微裂缝。在高温作用下，由于混凝土逐渐脱水、水泥石和骨料的变形有差异等原因，会导致其物理力学性能如抗压强度、抗拉强度和弹性模量发生变化。

混凝土高温应力-应变模型如下。欧洲规范 EC2：Part 1.2 给出高温下混凝土的应力-应变关系为两个阶段，第一阶段为上升段，表达式为：

$$\sigma = \begin{cases} \dfrac{3\varepsilon f_{cT}}{\varepsilon_{c1T}\left[2+\left(\dfrac{\varepsilon}{\varepsilon_{c1T}}\right)^3\right]} & (\varepsilon \leqslant \varepsilon_{c1T}) \\[4mm] \dfrac{(\varepsilon_{culT}-\varepsilon)f_{cT}}{\varepsilon_{culT}-\varepsilon_{c1T}} & (\varepsilon_{c1T} < \varepsilon \leqslant \varepsilon_{culT}) \end{cases} \tag{5-3}$$

式中：ε_{c1T} 为在温度为 T 时混凝土达到极限抗压强度对应的应变；ε_{culT} 为在温度为 T 时混凝土达到极限抗压强度后下降为 0 时对应的应变；f_{cT} 为在温度为 T 时混凝土的极限抗压强度。

第二阶段可以采用线性或非线性下降段，一般采用线性段，式（5-3）中的第二阶段就是采用线性下降段，高温下混凝土的应力-应变关系表达如图 5-4 所示。

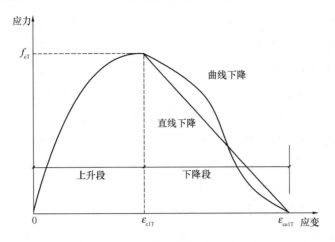

图 5-4 高温下混凝土应力-应变关系[79]

1. 抗压强度

混凝土的抗压强度是力学性能中最基本、最重要的一项。在高温作用下，混凝土的抗压强度在 300℃ 以内，混凝土的抗压强度在常温（20℃）抗压强度值上下波动，变化幅度约在 −8％ 和 +5％ 之间，并在温度达 300℃ 左右时开始下降，当温度升至 600℃ 时，将降为常温下抗压强度的 45％，当温度达到 900℃ 时，抗压强度已不足常温下的 10％，而到 1000℃ 则几乎完全丧失。另外，喷水冷却比自然冷却时的混凝土强度低。图 5-5 给出了国外学者总结的混凝土抗压强度与温度的关系曲线，其中还建议了实用的设计曲线。

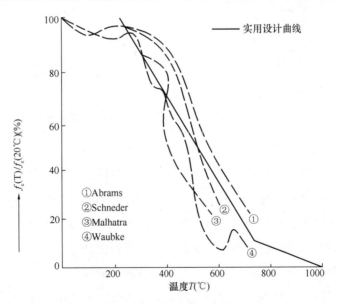

图 5-5 高温后混凝土抗压强度与温度的关系[79]

2. 抗拉强度

在普通钢筋混凝土结构设计中一般主要考虑压应力而忽略拉应力，但拉应力却始终存在且成为混凝土开裂的关键。混凝土在常温下直接受拉就很容易开裂。当火灾发生后，混凝土因受热而膨胀，混凝土构件裂缝增多增大，特别是在主拉应力作用区，在混凝土内部产生温度应力，并引起局部微裂缝出现，此时受拉则混凝土更易开裂。混凝土抗拉强度的变化从 50℃左右开始，之后随温度的升高基本上是呈一条直线下降，并在 400℃以后下降剧烈。这是由于 400℃后混凝土内产生大量裂缝，在单轴拉力下，裂缝横切于拉应力方向，裂缝的存在减少了截面的有效面积，而且压应力能抑制裂缝的开展，相反，拉应力则促使裂缝开展，使结构更易破坏。至 600℃时抗拉强度几乎全部丧失。

3. 弹性模量

弹性模量是结构计算中的一个极其重要的物理参数，其数值的大小对结构的变形、内力分布乃至稳定性有着极大的影响。当室内温度小于 50℃时，混凝土的弹性模量基本没有变化，然后随着温度的上升，混凝土的弹性模量逐渐降低，当达到 800℃时，混凝土的弹性模量将只有常温时的 5%左右。而火灾温度常常高于 800℃，这时由于混凝土结构弹性模量急剧下降，可能导致结构丧失整体稳定性并继而引起垮塌。高温后混凝土弹性模量降低系数与温度的关系如图 5-6 所示。

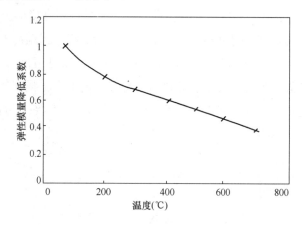

图 5-6　高温后混凝土弹性模量降低系数与温度的关系

4. 高温对混凝土性能的作用机理分析

根据已有的试验研究，各种因素对混凝土高温强度的影响有：轻骨料和钙质骨料混凝土高温强度高于硅质骨料混凝土；混凝土的强度越高，高温下的强度损失越大，但是绝大部分的强度损失在加热后的前两天出现；混凝土高温后的降温过程中会出现新的损失，因此，试件在高温后降至常温的强度略低于最高温下测得的强度[3]。

高温作用下混凝土受损伤破坏主要有以下几方面的原因：

（1）水分蒸发后形成的内部孔隙和裂缝。混凝土受高温作用后水分要逐渐脱去。这些水分大体可分为两类：一类是游离水，另一类是水化矿物中的化合水或结晶水。混凝土中的水分在火灾高温作用下大量逸出，导致内部结构性质发生变化，以致破坏。

（2）骨料本身受热膨胀破裂。混凝土在受高温时会发生晶体转化或分解，此时伴随着巨大的膨胀，一些骨料内部开始形成裂缝，并随着温度的升高而逐渐发展，导致混凝土强度降低。

（3）粗骨料和其周围水泥浆体热工性能不协调，形成变形差和内应力，并造成破坏。水泥石在加热过程中产生较大的收缩，而被水泥石包裹的骨料却在加热过程中随温度的升高而膨胀。这不仅使水泥石和骨料之间的接触处产生应力，破坏粘结，而且骨料在膨胀过程中，也会把水泥石包裹层撑裂，使混凝土强度受到明显影响[4]。

5.2.3 高温下砌体的力学性能

砌体主要是由块材和砌筑浆体砌筑而成的受力构件。块材主要有黏土砖、石材、混凝土砌块等。砌体结构在我国的建筑中占较大部分的比例。因此，砌体结构抗火性能的研究对于保证居民生命财产安全仍具有重要的意义

黏土砖经过高温煅烧，不含结晶水等水分，即使含极少量石英，对制品性能影响也不大，因而再次受到高温作用时性能保持平稳，耐火性良好。黏土砖受 $800 \sim 900℃$ 的高温作用时无明显破坏。耐火试验得出，240mm 非承重砖墙可耐火 8h，承重砖墙可耐火 5.5h。

砂浆由胶结材料（水泥、石灰等）、细骨料（砂）和水拌合而成。由于砂浆骨料细、含量少，因此骨料对凝结硬化后的坚硬砂浆高温性质的影响不如混凝土那样显著。砂浆在温度 400℃ 以下，强度不降低，甚至有所增大；在超过 400℃ 以后，强度显著降低，且在冷却后强度更低。这是由于砂浆中含有较多的石灰，这些石灰加热时会分解出 CaO，冷却过程中 CaO 吸湿消解为 $Ca(OH)_2$，从而引起体积急剧增大、组织酥松。同时，砂浆和轻集料混凝土的弹性模量都是随着温度的上升而下降，且下降趋势呈线性。

一般来说，砌体的高温力学性能指标主要有抗压强度、弹性模量和应力-应变关系等，各项性能随温度升高，都有不同程度的劣化，最终都接近衰竭，难以再加利用。

1. 抗压强度

尽管国内外对砌体的高温抗压强度进行了很多的研究，但是其结果往往都会有所差异，使得目前国内外并未形成一个统一的公式，更多的是对试验数据的处理，从而给出强度的折减系数。另外高温下构件力学参数的量测对设备要求较高，所以国内学者多数进行了高温冷却后的抗压强度试验研究。

研究发现，在低温阶段，因为材料成分、试件尺寸、加热条件和环境湿度等因素的不同，会导致抗压强度随温度变化趋势的不一致；当温度超过 500℃ 后，抗压强度普遍下降。研究认为黏土砖的抗压强度随温度上升持续下降，而轻集料混凝土砌块的抗压强度则会有少许上升，待到温度超过 400℃ 后才开始下降。

2. 弹性模量

砌体结构的弹性模量随着温度上升一般呈下降趋势。在力学上最直观的体现就是，块体和砂浆受热后会产生微小的裂纹，造成材料的损伤，降低了其刚度。但是对于黏土砖，弹性模量随温度变化的情况是，在 $200 \sim 750℃$ 时，黏土砖的弹性模量出现了上升，之后

开始急剧下降。同时黏土砖的烧结温度会影响其在高温下的弹性模量。

3. 应力-应变关系

砌体构件在高温下和高温冷却后，虽然抗压强度、弹性模量等力学参数会有所不同（高温冷却后的力学性能会下降得更多），但是均呈脆性破坏。国内外许多学者建立了块体、砂浆和砌体构件在不同温度下的本构模型。现有的研究数据显示：不论在常温还是高温下，黏土砖的应力-应变曲线在上升段（达到峰值应力前）几乎呈线性发展；下降段时应力则迅速降到0，呈现出明显的脆性破坏形式；而轻集料混凝土砌块和砂浆的曲线在上升段均呈非线性。

5.3　结构的抗火设计

建筑物可拆分为各类建筑构件，建筑构件的耐火性能表示建筑构件在火灾作用下表现出来的行为，包括构件温度场的分布、构件的耐火极限、构件的承载能力及构件火灾下的变形性能等。建筑构件的燃烧性能分为三类：第一类是非燃烧构件；第二类是难燃烧构件；第三类是燃烧构件。在我国的《建筑设计防火规范（2018年版）》GB 50016—2014中使用了耐火极限的概念，建筑构件的耐火极限是指在标准耐火试验条件下，建筑构件、配件或结构从受到火的作用时起，到失去稳定性、完整性或隔热性为止的这段时间，用小时表示。

耐火极限的概念在国际上也为人所用，它的好处在于直接明了地给人们一个构件耐火能力的量度。耐火极限值的确定取决于建筑物的用途、重要程度、灾害后的可修复程度以及我国现有结构构件的实际耐火水平。为了测试构件的耐火能力，需要进行构件的耐火性能试验。为了使试验结果能够相互进行比较，多个国家和组织都制定了标准的室内火灾升温曲线，供耐火试验和耐火设计时参考，如国际标准化组织制定的ISO834（1999）标准升降温曲线，被包括我国在内的大多数国家所使用[79]。这条升温曲线的表达式为：

$$T = 345 \lg(8t + 1) + 20 \tag{5-4}$$

式中：T 为室内平均温度（℃）；t 为火灾作用时间（min）。

5.3.1　钢筋混凝土结构构件的耐火性能

钢筋混凝土构件在高温下的性能主要受材料高温性能及材料间粘结强度的影响，混凝土结构中钢筋与混凝土之间的粘结力反映钢筋与混凝土之间相互作用的能力，通过粘结作用来传递两者的应力和协调变形。钢筋与混凝土之间的粘结力主要组成部分为：钢筋与水泥胶体的吸附和粘着力，约占总粘结力的10%；混凝土在钢筋环向方向的收缩、钢筋微弯或直径不均匀所产生的摩阻力，占总粘结力的15%～20%；混凝土与钢筋接触表面上凹凸不平的机械咬合力，约占总粘结力的75%[80]。

在高温作用下，由于钢筋和混凝土之间的差异变形增大，接触面上的剪应力随之增大，加上混凝土抗压强度降低和混凝土内部产生裂缝等原因，从而使钢筋与混凝土的粘结力逐渐降低，直至完全破坏。钢筋与混凝土粘结强度随温度的变化关系如图 5-7 所示。

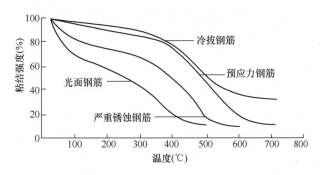

图 5-7　钢筋与混凝土的粘结强度随温度的变化关系[81]

推荐使用高温冷却后的残余粘结强度的损伤系数 K_τ[80]，见表 5-2。

钢筋混凝土高温冷却后的残余粘结强度的损伤系数 K_τ 　　　表 5-2

温度（℃）		100	200	300	400	500	600	700
K_τ	变形钢筋	0.93	0.84	0.75	0.58	0.4	0.22	0.05
	光面钢筋	0.84～0.89	0.62～0.75	0.40～0.60	0.20～0.35	0～0.10	—	—

注：光面钢筋为新轧者取下限值，严重锈蚀者取上限值。

1. 钢筋混凝土梁

钢筋混凝土梁的耐火性能主要与保护层厚度和梁所承受的荷载有关。试验证明，当钢筋混凝土梁按照常温下设计的荷载加载时，在火灾高温作用下，保护层厚度越大，则梁的耐火性能越好，保护层厚度越小，则钢筋的温度会越高。在遭受火灾时，钢筋混凝土梁一般处于三面受火的状态，且梁的底部受拉区会直接受火，往往梁会沿主筋方向出现纵向裂缝及跨中出现横断裂缝。梁在高温作用下将发生严重变形并导致内力重分布。因此梁构件除承受正常荷载外，还有温度产生的附加荷载作用，会使梁承受弯矩的能力大为降低。试验研究表明，钢筋混凝土梁在火灾温度作用下，会在下述几个方面发生变化：

（1）当混凝土温度升高时，不同成分的组成材料在受热后力学性能会发生变化，会导致混凝土产生裂缝，造成混凝土骨料与填质料之间的粘结强度下降，从而会导致混凝土的抗压强度下降，而钢筋在温度作用下屈服强度会显著下降。由于钢筋与混凝土强度的下降，在发生火灾时，会导致构件受压区混凝土局部被压碎、受拉钢筋被拉断。故发生火灾时，混凝土结构中梁板构件的主要破坏特征体现在裂缝的宽度和挠度，火灾温度和主筋保护层厚度直接影响结构的承载能力。

（2）发生火灾作用时，钢筋混凝土梁中的受力纵筋在屈服前，梁的挠度与常温对比变化不大，但是从受力纵筋屈服到受压区混凝土被压碎的阶段中，梁的挠度会大幅度减小，延性大幅度下降，此时梁会呈脆性破坏趋势，同时构件的温度越高，挠度会越小，构件的脆性越大。

（3）火灾作用下钢筋和混凝土会发生热膨胀与徐变的差异，从而会导致钢筋混凝土梁产生纵向和横向的裂缝，温度应力越大，裂缝的数目则会越多，裂缝宽度也会越宽。这些裂缝的出现会先于未遭受火灾作用的梁，裂缝在出现后，会在荷载作用下迅速延伸、扩大，同时梁的挠度会随之增加。

2. 钢筋混凝土柱

钢筋混凝土柱在火灾时有单面受火（外墙柱）、两侧受火（角柱）以及三侧、四侧受火等多种情况。由于室温的竖向分布特点，柱的中上部一般受损较严重。在高温下，偏心受压构件破坏时的挠度远大于常温下的挠度，且裂缝较宽、较深。试验证明钢筋混凝土柱在火灾作用下会存在以下特征：

（1）混凝土在火烧或高温作用下的强度变化。普通混凝土从常温到 200℃ 范围内，强度会随着温度上升有所提高；在 200℃ 以后，水泥中的含水硅酸钙的脱水作用加剧，在一定程度上减少了强度；当温度达到 500℃ 以后，由于含水硅酸钙的脱水，水泥砂石结构被破坏，加之混凝土内各种材料的热应力变化，使混凝土强度快速降低；当温度达到 800～900℃ 时，其内部游离水、结晶水等基本上消失，强度几乎全部丧失。

（2）受压钢筋在火烧或高温作用下的强度变化。由于火烧时温度不断升高，混凝土保护层的热量逐步传递给其包裹的钢筋，使钢筋因受热膨胀。由于钢筋和混凝土的膨胀系数不同，使两者的粘着力逐渐下降，最终导致混凝土与钢筋的粘结力消失，从而使柱体的受力性能遭到破坏。

（3）发生火灾时，钢筋混凝土柱体内的温度外部高而内部相对较低，故柱体强度的下降也是外部较大、内部较小。由于火烧时温度不断升高，柱体将由表到里逐渐丧失强度，直到完全失去承载能力而破坏。钢筋混凝土柱的耐火极限，在通常情况下是随着截面增大而增大的。

3. 钢筋混凝土楼板

楼板的耐火性能受板的保护层厚度、支承情况及制作等因素的影响。试验证明，在同样设计荷载及相同保护层的情况下，四面简支现浇钢筋混凝土楼板的耐火极限大于非预应力钢筋混凝土预制板的耐火极限，非预应力钢筋混凝土楼板的耐火极限大于预应力钢筋混凝土楼板的耐火极限。预应力楼板耐火极限偏低的主要原因：一是由于钢筋经冷拔、冷拉后产生的高强度，在火灾温度作用下下降很快；二是在火灾温度作用下，钢筋的蠕变要比非预应力丧失快几倍，因而挠度变化快，导致很快失去支持能力。

4. 钢筋混凝土屋架

钢筋混凝土屋架的耐火性能与主钢筋保护层的厚度有关，一般情况下，其钢筋保护层厚度为 2.5～3.0cm 时，耐火极限可达到 1.5～1.7h。但预应力钢筋混凝土屋架的耐火极限比普通钢筋混凝土梁低。

5.3.2 钢结构构件的耐火性能

1. 钢梁

没有采取耐火措施的钢梁，在正常情况下钢材的受力性能很好，但其耐火极限很低，远不如钢筋混凝土构件。试验证明，在火灾温度作用下，当温度达到 700℃左右，梁的挠度增加迅速，并且很快失去承载能力。钢梁如果不加防火保护层等保护措施，在火灾温度作用下，耐火时间仅为 15min 左右[82]。钢梁耐火极限低的主要原因是钢材高温作用下逐渐软化，其强度和刚度大幅度下降。为了提高钢梁等构件的耐火极限，可采取有效的防火保护措施。

2. 钢柱

试验和火灾实例都证明，无防火保护层的钢柱，耐火极限一般为 0.25h。因此采用钢结构的高层建筑，必须根据建筑物使用性质，选用较高耐火极限的防火保护层钢柱。由于保护层的材料厚度不同，其耐火极限也不同，一般可达到 1~4h。

3. 钢屋架

火灾实例说明，无保护层钢屋架的耐火极限很差，在发生火灾时，一般 15min 左右就会塌落。因此，当一些大跨结构必须采用钢屋架时，应采取必要的防火保护措施，以提高其耐火能力[83]。

5.3.3 提高结构构件耐火性能的措施

1. 钢筋混凝土构件防火保护措施

(1) 适当增大钢筋混凝土构件的截面尺寸。构件的截面尺寸越大，其耐火极限越长，增大构件截面面积可以十分有效地提高钢筋混凝土构件的耐火性能。

(2) 增加钢筋混凝土构件的保护层厚度。钢筋混凝土构件的耐火性能主要取决于其受力钢筋在温度升高时的强度变化情况，增加钢筋混凝土构件的保护层厚度，可以有效减缓发生火灾时温度向构件内部受力钢筋的热量传递，从而可延缓钢筋强度的迅速下降，保证钢筋混凝土结构的承载能力，提升钢筋混凝土构件的耐火性能。

(3) 对构件进行耐火构造设计。在结构设计中，对钢筋混凝土构件进行耐火构造设计，能够有效地抵御温度作用下结构发生过大的挠曲和断裂，可以有效地延长构件地耐火极限，提升结构的承载能力。

2. 钢结构构件防火保护措施

(1) 增大钢结构构件的截面尺寸。钢结构构件截面周长与截面面积之比越大，截面接受的热量越多，耐火性越差，在温度作用下，构件最热的部位是凸角处，且高温更容易损坏细长型的构件。

(2) 在钢结构构件的表面做耐火保护层。在进行构件设计时考虑使用现浇混凝土作为耐火保护层 (图 5-8)，通常可用普通混凝土、轻质混凝土、加气混凝土等。进一步的，

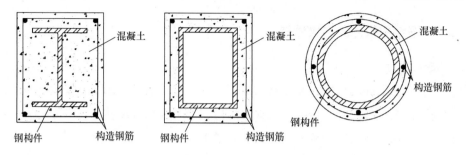

图 5-8　采用外包混凝土作为耐火保护层

由于在火灾高温的作用下，钢材表面如果直接设置混凝土作为耐火保护层，混凝土表层则易于脱落，难以达到提升耐火性能的目的，故可在钢材的表面设置钢丝网，再加以现浇混凝土进一步提升构件的耐火性能[84]。

（3）可对钢梁、钢屋架做耐火吊顶与防火保护层。对钢梁、钢屋架下侧做耐火吊顶，会大大提升其耐火能力。在发生火灾时，钢梁与钢屋架的下侧通常会直接受到火焰带来的温度作用，增设耐火吊顶后，可大幅减缓构件中钢材的温度升高。

（4）可在钢结构构件表面涂覆防火涂料。防火涂料涂敷于建筑构件可有效提高其耐火极限，涂于可燃性材料表面，可改变其燃烧性能，在建筑构件、装修材料方面的应用前景十分广阔，采用防火涂料的钢结构防火保护一般构造如图 5-9 所示。

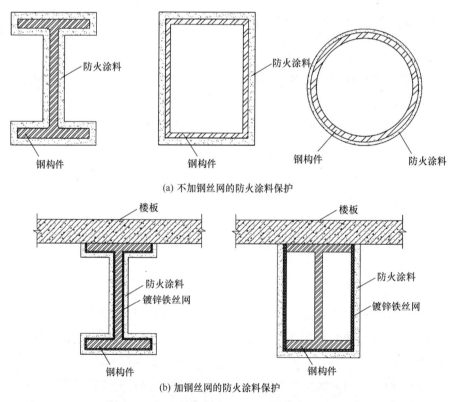

图 5-9　采用防火涂料的钢结构防火保护一般构造

5.3.4 混凝土结构的抗火设计

1. 构件截面温度场计算

为了计算火灾时钢筋混凝土构件的承载力，必须了解构件内温度的分布。在某一瞬时，空间各点温度分布的总体称为温度场，它是以某一时刻在一定时间内所有点上的温度值来描述的，可以表示成空间和时间坐标的函数。在直角坐标系中，温度场可描述为

$$T = f(x, y, z, t) \qquad (5-5)$$

若温度场各点的值均不随时间而变化，则温度场为稳定温度场；否则，称为不稳定温度场。对于给定的钢筋混凝土梁、板、柱，根据其边界条件和初始条件，由热传导微分方程，可求出构件的温度场。对于表面带有抹灰或其他饰面材料的钢筋混凝土构件，如果饰面材料是难燃或不燃的，则对构件起到保护作用。此时，计算饰面层下构件温度场时应考虑面层的影响。建议把面层厚度换算成混凝土的折算厚度，然后按增大后的截面确定温度场。

2. 轴心受力构件抗火计算

轴心受拉构件主要用作屋架下弦杆及柱间支撑，其受火条件可按四面受火情况考虑。在高温条件下，当截面达到其承载力极限状态时，混凝土已经产生贯通裂缝，荷载仅由钢筋抵抗，其承载力应考虑钢筋抗拉设计强度的折减，其折减系数可由处于温度场中钢筋的温度确定。

轴心受压构件的外荷载由钢筋和混凝土共同承担。对于钢筋，只要求得钢筋的温度，可通过钢筋强度折减系数求出钢筋所承担的外力。对于混凝土，由于截面上各处温度不同，故把截面分成网格，分别求出每一网格的中点温度，进而求出单元的混凝土强度折减系数和该单元所能抵抗的外力，然后通过求各单元混凝土承载力之和确定整个截面混凝土所承担的外力。同时，对于轴压构件，纵向弯曲所引起的承载力降低可通过纵向弯曲稳定系数予以考虑[64]。

3. 受弯构件抗火计算

根据已有的试验研究和理论分析可知，钢筋混凝土构件在高温下和高温后的破坏形态和模式，截面极限应力和应变等都与常温构件类似。故对常温构件的计算原则和方法都适用于高温构件，只是钢筋和混凝土的强度和变形指标劣化需依据截面温度分布做出相应的修正。对构件在高温中和高温后的极限承载力计算可采用以下基本假定：截面应变线性分布，即符合平截面假定；忽略混凝土的高温抗拉作用（$f_t^T = 0$）；钢筋与混凝土之间无相对滑移；不同受火情况下的截面温度场已知。

钢筋混凝土构件截面上的温度是不均匀的，相应地就会有不等的抗压强度值（f_c^T），使其极限承载力的计算复杂化。因此应用等效截面法将此截面转换成一个匀质混凝土截面，再运用现行规范中的方法和公式进行计算。混凝土梁构件遭受火灾时，主要是单面和三面受火。在这种情况下，梁所处的环境是二维温度场，下面介绍梁等效截面的确定方法。

以一维温度场的矩形截面为例，首先根据已经确定的截面温度分布，计算各相关的等温线的位置，如图 5-10 所示。按照截面极限承载力等效，即截面上混凝土压应力的合力值和作用位置等效的原则，将各温度区段的截面实有宽度按混凝土不同的计算高温强度的比例（f_c^T/f_c）加以折减，即得相应的等效梯形或者单、双翼缘的 T 形截面［图 5-10（b）］，其中 h_2、h_3、h_5、h_8 分别表示 200℃、300℃、500℃、800℃ 等温线区域高度。此后，对构件的极限承载力就可按匀质混凝土（f_c）的等效截面进行计算，与常温构件无异。对在二维温度场中的矩形截面梁，可按照同样的原则和方法确定等效截面。

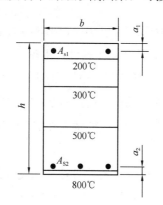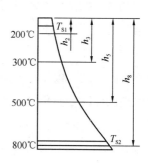

(a) 截面温度分布

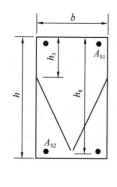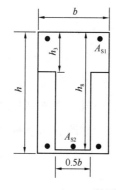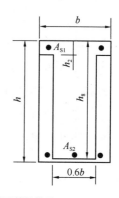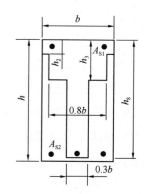

(b) 不同类型等效截面

图 5-10　等效截面的确定

上述的基本假设和确定等效截面的方法中，实际还包含了另一些假设：忽略了截面上温度应力的作用；不考虑温度-应力途径对混凝土高温强度的影响；截面上受压区混凝土的极限应力图近似取为矩形，强度值为 f_c 等。

5.3.5　钢结构的抗火设计

对于钢结构，由于钢材的耐火性能较差，在设计时必须进行钢构件的抗火设计。火灾作用下，随着结构内部温度的升高，结构承载力下降，当结构的承载能力下降到与外荷载产生的组合效应相等时，则结构达到受火承载力极限状态。

基于以上分析，结构抗火的设计要求可表示为：

$$结构抗火能力 \geqslant 结构抗火需求$$

本节主要运用基于计算的构件抗火设计方法，对钢结构中梁、柱等基本构件以及梁柱结构进行抗火设计，在本节钢结构构件的抗火计算与设计中，我们采用以下基本假定：

(1) 火灾下钢构件周围环境的升温时间过程按国际标准组织（ISO）推荐的标准升温曲线式（5-4）。

(2) 钢构件内部的温度均匀分布。钢构件为等截面构件且防火被覆均匀分布。

(3) 高温下普通钢材的强度折减系数 η_T 计算如下：

$$\eta_T = \frac{f_{yT}}{f_y} = 1.0 \quad 20℃ \leqslant T_s \leqslant 300℃ \tag{5-6a}$$

$$\eta_T = \frac{f_{yT}}{f_y} = 1.24 \times 10^{-8} T_s^3 - 2.096 \times 10^{-5} T_s^2 + 9.228 \times 10^{-3} T_s - 0.2168$$

$$300℃ \leqslant T_s \leqslant 800℃ \tag{5-6b}$$

$$\eta_T = \frac{f_{yT}}{f_y} = 0.5 - T_s/2000 \quad 800℃ \leqslant T_s \leqslant 1000℃ \tag{5-6c}$$

(4) 为便于工程应用，在常用的范围内通过曲线拟合，近似确定构件所需的防火层厚度 d_i：

$$d_i = 5 \times 10^{-5} \times \frac{\lambda_i}{\left(\dfrac{T_d - 20}{t} + 0.2\right)^2 - 0.044} \cdot \frac{F_i}{V} \tag{5-7}$$

式中：T_d 为构件的临界温度，℃；t 为构件的耐火极限，s；λ_i 为防火材料热传导系数，W/(m·℃)；$\dfrac{F_i}{V}$ 为截面形状系数，截面单位长度受火面积与体积之比，m^{-1}。

(5) 高温下钢材弹性模量降低系数：

$$\frac{E_T}{E} = \frac{7T_s - 4780}{6T_s - 4760} \quad 20℃ \leqslant T_s \leqslant 600℃ \tag{5-8a}$$

$$\frac{E_T}{E} = \frac{1000 - T_s}{6T_s - 2800} \quad 600℃ \leqslant T_s \leqslant 1000℃ \tag{5-8b}$$

1. 钢柱的抗火设计

1) 轴心受压钢柱的抗火设计

常温下，轴心受压钢构件的截面承载力为：

$$\sigma_{cr} = \varphi f_y \tag{5-9}$$

同理，高温下，轴心受压钢构件的截面承载力也写成以下形式：

$$\sigma_{cr} = \varphi_T f_{yT} \tag{5-10}$$

式中：φ 和 φ_T 分别为常温下和高温下轴压钢构件的稳定系数。

定义轴心受压构件高温下和常温下的稳定系数之比为 α_c，α_c 的取值主要取决于构件的温度和长细比 λ。

$$\alpha_c = \frac{\varphi_T}{\varphi} = \frac{\sigma_{crT} f_y}{\sigma_{cr} f_{yT}} = \frac{\sigma_{crT}}{\sigma_{cr} \eta_T} \tag{5-11}$$

在得到轴心受压构件的整体稳定系数后，当构件达到承载力极限状态时，按下式进行抗火设计：

$$\frac{N}{\varphi_T A} = \eta_T \gamma_R f \tag{5-12}$$

与受弯构件类似，定义轴心受压构件的荷载比为：

$$R = \frac{N}{\varphi A f} \tag{5-13}$$

将式（5-12）代入式（5-13）可得：

$$R = \alpha_c \gamma_R \eta_T \tag{5-14}$$

其中，α_c 的取值主要与构件的温度和长细比 λ 有关，η_T 与温度有关，则已知构件的长细比和荷载比，可以求得轴心受压构件的临界温度。

【例 5-1】一轴心受压钢柱，基本情况如下：钢材 Q235AF；工字形 b 类截面，截面面积 $A = 11.1 \times 10^3 \text{mm}^2$；绕强轴和弱轴的计算长度均为 8m，相应的回转半径 $i_x = 174\text{mm}$，$i_y = 284\text{mm}$。采用厚涂型钢结构防火材料，热传导系数 $\lambda_i = 0.15 \text{W}/(\text{m} \cdot \text{℃})$，密度 $\rho_i = 450 \text{kg/m}^3$，比热 $c_i = 1100 \text{J}/(\text{kg} \cdot \text{℃})$，截面形状系数 $\frac{F_i}{V} = 125.4 \text{m}^{-1}$。已知柱的轴力设计值为 1000kN，要求耐火时间 t 为 2.5h，求所需的防火涂料厚度。

解：（1）设计参数

长细比为：

$\lambda_x = \dfrac{l_{0x}}{i_x} = \dfrac{8000}{174} = 45.98$，$\lambda_y = \dfrac{l_{0y}}{i_y} = \dfrac{8000}{284} = 28.17$，则 $\lambda = \max\{\lambda_x, \lambda_y\} = \lambda_x = 45.98$

查表可得柱的稳定系数 $\varphi = 0.870$。

（2）求钢柱的临界温度

钢柱的荷载比 R 为：

$$R = \frac{N}{\varphi A f} = \frac{1000 \times 10^3}{0.870 \times 11.1 \times 10^3 \times 215} = 0.482$$

查表并使用内插法可得，$T_d = 606.3\text{℃}$。

（3）计算所需防火材料的厚度

构件所需防火材料的厚度 d_i 为：

$$d_i = 5 \times 10^{-5} \times \frac{\lambda_i}{\left(\dfrac{T_d - 20}{t} + 0.2\right)^2 - 0.044} \cdot \frac{F_i}{V}$$

$$=5\times10^{-5}\times\frac{0.15}{\left(\dfrac{606.3-20}{2.5\times3600}+0.2\right)^2-0.044}\times125.4$$

$$=0.0357\text{m}=35.7\text{mm}$$

且满足（薄型防火涂料是否适用的验算条件）：

$$\mu=\frac{\rho_ic_id_i}{\rho_sc_s}\frac{F_i}{V}=\frac{450\times1100\times0.0357}{7850\times600}\times125.4=0.47<0.5$$

可以使用薄型防火涂料，所需防火材料的厚度为 35.7mm。

2）偏心受压钢柱的抗火设计

偏心受压构件又称压弯构件，压弯构件的承载力一般由整体稳定控制。压弯钢构件的整体稳定分为对绕强轴弯曲和绕弱轴弯曲分别验算。

绕强轴 x 轴弯曲：

$$\frac{N}{\varphi_xA}+\frac{\beta_{mx}M_x}{\gamma_xW_x(1-0.8N/N'_{Ex})}+\eta\frac{\beta_{ty}M_y}{\varphi_{by}W_y}\leqslant f \tag{5-15}$$

绕弱轴 y 轴弯曲：

$$\frac{N}{\varphi_yA}+\eta\frac{\beta_{tx}M_x}{\varphi_{bx}W_x}+\frac{\beta_{my}M_y}{\gamma_yW_y(1-0.8N/N'_{Ey})}\leqslant f \tag{5-16}$$

式中：N'_{Ex}、N'_{Ey} 分别为绕强轴和绕弱轴的弯曲参数，$N'_{Ex}=\pi^2EA/(1.1\lambda_x^2)$，$N'_{Ey}=\pi^2EA/(1.1\lambda_y^2)$；$\beta_{mx}$、$\beta_{my}$ 为弯矩作用平面内的等效弯矩系数；β_{tx}、β_{ty} 为弯矩作用平面外的等效弯矩系数。

与常温下相协调，高温下压弯构件截面的承载力也取相似的形式。

绕强轴 x 轴弯曲：

$$\frac{N}{\varphi_{xT}A}+\frac{\beta_{mx}M_x}{\gamma_xW_x(1-0.8N/N'_{ExT})}+\eta\frac{\beta_{ty}M_y}{\varphi_{byT}W_y}\leqslant f_{yT} \tag{5-17}$$

绕弱轴 y 轴弯曲：

$$\frac{N}{\varphi_{yT}A}+\eta\frac{\beta_{tx}M_x}{\varphi_{bxT}W_x}+\frac{\beta_{my}M_y}{\gamma_yW_y(1-0.8N/N'_{EyT})}\leqslant f_{yT} \tag{5-18}$$

式中：f_{yT} 为钢材高温屈服强度，$f_{yT}=\eta_T\gamma_Rf$；N'_{ExT}、N'_{EyT} 分别为绕强轴和绕弱轴的弯曲参数；E_T 为钢材高温下弹性模量；φ_{xT}、φ_{yT} 为高温下轴心受压构件稳定系数，$\varphi_{xT}=\alpha_c\varphi_x$，$\varphi_{yT}=\alpha_c\varphi_y$；$\varphi_{bxT}$、$\varphi_{byT}$ 为高温下受弯构件稳定系数，$\varphi_{bxT}=\alpha_b\varphi_{bx}$，$\varphi_{byT}=\alpha_b\varphi_{by}$，大于 0.6 时需修正。

$$N'_{ExT}=\pi^2E_TA/(1.1\lambda_x^2) \tag{5-19}$$

$$N'_{EyT}=\pi^2E_TA/(1.1\lambda_y^2) \tag{5-20}$$

当压弯构件两端的弯矩使构件产生的弯曲挠度变形相反时，构件的承载力不由整体稳定控制，而是由强度控制。压弯构件的截面强度验算如下式：

$$\frac{N}{A_n} \pm \frac{M_x}{\gamma_x W_{nx}} \pm \frac{M_y}{\gamma_y W_{ny}} \leqslant \eta_T \gamma_R f \tag{5-21}$$

定义构件绕强轴弯曲和绕弱轴弯曲的稳定荷载比分别为：

绕强轴弯曲：

$$R_x = \frac{1}{f}\left[\frac{N}{\varphi_x A} + \frac{\beta_{mx} M_x}{\gamma_x W_x(1-0.8N/N'_{Ex})} + \eta\frac{\beta_{ty} M_y}{\varphi_{by} W_y}\right] \tag{5-22}$$

绕弱轴弯曲：

$$R_y = \frac{1}{f}\left[\frac{N}{\varphi_y A} + \eta\frac{\beta_{tx} M_x}{\varphi_{bx} W_x} + \frac{\beta_{my} M_y}{\gamma_y W_y(1-0.8N/N'_{Ey})}\right] \tag{5-23}$$

对于压弯构件的截面强度破坏，定义强度破坏的荷载比 R 为：

$$R = \frac{1}{f}\left[\frac{N}{A_n} \pm \frac{M_x}{\gamma_x W_{nx}} \pm \frac{M_y}{\gamma_y W_{ny}}\right] \tag{5-24}$$

可根据长细比、稳定荷载比等参数确定压弯构件绕强轴、弱轴弯曲的整体稳定临界温度 T_{dx}、T_{dy}，根据荷载比 R 确定临界温度 T_{d0}。压弯构件的临界温度 T_d 应取三种破坏的最小值，即：

$$T_d = \min\{T_{dx}, T_{dy}, T_{d0}\} \tag{5-25}$$

【例 5-2】 有一工字形截面柱，压弯构件。基本情况：钢号 Q235AF，b 类截面，毛截面面积 $A=15500\text{mm}^2$，对强轴的毛截面模量 $W_x = 2.98 \times 10^6 \text{ mm}^3$；长细比 $\lambda_x = 72.0$，$\lambda_y = 80.0$；柱所受的轴力为 600kN，所受弯矩 $M=250\text{kN·m}$，且 $\beta_{mx} = 0.97$，$\beta_{tx} = 0.65$；截面形状系数 $\frac{F_i}{V} = 154.5\text{m}^{-1}$；防火层材料热传导系数 $\lambda_i = 0.10\text{W/(m·℃)}$。现要求耐火时间达到 2h，试设计防火涂料的厚度。

解：（1）求临界温度 T_{d0}

截面强度荷载比 R 为：

$$R = \frac{1}{f}\left[\frac{N}{A_n} + \frac{M_x}{\gamma_x W_x}\right] = \frac{1}{215}\left[\frac{600 \times 10^3}{15500} + \frac{250 \times 10^6}{1.05 \times 2.98 \times 10^6}\right] = 0.552$$

查表并使用内插法可知，$T_{d0} = 581.3℃$。

（2）求临界温度 T_{dx}

已知 $\lambda_x = 72.0$，查表可知轴压稳定系数 $\varphi_x = 0.739$（b 类截面）。

参数计算如下：

$$N'_{Ex} = \frac{\pi^2 EA}{1.1\lambda_x^2} = \frac{\pi^2 \times 2.05 \times 10^5 \times 15500}{1.1 \times 72^2} = 5.5 \times 10^6 \text{N}$$

$$R_x = \frac{1}{f}\left[\frac{N}{\varphi_x A} + \frac{\beta_{mx}M_x}{\gamma_x W_x(1 - 0.8N/N'_{Ex})}\right]$$

$$= \frac{1}{215}\left[\frac{600 \times 10^3}{0.739 \times 15500} + \frac{0.97 \times 250 \times 10^6}{1.05 \times 2.98 \times 10^6 \times (1 - 0.8 \times 600/5500)}\right] = 0.639$$

$$e_1 = \frac{\beta_{mx}M_x}{\gamma_x W_x(1 - 0.8N/N'_{Ex})} \cdot \frac{\varphi_x A}{N}$$

$$= \frac{0.97 \times 250 \times 10^6}{1.05 \times 2.98 \times 10^6(1 - 0.8 \times 600/5500)} \cdot \frac{0.739 \times 15500}{600 \times 10^3} = 1.621$$

$$e_2 = \frac{\eta\beta_{tx}M_x}{\varphi_{by}W_y} \cdot \frac{\varphi_x A}{N} = 0$$

查表并使用内插法可得，$T_{dr} = 540.6℃$。

（3）求临界温度 T_{dy}

已知 $\lambda_y = 80.0$，查表可知轴压稳定系数 $\varphi_y = 0.688$（b 类截面）。

由于 $\lambda_y = 80.0 < 120$，采用近似公式计算 φ_{bx}，即：

$$\varphi_{by} = 1.07 - \frac{\lambda_y^2}{44000} \cdot \frac{f_y}{235} = 1.07 - \frac{80^2}{44000} = 0.925$$

参数计算如下：

$$R_y = \frac{1}{f}\left[\frac{N}{\varphi_y A} + \eta\frac{\beta_{tx}M_x}{\varphi_{bx}W_x}\right]$$

$$= \frac{1}{215}\left[\frac{600 \times 10^3}{0.688 \times 15500} + 1.0 \times \frac{0.65 \times 250 \times 10^6}{0.925 \times 2.98 \times 10^6}\right] = 0.536$$

$$e_1 = \frac{\beta_{my}M_y}{\gamma_y W_y(1 - 0.8N/N'_{Ey})} \cdot \frac{\varphi_y A}{N} = 0$$

$$e_2 = \frac{\eta\beta_{tx}M_x}{\varphi_{by}W_y} \cdot \frac{\varphi_y A}{N} = \frac{1.0 \times 0.65 \times 250 \times 10^6}{0.925 \times 3.17 \times 10^6} \cdot \frac{0.688 \times 15500}{600 \times 10^3} = 0.985$$

查表并使用内插法可得，$T_{dy} = 587.8℃$。

（4）求所需防火涂料厚度

由上可知 $T_d = \min\{T_{dr}, T_{dy}, T_{d0}\} = 540.6℃$。

防火涂料的厚度为：

$$d_i = 5 \times 10^{-5} \times \frac{\lambda_i}{\left(\frac{T_d - 20}{t} + 0.2\right)^2 - 0.044} \cdot \frac{F_i}{V}$$

$$= 5 \times 10^{-5} \times \frac{0.1}{\left(\frac{540.6 - 20}{2 \times 3600} + 0.2\right)^2 - 0.044} \times 154.5$$

$$= 0.025\text{m} = 25\text{mm}$$

所需要的防火涂料厚度为 25mm，能够满足抗火设计要求。

2. 钢梁的抗火设计

当截面无削弱时，钢梁的承载力由整体稳定控制。根据弹性理论，可建立常温下和高温下常用的绕强轴受弯的单轴（或双轴）对称截面钢梁的临界弯矩 M_{cr}、M_{crT}。

为简化计算，梁的临界弯矩又可写成：

$$M_{cr} = \varphi_b W f_y \tag{5-26}$$

$$M_{crT} = \varphi_{bT} W f_{yT} \tag{5-27}$$

式中：W 为梁的截面抵抗矩；M_{cr}、M_{crT} 分别为常温和高温下梁的临界弯矩；φ_b、φ_{bT} 分别为常温和高温下梁的整体稳定系数；f_y、f_{yT} 分别为常温和高温下梁的屈服强度。

定义受弯构件高温下和常温下的整体稳定系数之比为参数 α_b，可表示为：

$$\alpha_b = \frac{\varphi_{bT}}{\varphi_b} \tag{5-28}$$

上述关于 φ_{bT} 的计算是以梁处于弹性状态工作为条件的，当梁处于弹塑性状态时，需考虑对 φ_{bT} 的修正。随着温度升高，钢梁的承载力降低。当钢梁的承载力与外在作用下的弯矩相等时，达到钢梁的高温承载力极限。钢梁的抗火承载力极限按下式确定：

$$\frac{M}{\varphi_{bT} W} = \eta_T \gamma_R f \tag{5-29}$$

定义受弯构件的荷载比 R 为截面上的最大弯矩和常温下构件截面的最大承载力之比，则 R 可以表示为：

$$R = \frac{M}{\varphi_b W f} = \frac{\varphi_{bT}}{\varphi_b} \eta_T \gamma_R \tag{5-30}$$

已知构件的稳定系数 φ_b 和荷载比 R，可得到构件的临界温度 T_d。

【例 5-3】 一轧制普通工字钢梁，基本参数如下：两边简支，钢号 Q235，$f_y = 235\text{MPa}$；钢梁跨度 6m，无侧向支撑。截面规格为 I40b，梁上翼缘作用有均布荷载 q。拟采用厚涂型防火涂料，防火层的热传导系数 $\lambda_i = 0.2\text{W/(m \cdot ℃)}$。

已知：$q = 25\text{kN/m}$；要求钢梁的耐火极限达到 3.0h。求所需的防火涂料厚度。

解：（1）设计参数

Q235 钢，$f = 215\text{MPa}$；轧制 I40b，$A = 9407\text{mm}^2$，$W_x = 1139.0\text{cm}^3$，$i_x = 155.6\text{mm}$，$i_y = 27.1\text{mm}$。

由此可得两个方向长细比：

$\lambda_x = \dfrac{l_{0x}}{i_x} = \dfrac{6000}{155.6} = 38.6$，$\lambda_y = \dfrac{l_{0y}}{i_y} = \dfrac{6000}{27.1} = 221.4$，则 $\lambda = \max\{\lambda_x, \lambda_y\} = \lambda_y = 221.4$

根据长细比查表可知，梁的整体性系数 $\varphi_b = 0.6$。

截面形状系数（三面受火）：

$$\frac{F_i}{V} = \frac{2h + 3b - 2t_w}{A} = \frac{2 \times 400 + 3 \times 144 - 2 \times 12.5}{9407} = 128.3\text{m}^{-1}$$

（2）求钢梁的临界温度 T_d

钢梁的荷载比 R 为：

$$R = \frac{M}{\varphi_b W f} = \frac{1}{8} \cdot \frac{q l^2}{\varphi_b W f} = \frac{1}{8} \cdot \frac{25 \times 6^2 \times 10^6}{0.6 \times 1139.0 \times 10^3 \times 215} = 0.766$$

由 $R = 0.766$、$\varphi_b = 0.6$，查表并使用内插法可知，$T_d = 514℃$。

（3）计算所需防火材料的厚度 d_i

构件所需防火材料的厚度 d_i 为：

$$d_i = 5 \times 10^{-5} \times \frac{\lambda_i}{\left(\dfrac{T_d - 20}{t} + 0.2\right)^2 - 0.044} \cdot \frac{F_i}{V}$$

$$= 5 \times 10^{-5} \times \frac{0.2}{\left(\dfrac{514 - 20}{3 \times 3600} + 0.2\right)^2 - 0.044} \times 128.3 = 0.0331 \text{m} = 33.1 \text{mm}$$

则所需防火材料的厚度为 33.1mm。

5.4   防火减灾措施与对策

5.4.1   防火设计

了解影响建筑火灾严重性的因素和有关控制建筑火灾严重性的机理，对建立适当的建筑设计和构造方法，采取必要的防火措施，降低火灾损失和危害是十分重要的。建筑火灾严重性是指在建筑物中发生火灾的大小及危害程度。火灾严重性取决于火灾达到的最高温度和最高温度下燃烧持续的时间，因此它表明了火灾对建筑结构或建筑物造成损坏和对建筑中人员、财产造成危害的趋势。火灾严重性与建筑的可燃物或可燃材料的数量和材料的燃烧性能以及建筑的类型和构造等有关。影响火灾严重性的因素大致可以分为以下六个方面：可燃物的燃烧性能、可燃物的数量（火灾荷载）、可燃物的分布、房间开口的面积和形状、着火房间的大小和形状、着火房间的热性能。

我国的建筑防火设计详细地规定了防火设计必须满足的各项设计指标或参数，这种防火设计规范是长期以来人们在与火灾斗争过程中总结出来的防火灭火经验，其主要包括建筑总体布局设计、防火分区和防火间距设计、建筑装修防火设计、安全疏散与消防通道设计、建筑内部防火隔断设计、自动灭火系统设计、火灾探测报警系统设计、建筑防排烟系统设计等（图 5-11）。防火设计规范在规范建筑物的防火设计、减少火灾造成的损失方面起到了重要作用，目前得到了广泛应用。

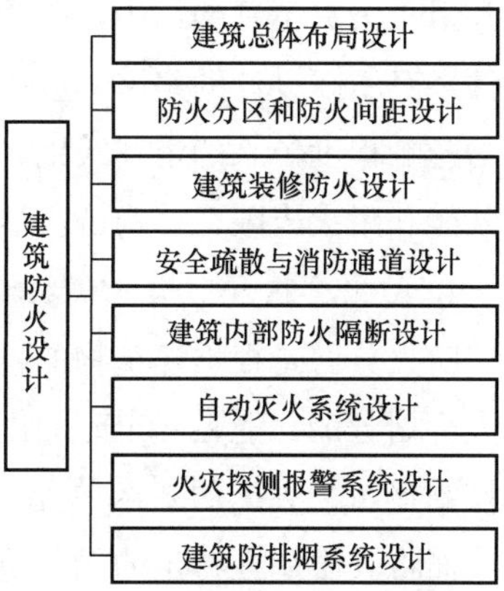

图 5-11   建筑防火设计分类

1. 建筑物的总平面布局

建筑物的总平面布局不仅影响到周围环境和人们的生活，而且对建筑物自身及相邻建筑物的安全都有较大的影响。建筑物的总平面布置应根据建筑物的使用性质、火灾危险性、地形、地势和风向等因素，合理确定其位置、防火间距等，避免建筑物相互之间构成火灾威胁和发生火灾爆炸后造成严重后果的可能，应考虑消防水源等条件为消防车顺利扑救火灾提供保障。特别是对于高层建筑、人员密集或火灾危害性大的建筑物，更应认真调查研究，综合分析后再进行总平面布置。

2. 建筑物防火间距

起火时，火在建筑物间主要是靠飞火和热辐射蔓延。飞火借助风力会扩散得比较远。据统计，1km 以外的易燃建筑仍有被飞火点燃的可能，飞火波及的范围很大。因此，飞火不能作为设置防火间距的依据。建筑物之间留出的用于防止火灾蔓延的安全间距即为防火间距。影响防火间距的因素有很多，在确定防火间距时，主要是考虑热辐射的影响和消防人员到达现场需要的时间及消防扑救的需要，同时还要考虑有利于节约用地。

建筑耐火等级越低越易遭受火灾的蔓延，其防火间距应加大。对于耐火等级为一级、二级的民用建筑之间的防火间距不得小于 6m，它们同三级、四级耐火等级民用建筑物的防火距离分别为 7m 和 9m。高层建筑因火灾时疏散困难，云梯车需要较大工作半径，所以高层主体同一级、二级耐火等级建筑物的防火距离不得小于 13m，同三级、四级耐火等级建筑物的防火距离不得小于 15m 和 18m。厂房内易燃物较多，防火间距应加大，如一级、二级耐火等级厂房之间或它们和民用建筑物之间的防火距离不得小于 10m，三级、四级耐火等级厂房和其他建筑的防火距离不得小于 12m 和 14m。生产或贮存易燃易爆物品的厂房或库房，应远离建筑物。

3. 建筑物耐火等级

划分建筑物耐火等级是《建筑设计防火规范（2018 年版）》GB 50016—2014 中规定的防火技术措施中最基本的措施。它要求建筑物在火灾高温的持续作用下，墙、柱、梁、楼板、屋盖、吊顶等基本建筑构件，能在一定的时间内不破坏，不传播火灾，从而起到延缓和阻止火灾蔓延的作用，并为人员疏散、抢救物资和扑灭火灾以及为灾后结构修复创造条件。对于新设计的房屋，应该是依据其功能要求以及建筑的高度和面积、对生命财产及政治影响程度等来确定其级别，并按该级别的要求（如楼梯、电梯的设计要求，构件的燃烧性能和耐火极限、结构抗震要求等）来进行设计。

4. 防火分区和防火分隔物设计

防火分区是根据建筑物的特点，采用相应耐火性能的建筑构件或防火分隔物，将建筑物人为划分的，能在一定时间内防止火灾向同一建筑物其他部分的空间蔓延。各防火分区是控制建筑物火灾的基本单元，可以有效地阻止火灾在建筑物的水平方向和垂直方向扩展，而将其限制在特定的局部范围内。要对建筑物进行防火分区，只有通过防火分隔物来实现。防火分隔物就是能在一定时间内阻止火势蔓延，并能把整个建筑内部空间划分为若干较小防火空间的物体。具有一定耐火强度的防火分隔物可以保证建筑物内部的防火安全。防火分隔物可分为两类：一种是固定的、不可活动式的，如建筑物中的内外墙体、楼板、防火墙等；另一种是固定的、可启闭式的，如防火门、防火卷帘、防火水幕等。

5. 防烟分区设计

火灾发生时，建筑物内必然产生各种烟尘，约80%的火灾灾难是人先受烟尘窒息所致。因此，烟尘排除是防火中重要的环节。防烟设计的基本原则就是要防止烟气进入疏散通道，保证疏散安全。对于一般多层建筑而言，由于使用人数相对较少、疏散方便等因素，一般不考虑防烟措施。但对于高层建筑、重要的公共建筑或无窗建筑及地下建筑，由于疏散和灭火困难，在其重要部位有必要进行防烟设计，采取以控烟为主的消防措施。

6. 安全疏散

建筑物发生火灾时，为避免建筑物内人员由于火烧、烟熏和房屋倒塌而遭到伤害，合理而迅速的疏散是减少伤亡、降低损失的重要措施之一。诸如新疆克拉玛依市友谊馆的特大火灾等伤亡事故表明，火灾死亡人数多数发生在疏散过程中的烟熏和踩踏。安全疏散对于人员集中的公共建筑和高层建筑特别重要，所采用的工程措施是建筑防火设计的重要内容，应高度予以重视。一般民用建筑，一级、二级耐火等级建筑安全疏散时间为6min；三级、四级耐火等级建筑为2～4min。人员密集的公共建筑，一级、二级耐火等级建筑为5min；三级耐火等级建筑不应超过3min；一级、二级耐火等级的影剧院、礼堂、体育馆观众厅不应超过3min。高层建筑可按5～7min考虑。在防火设计中要设计必要的安全通道、安全门，要设置安全标志以及应急照明设备。在疏散设计中还必须考虑消防电梯的设计。

7. 消防给水、灭火系统

消防给水、灭火系统主要包括室外消防给水系统、室内消火栓给水系统、闭式自动喷水灭火系统、雨淋喷水灭火系统、水幕系统、水喷雾消防系统，以及二氧化碳灭火系统、卤代烷灭火系统和建筑灭火器配置等。要根据建筑物的性质、具体情况，合理设置上述各种系统，做好各个系统的设计计算，合理选用系统的设备、配件等。

8. 供暖、通风和空调系统防火、防排烟系统

供暖、通风和空调系统防火设计应按规范要求并根据建筑物性质、使用功能、规模等选好设备的类型，布置好各种设备和配件，做好防火构造处理等。在建筑防排烟方式设计中，主要考虑防排烟系统在建筑物中采用机械排烟还是自然排烟或是两者结合。设计时应根据建筑特点及功能选择合理的防排烟方式，划分防烟分区，做好系统设计计算等。

9. 电气防火，火灾自动报警控制系统

根据建筑物的性质，合理确定消防供电级别，做好消防电源、配电线路设备的防火设计，做好火灾事故照明和疏散指示标志设计，采用先进可靠的火灾报警控制系统。火灾自动报警控制系统是现代建筑中不可或缺的部分，这部分要根据相关的规范合理设置感烟传感器、感温传感器以及响应设施。火灾探测智能系统应实现从火灾探测与判断、发布警

号、自动灭火控制、防火分隔、防排烟、引导疏散、指挥救生等各步骤计算机智能处理。

10. 防雷装置设置

建筑物防雷设施应包括接地体、引下线、避雷网格、避雷带、避雷针、均压环、等电位、避雷器等。从设计到施工应分为两个阶段进行：第一阶段是随建筑物一体化施工的直（侧）击雷防护设施，其设计的目的是保护建筑物本身不受雷电损害以及尽最大可能去减弱雷击时对建筑物内的电磁效应，同时为建筑物内部设备的感应雷防护提供必要的基础条件，其特点是与建筑工程的土建部分同步进行。第二阶段设计的目的是保护建筑物内的弱电设备安全，如通信系统、计算机系统、家用电器等，即建筑物防雷设施的感应雷防护部分，其特点是与建筑工程设备安装同步进行。

以上十个方面是建筑防火设计的主要内容，建筑防火设计是一个系统工程，它既要考虑各个有关部分的特殊性，又必须综合考虑整个系统的协调性，这期间要逐步做到整体优化。因此，在进行设计时应参阅相关法律法规，充分考虑每个方面，才能将建筑防火设计做得更加完整、更加全面。

5.4.2　灭火系统

建筑灭火系统是建筑消防设施的重要组成部分，在建筑物内设置的灭火系统主要有：自动喷水灭火系统、消火栓给水系统、气体灭火系统等。

1. 自动喷水灭火系统

自动喷水灭火系统是集火灾报警和灭火为一体的建筑防火技术。自动喷水灭火系统依照其采用的喷头分为两类：采用闭式洒水喷头的为闭式系统；采用开式洒水喷头的为开式系统。闭式自动喷水灭火系统是一种常用的固定灭火系统，它采用闭式喷头通过喷头感温元件在火灾时自动打开喷头堵盖并随之喷水灭火。

2. 消火栓给水系统

消火栓给水系统是建筑物的主要灭火设备。消防队员或其他现场人员在火灾时主要利用该系统提供的消火栓、水带、水枪来扑灭建筑内的火灾。

3. 气体灭火系统

气体灭火系统是以某些气体作为灭火介质，通过这些气体在整个防护区或保护对象周围的局部区域建立起灭火浓度实现灭火。气体灭火系统主要用在不适于设置水灭火系统的环境中，不适用于部分化学制品火灾。

5.4.3　防排烟及通风系统

防排烟系统是建筑发生火灾时，建筑用来防烟和排烟的构件、设备的总称，它能减少或防止烟气蔓延、扩散的范围，并能将烟气排出，保障局部区域建筑、人员的安全。防排烟系统可分为防烟系统和排烟系统。

防烟系统是防止烟气扩散、限制烟气蔓延的构件、设备，建筑发生火灾后，它对控制烟气影响范围起主要作用，防烟系统可以从防烟方法、防烟构件、防烟分区等方面进行认识。

1. 防烟方法

防烟方法可分为机械密闭式防烟、自然排烟防烟、机械加压送风防烟三种。

（1）对于面积较小的房间，可以利用耐火极限高的楼板、防火门、固定式防火窗等将其密封，防止烟气进入或溢出，这就是最简单的防烟方法——机械密闭式防烟。

（2）利用窗等开口将烟气排出建筑的自然排烟防烟，是在烟气进入受保护区域后，采取的防范措施。如果在火灾中，烟气进入了室内，则应立即打开连通室外的窗，让烟气最大量地排至室外。

（3）如果无法设置直接对室外开口的自然排烟，则可以对保护区域进行送风，使其压力高于其他区域，特别是火灾区域，从而阻止烟气进入，这是机械加压送风防烟。设置机械加压送风防烟的区域要有一定的密封性，且体量不应太大，采用这种防烟设施的场所常见于楼梯间及其前室。

2. 防烟构件

为了防止烟气蔓延，需要在烟气蔓延的路径上对烟气进行阻挡，实现这一功能的是防烟构件，最常见的是挡烟垂壁。挡烟垂壁是用不燃烧材料制成，从顶棚下垂不小于500mm 的固定或活动的挡烟设施。活动式挡烟垂壁指火灾时因感温、感烟或其他控制设备的作用，自动下垂的挡烟垂壁。活动挡烟垂壁平时隐藏在吊顶内，不影响建筑空间效果，火灾时自动下垂，起到阻烟作用，主要用于高层或超高层大型商场、写字楼以及仓库等场合。

3. 防烟分区

在同一个空间里，由于挡烟垂壁的作用，空间顶部被划分为若干个区域，单个区域内部发生火灾时，烟气可以被暂时地控制在本区域，并通过排烟设备排至室外，这些区域被称为防烟分区。防烟分区是控制烟气的基础手段，其主要作用是控制火灾烟气蔓延范围，引导火灾烟气的流动路径，形成烟气层以利于火灾烟气的排出。

按规范要求在建筑中设置的排烟设施组成的系统叫作排烟系统，火灾事实告诉我们防排烟系统在火灾发生时能有效地控制烟气的蔓延且排烟迅速及时，对救人、救灾工作起着关键的作用。排烟系统可以从排烟方法、排烟口、排烟设备等方面进行认识。

（1）排烟方法

排烟方法可分为自然排烟和机械排烟两种。自然排烟是通过建筑的外窗等对外开口把烟气直接排至室外的排烟方式，它是利用热烟气和冷空气的对流运动，排出烟气。自然排烟具有经济、简单、易操作、维护管理方便的特点。

（2）排烟口

商场或公共场合屋顶或侧墙上的"通风口"，它们在冬天的时候送来暖风，夏天的时候送来凉气，这些大都是空调系统的窗口，主要用来调节室内温度和湿度。但有些"通风口"是用来排出火灾时的烟气的。它们数量少,外观上与空调通风口略有或无差异。

(3) 消防风机

消防风机大部分是轴流风机,又叫局部通风机,其特点是安装方便,通风换气效果明显。有时在隧道、停车库或其他体育商业场馆纵向通风排烟系统中,还会用到一种射流风机,它是一种特殊的轴流风机,一般悬挂在隧道顶部或两侧、房间顶部或两侧,不占用建筑面积,也不需要另外修建风道,具有效率高、噪声低、运转平稳、容易安装、维护简便的特点。射流风机运行时,将一部分空气从风机的一端吸入,经叶轮加速后,由风机的另一端高速射出,产生射流的升压作用和诱导效应,使气流在隧道内、停车库及大型场馆空间沿纵向流动,达到通风的目的。

5.4.4　火灾的预防措施

建筑火灾预防是一个极为复杂的系统工程,存在火势蔓延快、救援难度大、人员安全疏散困难等特点,需要进行全面系统的设计,实施全方位科学运作。因此,在进行建筑火灾预防时措施如下:

第一,严控建筑材料选择。预防建筑火灾的工作应该首先从建筑施工材料的选用上做起,建筑物的外墙装饰材料、主体结构以及室内装饰材料等都要减少对可燃物质的使用,应优先使用不燃或者难燃的建筑材料以防诱发和扩大火势。

第二,进行建筑消防安全设计。建筑物的防火分区、排烟分区、防火卷帘等在火灾情况下可有效切断火势的蔓延,而且建筑的火灾报警、自动灭火、消火栓、灭火器配置等都直接影响着火情的控制。

第三,加强消防安全管理。应定期对建筑物中使用的电气照明线路、各种用电器的电路开展安全检查,及时发现并排除老化的线路,消除电路火灾隐患。同时,应对既有消防设施进行维护保养,对自动消防设施进行全面整体检测,确保所有消防设施处于完好状态。

第四,加强智慧消防建设。随着科学技术的进步,建筑中的消防设施也在不断进行优化,给建筑防火工作带来很大便利。配置高精尖的智能装备,保证一旦发生火灾,就可以把火灾控制在萌芽状态,及时扑灭初起火灾。

第五,制定逃生疏散策略,开展防火演练。城市建筑体积庞大、结构复杂,在其建造过程中必然要考虑设计专门的逃生通道。在发生火灾的情况下根据建筑物结构和逃生通道分布情况来快速地分流逃生,避免造成效率低下甚至发生踩踏事故,对减少人员伤亡至关重要。

5.4.5　火灾探测与预警

目前,城市建设规模不断扩大,建筑防火日益受到人们更多关注,尤其是建筑可燃物也日益增多,火灾发生率随之上升。为了能在火灾发生时快速发出火灾警报,及时通知建筑周边人群逃离火场，并能启动消防联运系统，建筑消防设计中加大了对火灾探测与预警的重视程度，以此最大限度地控制火势蔓延，降低由此带来的火灾损失。

物质燃烧是一种伴随烟、光、热的化学和物理过程，火灾探测就是以该过程中产生的各种现象为依据，获取火灾初期的信息，并把这种信息转化为电信号进行处理。根据火灾初起时燃烧生成成分的不同，可以有不同的探测方法。目前世界各地生产的火灾探测器，主要有感烟式、感温式、感光式、可燃气体探测式和复合式等。

火灾预警就是通过探测火灾孕育阶段的物理量，来实现对火灾孕育阶段的报警。它与火灾探测报警的最大区别是在火灾成灾前报警，以及报警后的处置方式。它是对火灾形成过程中尚未成灾时的探测报警，能够在成灾前提供几秒、几分甚至几小时的宝贵时间，针对不同情况进行有效处置，避免火灾的发生，最大限度地减少火灾损失。因此，与火灾预警相对应的有效处置方法也是十分重要的。

随着建设规模的不断扩大，为提高建筑火灾的防控能力和防火减灾能力，需要不断加强对建筑防火的风险性控制，必须做到火情或火灾隐患的及早发现，为遏制火灾的发生发展、人员疏散逃生及火灾的及时扑救争取时间，实现火灾防控关口前移。掌握火灾探测预警系统的设计要点，能够在火灾发生时甚至在发生火灾前以最快的速度发出火灾警报，在疏散周边人群的同时，也能及时通知消防人员前来救援。为此，我们更应该加强火灾探测预警技术的研究，对可能引发火灾的危险和隐患进行预警并处理，对已经出现的火灾进行探测报警。

第6章 洪水与洪涝灾害

6.1 洪水与洪涝灾害的基本概念

洪水是指河湖在较短时间内发生的流量急剧增加、水位明显上升的水流现象。洪水来势凶猛，具有很大的自然破坏力，淹没河中滩地，漫溢两岸堤防[85]。因此，研究洪水特性，掌握其发生规律，积极采取防治措施，是研究洪水的主要目的。

洪涝灾害是指一个流域内因集中大暴雨或长时间降雨，汇入河道的径流量超过其泄洪能力而漫溢两岸或造成堤坝决口导致泛滥的灾害。水灾一般是指因河流泛滥淹没田地所引起的灾害；涝灾是指因过量降雨而产生地面大面积积水或土地过湿使作物生长不良而减产的现象[86]。因为水灾和涝灾常同时发生，有时也难以区别，所以常把水灾和涝灾统称为洪涝灾害，简称洪灾。

6.1.1 城镇洪水分类

洪水分类方法很多。如按洪水发生季节，分为春季洪水（春汛）、夏季洪水（伏汛）、秋季洪水（秋汛）、冬季洪水（凌汛）；按洪水发生地区，分为山地洪水、河流洪水、湖泊洪水和海滨洪水；按防洪设计要求，分为标准洪水与超标准洪水，或设计洪水与校核洪水；按洪水重现期，分为常遇洪水（小于 20 年一遇）、较大洪水（20～50 年一遇）、大洪水（50～100 年一遇）与特大洪水（大于 100 年一遇）；按洪水成因和地理位置的不同，常分为暴雨洪水、融雪洪水、冰凌洪水、山洪以及溃坝洪水、风暴潮、海啸等[87]。在上述分类方法中，最为常用的是按洪水成因划分。现就各类洪水情况分别介绍如下。

1. 暴雨洪水

由暴雨通过产流、汇流在河道中形成的洪水。暴雨洪水是最常见的威胁最大的洪水。我国受暴雨洪水威胁的主要地区有 73.8 万 km²，分布在长江、黄河、淮河、海河、珠江、松花江、辽河 7 大江河下游和东南沿海地区。近代以来的几次大水灾，都是这种类型的洪水。图 6-1 为 2021 年 7 月河南安阳遭遇百年一遇特大暴雨袭击，安阳多个县区出现严重险情，桥梁冲毁，道路积水严重，群众房屋被水淹没。

2. 融雪洪水

流域内积雪（冰）融化形成的洪水。高寒积雪地区，当气温回升至 0℃以上，积雪融化，形成融雪洪水。若此时有降雨发生，则形成雨雪混合洪水。融雪洪水主要发生在大量

图 6-1　"7.21"安阳暴雨

积雪或冰川发育的地区。

中国新疆与黑龙江等地区往往发生融雪洪水。图 6-2 为 2012 年 3 月新疆伊宁爆发融雪性洪水，全市 2 万多户居民的生命财产受到威胁，个别乡村道路、沟渠受损，电力被迫中断。

图 6-2　新疆伊宁爆发的融雪性洪水

3. 冰凌洪水

河流中因冰凌阻塞和河道内蓄冰、蓄水量的突然释放，而引起的显著涨水现象。它是热力、动力、河道形态等因素综合作用的结果。按洪水成因，可分为冰塞洪水、冰坝洪水和融冰洪水 3 种。

冰塞洪水：河流封冻后，冰盖下冰花、碎冰大量堆积，堵塞部分过水断面，造成上游河段水位显著壅高。当冰塞融解时，蓄水下泄形成洪水过程。冰塞常发生在水面比降由陡变缓的河段。大量的冰花、碎冰向下游流动，当冰盖前缘处的流速大于冰花下潜流速时，冰花、碎冰下潜并堆积于冰盖下面形成冰塞。

冰坝洪水：冰坝一般发生在开河期，大量流冰在河道内受阻，冰块上爬下插，堆积成横跨断面的坝状冰体，严重堵塞过水断面，使坝的上游水位显著壅高，当冰坝突然破坏时，原来的蓄冰和槽蓄水量迅速下泄，形成凌峰向下游演进。

融冰洪水：封冻河流或河段主要因热力作用，使冰盖逐渐融解，河槽蓄水缓慢下泄而形成的洪水。融冰洪水水势较平稳，凌峰流量亦较小。

4. 山洪

流速大，过程短暂，往往挟带大量泥沙、石块，突然爆发的破坏力很大的小面积山区洪水。山洪主要由强度很大的暴雨、融雪在一定的地形、地质、地貌条件下形成。在相同暴雨、融雪的条件下，地面坡度愈陡，表层物质愈疏松，植被条件愈差，愈易于形成。由于其突发性，发生的时间短促并有很大的破坏力，山洪的防治已成为许多国家防灾的一项重要内容。

5. 溃坝洪水

水坝、堤防等挡水构筑物或挡水物体突然溃决造成的洪水。溃坝洪水具有突发性和来势汹涌的特点，对下游工农业生产、交通运输及人民生命财产威胁很大。工程设计和运行时，需要预估大坝万一失事对下游的影响，以便采取必要的措施。

6. 风暴潮

由气压、大风等气象因素急剧变化造成的沿海海面或河口水位的异常升降现象。风暴潮是一种气象潮，由此引起的水位异常升高称为增水，水位降低称为减水。风暴潮可分为两类：一类是由热带气旋（包括台风、热带低压等）引起的；另一类是由温带气旋及寒潮（或冷空气）大风引起的。热带气旋引起的风暴潮大多数发生在夏、秋两季，称为台风风暴潮。温带气旋引起的风暴潮主要发生在冬、春两季。这两类风暴潮的差异是：前者的特点是水位变化急剧，而后者是水位变化较为缓慢，但持续时间较长。

7. 海啸

由于海底地震（包括海底地壳的变动、火山爆发、海中核爆炸）造成的沿海地区水面突发性巨大涨落现象。这种海底地形短暂而剧烈的变化，使得邻近海面和海水压力相应发生变化而导致海啸。当海底地壳因地震而坍塌时，海水显示向坍塌处集中，之后在惯性力作用下使该处的海面形成高度不大，但范围很广的水面隆起。在重力作用下，该水面隆起部分就成为海面波动的动力因素，并发展成为海啸。当海底因地震而产生隆起时，则在该处的海面亦随之发生隆起，形成海面波动并向四周传播。海底火山爆发时，喷出的大量岩浆抬高了海面，产生了从火山发源地向四周传播的巨大波动。

6.1.2 洪水的危害

洪水是一个十分复杂的灾害系统，因为它的诱发因素极为广泛，水系泛滥、风暴、地震、火山爆发、海啸等都可以引发洪水，甚至也可以人为地造成洪水泛滥。在各种自然灾难中，洪水造成死亡的人口占全部因自然灾难死亡人口的 75%，经济损失占到 40%（图 6-3）。更加严重的是，洪水总是发生在人口稠密、农业垦殖度高、江河湖泊集中、降雨充沛的地方[88]，如北半球暖温带、亚热带。中国、孟加拉国是世界上水灾最频繁、肆虐的地方，美国、日本、印度和欧洲的一些国家也较严重。

图 6-3　被洪水淹没的城镇

20 世纪，死亡人数超过 10 万的水灾多数发生在中国，1931 年长江发生特大洪水，淹没 7 省 205 县，受灾人口达 2860 万人，死亡 14.5 万人，随之而来的饥饿、瘟疫致使 300 万人惨死。1998 年的"世纪洪水"，在中国大地到处肆虐，29 个省受灾，农田受灾面积 3.18 亿亩，成灾面积 1.96 亿亩，受灾人口 2.23 亿人，死亡 3000 多人，房屋倒塌 497 万间，经济损失达 1666 亿元。

6.1.3　防洪排涝体系

1. 防洪体系

城市防洪工程是一个系统工程，由各种防洪措施共同组成。不同类型城市和不同洪灾成因，防洪体系的构成是不同的，常见的主要有以下几种[89]：

（1）江河上游沿岸城市的防洪体系

一般多由整治河道、修筑堤防和修建调洪水库构成。在城市上游修建水库调洪，可以有效地削减洪峰，减轻洪水对城市的压力，减少河道整治和修筑堤防的工程量，降低堤防的防洪标准，提高防洪体系的防洪标准。

（2）江河中、下游沿岸城市防洪体系

一般采取"上蓄、下排、两岸分滞"的防洪体系。江河中下游地势平坦，当在上游修建水库调洪、两岸修筑堤防和进行河道整治仍不能安全通过设计洪水时，在城市上游采用分滞法措施，是提高城市防洪标准最有效的对策。

（3）沿海城市的防洪体系

沿海城市一般地势平坦，风暴潮是造成洪涝灾害的主要原因。防洪体系一般由修筑堤防、挡潮闸、排涝泵站组成，即所谓"围起来、打出去"的策略。

（4）山区城市防洪体系

一般在山洪沟上游采用水土保持措施和修建塘坝拦洪、中游采用在山洪沟内修建谷坊和跌水缓流措施、下游采用疏浚排泄措施组成综合防洪体系，使设计洪水安全通过城市。

（5）河网城市防洪体系

河网城市防洪工程布置，一般根据城市被河流分割情况，宜采用分片封闭形式。防洪体系由堤防、防洪闸、排涝泵站等设施组成，实行各区自保。

（6）泥石流城市防洪体系

泥石流防治应贯彻以防为主，防、避、治结合的方针。采用生物措施与工程措施相结合的办法进行综合治理。工程设计中应重视水土保持的作用，降低泥石流的发生概率。新建城市要避开泥石流发育区。其防洪体系的工程措施一般由拦挡坝、排导沟、停淤场、排洪渠道等组成。

（7）排水防涝城市防洪体系

治涝工程主要是承接城市排水管网的承泄工程，包括排涝河道、行洪河道、低洼承泄区、排涝泵站等。治涝应采取截、排、滞方法，就是拦截排涝区域外部的径流使其不能进入本区，将区内涝水汇集起来排到区外，充分利用区内的湖泊、洼地临时滞蓄涝水。治涝措施一般要与其他防洪设施相结合，是整个防洪体系中的一部分。

（8）综合性城市防洪体系

当城市受到两种或两种以上洪水危害时，该城市就有两种或两种以上防洪体系。各防洪体系之间要相互协调，密切配合，共同组成综合性防洪体系。例如：兰州市，既受黄河洪水威胁，又受山洪、泥石流威胁，城市防洪体系就由江河防洪体系和山洪、泥石流防洪体系共同组成综合防洪体系。

2. 排涝体系

城镇内涝防治系统包括源头减排（微排水系统）、排水管渠（小排水系统）和超标雨水蓄排（大排水系统）等工程性设施[89-90]。

（1）源头减排（微排水系统）

雨水降落下垫面形成径流，在排入市政排水管渠系统之前，通过渗透、净化和滞蓄等措施，控制雨水径流产生、减排雨水径流污染、收集利用雨水和削减峰值流量。

（2）排水管渠（小排水系统）

排水管渠，亦称"排水道"，是收集、输送和排除雨水的管渠的总称；其设计的规模直接决定了城市排水韧性。若设计规模偏小，则排水管渠系统应对的降雨重现期小，大大增加城市内涝风险；反之，若设计规模偏大，则会大大增加施工量，提高工程造价。排水管渠设施除应满足雨水管渠设计重现期标准外，尚应和城镇内涝防治系统中的其他设施相协调，满足内涝防治的要求。

（3）超标雨水蓄排（大排水系统）

超标雨水蓄排系统的设施可分为排放设施与调蓄设施两类，其中，排放设施主要包括具备排水功能的地表漫流、道路（包括道路路面、利用道路红线内带状绿地构建的生态沟渠）、沟渠、河道等地表径流行泄通道，以及转输隧道等地下径流行泄通道；实践中，往往是几种设施的组合，此外，还需重视通过道路低点人行道渐变下凹、小区低洼处围墙底部打通等方式，构建完整、顺畅的径流行泄通道。调蓄设施则主要包括调蓄塘/池（含调节塘/池）、调蓄隧道、天然水体等地面和地下设施。

3. 城市防洪与排涝的关系

洪水和内涝虽然有区别，但是二者都是由降雨引发的（除上游融雪等少数情况外），在一定条件下可以相互转化。比如，发生在某一个区域的降雨，每个城市如果都"以排为主"，就会出现因上游排涝而加剧下游洪水灾害的风险。如果城市上游来水持续高水位，在城市遭遇强降雨时，可能会出现因洪水顶托而造成排水困难的现象，加剧城市内涝。

2022 年 5 月，住房和城乡建设部等部门联合印发了《"十四五"城市排水防涝体系建设行动计划》，明确提出要加强排水防涝工程体系、洪涝统筹体系和城市内涝应急处置体系建设。其中，科学推进洪涝统筹体系建设，对于整体提升我国城市内涝治理水平十分关键。

洪涝不统筹会导致很多问题。一是防洪不考虑排水防涝，导致排涝困难，加剧内涝。二是排涝时不考虑较高洪水位的制约，导致外洪通过排涝通道或者排水管网倒灌入城。三是一些水库泄洪时机把握不好，暴雨时泄洪，导致下游地区雪上加霜，加剧内涝。

排水防涝与防洪要做好相互衔接。一是城市排水防涝要综合施策，不能以排为主。二是城市排水防涝要考虑防洪时高水位的影响，确保排得出、不倒灌。三是城市防洪要考虑对排水防涝的影响，尽可能减少顶托。

6.1.4 城镇防洪排涝的重要意义

城市是各地政治、经济、文化和交通的中心，人口密集、产业众多，一旦发生洪水内涝，造成的损失更加严重。做好城市防洪排涝工作，对发展城市经济、推进城市稳定发展、保障人民生命财产安全，具有重大而深远的意义。近年，通过持续不断建设，城市堤防、城市防洪排涝设施体系逐步建立和完善，为保障城市安全发挥了积极作用。但很多城市防洪排涝能力和管理体系依然存在诸多不足，部分城市出现了"逢雨必淹"的现象，一到汛期就面临巨大的防洪排涝压力。

城市防洪排涝工作是一项系统工程。做好城市防洪排涝工作，需要多方协同、多措并举、合力推进。在加强城市防洪排涝与城市建设的同时，应高度重视部门统筹协作，充分发挥好本级防汛抗旱指挥部的统筹协调作用，加强预警、应急处置和调度管理，以促进防洪排涝工作高效、有序推进。各部门应以人民为中心，心怀大局，扛实责任，分清防汛轻重缓急，做出妥善安排，认真抓好落实，有力有序保障汛期城市防洪安全。各级河道管理机构，必须对城市河道、滩地、堤防管理负起全部责任，做到统一管理，有职、有权、有责，确保城市河道行洪安全。此外，还应强化河湖调度部门与道路排水部门的联动工作机制，对城市河湖水位实施精准控制，最大程度实现排洪和蓄水双赢。

在我国开启全面建设社会主义现代化国家新征程、向第二个百年奋斗目标进军的新阶段，统筹发展和安全，落实高质量发展，对提升国家防洪安全保障能力提出新的更高要求。《中华人民共和国国民经济和社会发展第十四个五年规划和 2035 年远景目标纲要》提出[91]，实施防洪提升工程，解决防汛薄弱环节，加快防洪控制性枢纽工程建设和中小河流治理、病险水库除险加固，全面推进堤防和蓄滞洪区建设；不断健全防范化解重大风险体制机制，提升洪涝干旱等自然灾害防御工程标准，提升水旱灾害防御能力。这要求牢固树立底线思维和忧患意识，加快完善流域防洪工程体系，补齐防洪短板和薄弱环节，切实增强洪涝灾害防御能力，有力保障人民生命财产安全和经济社会高质量发展。

6.2　水文分析与设计洪水

6.2.1　水文资料的收集与整理

为了在防洪工作中及时提供准确有效的水情信息，对洪水过程做出较准确的预报，要做好水文基础工作。水文基础工作包括基础资料的观测、收集、整理及分析、计算两个方面。水文资料的主要来源，是各种水文观测站观测和整编的资料，而水文站是组织进行水文测验、搜集水文资料的基本场所。在防洪方面，主要是针对降雨、流量、水位等项目进行观测和资料整编，把分散的、逐次的一些测验成果，整理推算成各种水文要素的全年变化过程、分布情况和各项特征值，为水文分析和洪水预报打下基础。我国在主要江河流域上都建立了许多水文站，观测和收集了大量的水文数据，并按照国家统一标准进行了整编，每年刊布一次，成为水文年鉴，可作为洪水分析最基本的资料。水文分析计算主要是应用统计学的基本原理和方法，对各种水文要素如年径流、洪峰流量、洪水过程、设计洪峰流量、设计洪峰过程等进行分析推求，为防洪工程的设计、建设及防洪调度提供科学依据[91]。

1. 水文观测站

我国将水文观测站按性质分为基本站和专用站两大类。基本站组成水文基本站网，任务是长期、稳定、系统地观测和累积资料，一般不能任意撤销，主要为探索研究水文变化规律及满足水资源评价、水文分析计算、水利水电工程的规划设计、防汛抗旱方面的水文情报预报等方面的需要；专用站是为专用目的而设立的，对水文基本站网起补充作用。

2. 水文统计

由于水文现象受众多因素的影响，其发生、发展和演变过程既有必然性，又有随机性，透过随机性研究大量尝试段观测资料就可以找出其中内在的水文变化规律，对防洪更有意义。统计方法是研究随机性的有力工具，这一方法的实质在于用统计数学的理论，来研究和分析随机水文现象的统计变化特征，并以此为基础对水文现象未来可能的长期变化做出在概率意义下的定量预测，以满足工程计算的各种需求。

1）随机变量

水文统计的研究对象是水文随机变量。随机变量是表示随机试验结果的一个数量，可分为离散型和连续型两种。

如果随机变量 X 全部可能取到的值是有限个或可列无限多个，则称 X 为离散型随机变量。如某站年降雨量的总日数，出现在天数只有 $1 \sim 365$（366）种可能性，故为离散型随机变量。连续型随机变量是指如果随机变量 X 的所有可能取值不可以逐个列举出来，而是取数轴上某一区间内的任一点的随机变量。

2）随机变量的概率分布

设离散型随机变量 X 所有可能取值为 $x_k(k = 1, 2, \cdots, n)$，X 取各个可能值的概率为：

$$P\{X = x_k\} = p_k, k = 1, 2, \cdots, n \tag{6-1}$$

对于连续随机变量，其所有可能取值充满某一区间，取得任何个别值的概率趋近于零。连续随机变量只能研究某个区间的概率。一般为方便起见，研究 $X \geqslant x$ 的概率，将此概率表示为 $P(X \geqslant x)$；同样可研究 $X < x$ 的概率。两者之间有互换关系，即：

$$F(X \geqslant x) = 1 - P(X < x) \tag{6-2}$$

因此只需研究一种概率。

显然，$P(X \geqslant x)$ 是随机变量 X 的分布函数，记为：

$$F(x) = P(X \geqslant x) \tag{6-3}$$

它代表 X 大于某一取值 x 的概率，其几何曲线称为概率分布曲线；如果用实测资料点绘的，水文上称为累积频率曲线。

3. 重现期

水文特征值常常是随机变量，因此在进行工程规划设计时，对这些基本的水文特征值必须应用随机分析方法，求得这些特征值在不同线型下的累积频率曲线，从而推求某一特征值在不同累积频率下的量值。在工程设计中，对于那些以年为周期的水文特征值，如设计洪水等，在取用其设计值时，常引入"重现期"的概念，并根据工程规模、水文特征值的特点和工程重要性，在工程设计标准中对重现期作出规定。重现期是指在某一随机变量序列多次出现的一些数值中，某一数值重复出现的时间间隔的平均数，即平均重现间隔期。重现期 T 与累积频率 P 有一定的关系，根据不同的研究问题，有两种不同的表示方法：

（1）当为防洪治涝研究暴雨或洪水时，一般的设计频率 $P < 50\%$，则

$$T = \frac{1}{P} \tag{6-4}$$

式中：T 为重现期，以年计；P 为累积频率，以小数或百分数计。

若某一年水文特征值，例如洪峰流量的累积频率为 $P = 0.2\%$，代入式(6-4)得 $T = 1/0.002 = 500$ 年，即可以说设计标准为 500 年一遇洪水。

（2）当考虑水库兴利调节或河道供水而研究枯水问题时，为了保证灌溉、发电及供水等用水需要，设计频率 P 常采用大于 50%，则

$$T = \frac{1}{1-P} \qquad\qquad (6-5)$$

例如，某一河段供水的设计保证率（最低水位设计累积频率）$P=95\%$，代入式（6-5）得 $T=1/(1-0.95)=20$ 年，称为以"20 年一遇"的枯水年作为设计供水水位的标准，即平均 20 年中有一年的水位小于此枯水年的水位，而其余 19 年的河道水位等于或大于此数值，说明平均具有 95% 的可靠程度（保证率）。

由于水文现象一般并无固定的周期性，上述累积频率是指多年平均出现的机会，重现期则是指平均若干年出现一次，而不是固定周期。所谓百年一遇，并不意味着每隔百年发生一次，实际上某一百年内可能出现若干次，也许不出现，只反映在很长时间内，平均一百年可能出现一次的概率。另外，通常对于某一水文特征值（例如洪峰），所说的"百年不遇"，是指其在近百年内的最大值，与百年一遇的该水文特征值的概念不同，它仅是一个通俗的说法，非统计学概念，它可能小于、等于或大于其百年一遇的标准[87]。

4. 水文频率计算基本方法

水文频率计算，就是根据实测的某一水文系列（例如一系列实测的历年最大洪峰流量，称样本），计算系列中各随机变量值的经验频率，由此求得与经验频率点配合最好的以频率函数表达的频率曲线——理论频率曲线，然后按照要求的设计频率，即可在该线上查得设计值。

1）经验频率计算

假设有一水文系列，其中各变量依从大至小排列为 $x_1, x_2 \cdots\cdots x_n$ 我国规定用式（6-6）经验频率公式（数学期望公式）计算某变量值 x 的经验频率：

$$P = \frac{m}{n+1} \times 100\% \qquad\qquad (6-6)$$

式中：P 为随机变量 x 的频率（%）；m 为随机变量值从大至小的排列序号；n 为样本容量，即样本系列的总项数。

2）经验频率曲线

以随机变量为纵坐标，以经验频率为横坐标，点绘经验频率点，根据点群趋势绘出一条平滑曲线，称为经验频率曲线。实际上，因为样本系列往往不长，经验频率曲线分布的范围不够大，因此无法直接按设计频率在线上查得设计值，所以实际工作中常常只点绘频率点，并不绘制经验频率曲线，而是绘制理论频率曲线。

3）理论频率曲线

根据上述分析表明，为了从频率曲线上查取小频率或大频率的设计值，必须将经验频率曲线按合适的频率函数向两端外延，这样求得的一条完整的频率曲线，在水文上称之为理论频率曲线。水文上把由频率函数表示的且能与经验频率点群配合良好的频率曲线称为理论频率曲线，它近似反映总体的频率分布。因此，常用它对未来的水文情况进行预测。理论频率曲线有皮尔逊Ⅲ型、克里茨斯-闵凯里曲线等类型。

根据我国水文计算的大量经验，理论频率曲线一般都采用皮尔逊Ⅲ型分布，其中有均值 $\bar{x}$、变差系数 C_v、偏差系数 C_s 三个统计参数，按照经验频率点群配合最佳的原则选定理论频率曲线。

4）适线法确定理论频率曲线

适线法也称配线法，是以经验频率点据为基准，给它选配一条拟合最好的理论频率曲线，以此代表水文系列的总体分布。适线法做法如下：

（1）计算并点绘经验频率点；

（2）估算统计参数；

（3）选定线性；

（4）配线；

（5）设计值的推求。

已知设计频率 P，可在确定的理论频率曲线上直接读取与 P 对应的变量值 x_p，此即推求的设计值。

6.2.2　洪水调查与推算设计洪水流量

1. 洪水调查的方法与步骤

历史洪水调查是目前计算设计洪峰流量的重要手段之一。具有长期实测水文资料的河段，用频率计算方法可以求得比较可靠的设计洪峰流量。我国河流一般实测水文资料年限较短，用来推算稀遇洪水，其结果可靠性较差，特别是在山区小河流，没有实测水文资料，用经验公式或推理公式计算，往往误差较大。因此，在洪水计算中，对历史洪水调查应给予足够重视。

历史洪水调查是一项十分复杂的工作。在调查资料较少、河床变化较大的情况下，计算成果往往会产生较大的误差。因此，对洪水调查的计算成果，应对影响成果精度的各种因素进行分析，来确定所得成果的可靠程度。

1）洪峰流量调查的方法

根据历史洪水调查推算洪峰流量时，可按洪痕点分布及河段的水力特性等选用适当的方法。如当地有现成的水位流量关系曲线就可以利用，还要结合河道的变迁冲淤情况加以修正。当调查河段无实测水文资料，一般可采用比降法。用该法时，需注意有效过水断面、水面线及河道糙率等基本数据的准确性。如断面及河段条件不适于用比降法计算时，则可采用水面曲线法。当调查河段具有良好的控制断面（如急滩、卡口、堰坝等）时，则可用水力学公式计算，这样可较少依赖糙率，成果精度较高。由洪痕推算洪峰流量，各种方法会得出不同结果，因此应进行综合分析比较后合理选定。

2）洪水调查的步骤

洪水调查主要按以下步骤进行：

（1）相关资料的调查和收集：调查和收集的内容见洪水调查的主要内容。

（2）对调查和收集的资料的整理分析包括：资料的准确性和可靠性分析、调查洪水的洪峰流量、洪水过程线及洪水总量的计算分析等。

（3）历史洪水重现期的确定。

（4）数据的处理，包括：调查洪水大小排位、调查洪水的频率分析。

（5）设计洪水的推求：在步骤（3）计算的基础上按照水文频率计算基本方法，推求一定设计频率下的设计洪水。

（6）调查成果的合理性检查。

2. 洪水调查的主要内容

河流洪水现象的数量特征分析研究，属于水文测验的范围，但是洪水测验受到时间和空间的局限，往往不能满足要求，需要通过洪水调查加以补充。因此，洪水调查同洪水测验的内容没有本质上的区别。一般情况下，洪水调查的内容如下：

1）历史上洪水发生的情况

从地方志、碑记、老人及有关单位了解过去发生洪水的情况、洪水一般发生的月份、时间、洪水涨落时间及其组成情况。

2）各次大洪水的详细情况

洪水发生的年、月、日及洪水痕迹，当时河道过水断面、河槽及河床情况，洪水涨落过程（开始、最高、落尽），洪水组成及遭遇情况，上游有无决口、卡口和分流现象，洪水时期含砂量及固体径流情况。

3）自然地理特征

流域面积、地形、土壤、植物及被覆等，有了这些资料，即可和其他相似流域洪水进行比较，借以判断洪水的可靠性。

4）洪痕的调查和辨认

内容包括河段的选择和洪痕的调查。

3. 历史洪水重现期的确定

进行历史洪水的调查和计算的目的是延长实测水文资料，减少设计洪水计算中的抽样误差，提高设计洪水的精度。因此，除要对调查洪水的洪峰流量做认真分析计算及合理性分析外，尚需要对每场洪水的重现期（特别是特大洪水）做出比较合理的分析考证，这样才能较正确地估算其经验频率。如黄河三门峡河段1983年历史洪水，过去在频率计算中只能按1983年至计算时间计其重现期，只能定为100余年。以后通过文献资料结合考古等多种途径考证，其重现期至少应为1000年。这样就比较准确地确定了1984年洪水在频率曲线上的位置，从而也提高了三门峡及小浪底设计洪水的精度。

1）通过历史文献资料考证

历史文献、碑文、古迹以及明清故宫档案内，有许多洪涝灾害记载，将这些资料进行系统的整理分析，可以得到几百年来的特大洪水及排位情况，这样可以根据特大洪水处理来计算其经验频率，从而确定其重现期。

2）通过沿河古代遗物考证

一般河流流域文化历史悠久，沿河两岸广存古代遗物，以此推断历史大洪水的重现期是一种可靠的方法。

4. 设计洪水流量的推求

洪水调查成果可用适线法推求设计洪峰流量：此方法基本要求是在同一断面处有三个以上不同重现期的洪调成果。根据洪水调查成果首先假定均值 $\bar{x}$ 及变差系数 C_V、C_V/C_S 值，按各省已定的经验关系值，把调查到的洪水调查成果点绘在频率线上，经过几次假定 $\bar{x}$ 与 C_V，采用目估定线的方法，最后试算到频率曲线与洪调点结合最佳时为止，其所假定的 $\bar{x}$ 与 C_V 即为设计参数。这种方法比较简便而且容易做到，故被广为应用。

6.2.3　暴雨资料推求设计洪水流量

1. 由暴雨资料推求设计洪水流量的主要内容

当无实测洪水资料而有实测雨量资料时（对于面雨量资料 $n \geqslant 30a$，n 为统计年份），可通过雨量资料推求设计洪水。

由暴雨资料推求设计洪水是以降雨资料形成洪水理论为基础的。按照暴雨洪水的形成过程，推求设计洪水主要有以下几个方面的内容：

1）推求设计暴雨

同频率放大法求不同历时指定频率的设计雨量及暴雨过程。

2）推求设计净雨

设计暴雨扣除损失就是净雨。

3）推求设计洪水

应用单位线等方法对设计净雨进行汇流计算，即得到流域出口断面的设计洪水过程。

2. 样本系列

一般暴雨资料的统计，可采用定时段（如 1d、3d、7d 等）年最大值选择的方法。时程划分一般以五为日分界，由日雨量记录进行统计选样。短历时分段一般取 24h、12h、6h、3h、1h 等。短历时暴雨选样的方法主要有以下几种方法：年最大值法选样和非年最大值法选样，其中非年最大值法选样又分为超大值法、超定量法和年多个样法。

3. 推求方法

1）设计暴雨的计算

当流域暴雨资料充分时，可把流域的面雨量资料作为对象（概念上说，即先求得各年各场次大暴雨的各种历时的面雨量，然后按照指定历时，如 1h、6h、12h、1d、3d、7d 等）的方法。按照上述选样方法选取不同指定历时的样本系列，如 6h、12h、1d、3d、7d 等样本系列。样本系列选定以后，进行频率计算，求出各种历时暴雨的频率曲线。然后依设计频率，在曲线上查得各统计历时的设计雨量。目前我国暴雨频率计算的方法、线型、经验频率公式等洪水频率计算相同。

当流域暴雨资料短缺时；当设计流域雨量站太少，各雨量站观测资料太少；或虽然站多、观测资料也不少，但各站资料的起始年份不同；或流域面积太小，根本没有雨量站。在这些情况下，多采用间接方法来推求设计面雨量，即：先求出流域中心处的设计点雨量；然后再通过点雨量和面雨量之间的关系（暴雨点面关系），间接求得指定频率的设计面雨量。

2）设计暴雨过程的拟订

拟订设计暴雨过程的方法也与设计洪水过程线的确定类似，首先选定一次典型暴雨过程，然后再以各历时设计雨量为控制进行缩放，即得到设计暴雨过程。

6.2.4　推算小流域面积设计洪水流量

1. 小流域设计暴雨

小流域面积上的排水建筑物，有城镇厂矿中排除雨水的管渠、厂矿周围地区的排洪渠道、铁路和公路的桥梁和涵洞、立体交叉进路的排水管道、广大农村中众多的小型水库的溢洪道等。在设计时，需要求得该排水面积上一定暴雨所产生的相应于设计频率的最大流量，以便根据最大流量确定管渠或桥涵的大小。小流域面积的范围，当地形平坦时，可以达到 $300\sim500km^2$；当地形复杂时，有时限制在 $10\sim30km^2$ 以内。

小流域一般没有实测的流量资料，所需的设计流量往往用实际暴雨资料间接推算，并认为暴雨与形成的洪水流量频率是相同的。考虑到流域面积比较小，集流时间较短，洪水在几个小时甚至在几十分钟就能达到排出口。因此，给水排水设计一般只要推求洪峰流量即可。

由上可知，暴雨与形成的洪水流量频率是相同的，而且流域较小，是属于短历时暴雨。因此，暴雨频率的确定关系洪水洪峰流量大小。

2. 降雨量和降雨历时与频率关系曲线

1）降雨三要素

降雨量、降雨历时和降雨强度可以定量地描述出来的特性，称为降雨三要素。降雨量用落在不透水地面上的雨水的深度 H 来表示，单位为"mm"。观测降雨量的仪器有雨量器和自记雨量计两种。降雨历时是降雨所经历的时间，可用年、月、日、时或分钟单位。降雨强度是指单位时间内的降雨量。在 Δt 降雨历时内降雨量为 Δh，平均的降雨强度 $\bar{i}$ 可表示为

$$\bar{i} = \frac{\Delta h}{\Delta t} \tag{6-7}$$

2）暴雨强度和降雨历时与频率关系曲线

（1）暴雨强度-降雨历时关系

小流域所设计的洪水，绝大多数是在较短的时间内降落的，属于短历时暴雨性质。根据气象方面的规定：24h 降雨量超过 50mm 或者 1h 超过 16mm 的称为暴雨。在雨量记录

纸上选出每场暴雨进行分析,绘制强度-历时关系曲线,这是整理雨量资料首先要做的工作。

(2) 暴雨强度-降雨历时-频率关系

选取暴雨样本系列,作为统计的基础资料。按照不同的历时,将暴雨样本系列,从大到小排列,做频率分析计算,这时得到经验频率为次频率。一般要求按不同的历时,计算重现期为 0.25 年、0.33 年、0.5 年、1 年、2 年、3 年、5 年、10 年等的暴雨强度,绘制暴雨强度 i、降雨历时 t 和重现期 T 的关系表。

3. 短历时暴雨公式

根据不同降雨历时与暴雨强度的关系,并在双对数坐标上绘图,可得到如下暴雨强度公式:

$$i = \frac{A}{(t+b)^n} \tag{6-8}$$

式中:n 为暴雨衰减指数;b 为时间参数;A 为雨力(mm/min)。n、b、A 为暴雨的地方参数。A 是随重现期 T 变化而变化的,可用 $A = A_1(1 + \mathrm{Clg}T)$ 表示。其中 A_1、C、T 为参数。

公式中的相关参数,可以用手工求解,也可以采用计算机编程求解。我国大多数城镇现都编制了暴雨强度公式,在实际应用中可以查阅相关的水文手册。

4. 经验公式

随着科学技术的发展,推算小流域暴雨水峰流量的方法不断得到完善,并取得了许多可喜的成果。目前,我国各地区对小流域暴雨洪水的计算公式主要有推理公式和地区经验公式两种。

经验公式按其选用资料的不同,大致可以分成以下几种类型:

(1) 根据当地各种不同大小的流域面积和较长期的实测流量资料,并有一定数量的调查洪水资料时,可对洪峰流量进行频率分析;然后再用某频率的洪峰流量 Q,与流域特征做相关分析,制定经验公式,其公式为:

$$Q_p = C_p F^n \tag{6-9}$$

式中:F 为流域面积(km^2);C_p 为经验系数(随频率而变);n 为经验指数。

本法的精度取决于单站的洪峰流量频率分析成果,要求各站洪峰流量系列具有一定的代表性,以减少频率分析的误差;在地区综合时,则要求各流域具有代表性。它适用于暴雨特性与流域特征比较一致的地区,综合的地区范围不能太大,如湖南、辽宁、湖北、江西、安徽省皖南山区及山西省临汾、晋东南、运城等地区,可采用这种类型的经验公式。

(2) 对于实测流量系列较短、暴雨资料相对较长的地区,可以建立洪峰流量 Q_m 与暴雨特征和流域特征的关系,其公式如下:

$$\begin{cases} Q_m = CH_{24}^2 F^n \\ Q_m = CH_{24}^\beta F^n f^\gamma \\ Q_m = CH_{24}^\beta F^n f J^m \end{cases} \qquad (6\text{-}10)$$

式中：H_{24} 为最大 24h 雨量（mm）；f 为流域形状系数，$f = F/L^2$；β 为暴雨特征指数；n、m、γ 为流域特征指数；C 为综合系数；F 为流域面积（km²）；J 为河道平均比降（‰）。

本法考虑了暴雨特征对洪峰流量的影响，因此地区综合的范围可适当放宽。辽宁、山东、山西省都可采用上述类似公式。

我国流域范围广泛，已经编制的地区洪水经验公式很多，在此不一一列举，需要时，可查阅相应的设计手册。

6.3　海绵城市与雨洪管理

6.3.1　概述

2013 年 12 月 12 日，中央城镇化工作会议提出建设自然积存、自然渗透、自然净化的"海绵城市"。住房和城乡建设部发布的《海绵城市建设技术指南——低影响开发雨水系统构建》对海绵城市的定义为：海绵城市是指城市能够像海绵一样，在适应环境变化和应对自然灾害等方面具有良好的"弹性"，下雨时吸水、蓄水、渗水、净水，需要时将蓄存的水"释放"并加以利用。该定义的内涵具体可分解为以下三层：第一，海绵城市面对洪涝或者干旱时有能灵活应对和适应各种水环境危机的韧力，体现了弹性城市应对自然灾害的思想。第二，海绵城市要求基本保持开发前后的水文特征不变，主要通过低影响开发的开发思想和相关技术实现。第三，海绵城市要求保护水生态环境，将雨水作为资源合理储存起来，以解城市对水的不时之需，体现了对水环境及雨水资源可持续的综合管理思想。海绵城市示意图如图 6-4 所示。

城市化进程中，建设用地不断扩张，城市地区下垫面特性剧烈改变，尤其是不透水下垫面比例的增加，显著改变了原有的自然水文生态过程，导致一系列的城市雨洪管理问题，集中表现为洪涝灾害频发、水环境持续恶化以及水资源严重短缺。城市中原有的耕地、林池、湿地等渗透性能较好、雨洪调蓄能力较强的自然景观大量被透水性能较差甚至不透水的硬化表面（道路交通用地、建筑屋面、广场等）所取代，影响了降雨的截留、下渗、过滤、蒸发及其产汇流过程，使得原本渗入地下的雨水大部分转为地表径流排出，造成暴雨径流流量增加、汇流速度加快，加大了发生洪涝灾害的频率和强度。近年来，北京、广州、上海、南京、成都、郑州、西安等大中城市的暴雨内涝灾害频发。

在我国，因传统雨洪管理的弊端而提出了建设海绵城市，两者关系密切。第一，海绵

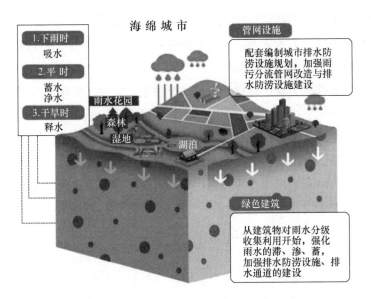

图 6-4　海绵城市示意图

城市建设视雨洪为资源，重视生态环境；第二，海绵城市建设的目标就是要减少地表径流和减少面源污染；第三，海绵城市建设将会降低洪峰和减小洪流量，保证城市的防洪安全。

1. 海绵城市的雨洪资源化利用

雨洪资源化利用是把作为重要水资源的雨水运用工程和非工程的措施，分散实施、就地拦蓄，使其及时就地下渗，补充地下水，或利用这种设施积蓄起来再利用，如冲洗厕所、洗衣服、喷洒道路、洗车、绿化浇水、景观用水等。雨洪资源化利用是综合性的、系统性的技术方案，不只是狭义上的雨水收集利用和雨水资源节约，还囊括了城市建设区补充地下水、缓解洪涝、控制雨水径流污染以及改善提升城市生态环境等诸多方面。

想要利用雨洪资源，就需要在城市打造更多的湿地、湖泊、绿地、公园，城市的宜居程度和生态安全将得以提高，也为城市增加活动空间和生态空间。而这些空间的大小、形态、分布格局，都应该考虑历史最大连续降雨量、地形地势、城市发展格局。当然，雨洪是资源，如何存储这些资源，也就成为海绵城市建设的关键。

2. 海绵城市减少地表径流和雨水就地下渗

大气降水落到地面，会有以下三种情况：一部分蒸发变成水蒸气返回大气（大约占降雨量的 40%），一部分下渗到土壤补充地下水（在自然植被区，大约占降雨量的 50%），其余的降雨随着地形、地势形成地表径流（在自然植被区，大约占降雨量的 10%）注入河流，汇入海洋。但是在城市发展的进程中，随着城市地表的硬质化，地表径流可以从 10% 增加到 60%，下渗补充的地下水可能急剧减少，甚至是 0。因此，减少地表径流、提高就地下渗是打造海绵城市的重点。

雨水就地下渗的重要性表现为以下四点：一是把原来排走的雨水就地蓄滞起来，作为城市水资源的重要来源；二是降低地下排水渠道的排涝压力，减轻城市洪水灾害的威胁；三是回补地下水，保持地下水资源，缓解地面沉降以及海水入侵；四是减少面源污染，改善水环境，修复被破坏的生态环境等。

城市雨水就地下渗对于城市建设而言是一个挑战。它除了要增加湿地、湖泊等水系面积及下沉式绿地、公园、植被面积，都市农业面积的保护、城市生态廊道的建设也是就地下渗的重要基础设施。这些都是大尺度上海绵城市建设的重要因素。至于雨水花园、透水铺砖、空隙砖停车场、透水沥青公路等都是小尺度上海绵城市建设的具体技术、工程、设计。这两个尺度上的海绵城市建设的最终目标，就是让雨水最大限度地就地下渗，或者最大可能地实现对地下水的补充。

3. 降低洪峰和减小洪流量

地表特征是影响流域和城市水文特征的重要因素。未经开发的土地，地表植被覆盖率高，雨水下渗率大，径流系数小。降雨来临时，首先经过植物截留、土壤下渗，当土壤含水量达到蓄满的程度时，后续降雨量就形成地表径流。地表径流汇合集聚，通过自然地形的坡地流入河道。随着降雨强度和降雨历时的增加，河道流量达到最大值，成为洪峰。

城市的扩展使大量地表植被破坏，地表普遍硬质化，雨水无法下渗，在很短的时间内形成地表径流，通过市政管道迅速汇入河道。持续降雨使地表径流不断增加，河道水量迅速增长，在短时间内即达到洪峰流量，且洪峰流量大，极易形成洪滞灾害。同时，传统的城市经历一场连续暴雨，不但容易形成极大的洪水和洪峰流量，而且极有可能把宝贵的雨水资源排出城市，造成水资源的浪费、水体污染，加剧旱灾。海绵城市建设正是要打破传统的城市开发模式的弊端，尊重表土，保护原有的土壤生态系统，保障植物、植被的生长，实现蓄洪水面、湿地、绿地、雨水花园和公园等空间的最大化，雨洪就地下渗的最大化，地表径流、城市排水管道分散化和系统化，以及城市流域水系和汇水空间格局的合理化，最大限度地消除洪灾旱灾的威胁，保障城市水生态安全。

6.3.2　国内外海绵城市建设与管理现状

1. 国外海绵城市建设与管理现状

一些发达国家已经形成了相对完善、适合本国技术法规体系的现代化城市生态雨洪管理模式体系，并将其很好地应用于城市景观和基础设施的规划设计与建设中[92]。

1）最佳管理措施

最佳管理措施（BMPs）是美国 20 世纪 70 年代提出的雨水管理技术体系，最初其关注的焦点是非点源污染的控制，通过单项或多项最佳管理措施组合来预防或控制非点源污染，确保受纳水体的水质达标。在 1972 年通过的《美国联邦水污染控制法》（Federal Water Pollution Control Act Amendment，FWPCA）中，首次从立法层面提出了 BMPs 的概念。在 1987 年颁布的《清洁水法案修正案》（Amendment to the Clean Water Act）中，制定了关于非点源污染控制的条款。经过数十年的发展，2003 年出台的第二代

BMPs 已经发展为针对暴雨径流控制、土壤侵蚀控制、非点源污染控制等的雨水综合管理决策体系，为更强调与自然条件（植物、水体等）结合的生态设计和非工程性的管理办法。美国环保署将 BMPs 定义为"特定条件下用于作为控制雨水径流量和改善雨水径流水质的技术、措施或者工程设施的最具成本效益的方式"。

2）低影响开发

低影响开发（LID）是在 BMPs 的实践中发展起来的城市雨水管理的新概念，由于经典 BMPs 体系主要通过末端调控措施（塘和湿地等）来对雨水进行控制，存在占地面积较大，在空间有限的城市区域，其应用往往受到限制；建设和维护成本较高；处理效率较低，尤其是在对水环境要求较高的区域；水质往往难以达标；有可能与后续上游的洪峰相遇，产生叠加效应，增加下游地区的雨洪威胁等缺陷。在城市高速发展和扩张的背景下，BMPs 管理模式已经不能消除环境造成的强烈影响，1990 年最早由美国马里兰州（Maryland）乔治王子县（Prince George's）提出了一种微观尺度的 LID 理念与技术体系，作为宏观尺度的 BMPs 的有效补充。LID 理念的核心是通过合理的场地设计，模拟场地开发前的自然水文条件，采用源头调控的近自然生态设计策略与技术措施，营造出一个具有良好水文功能的场地，最大限度地减少和降低土地开发导致的场地水文变化及其对生态环境的影响。

3）可持续城市排水系统

可持续城市排水系统（SUDS）模式是英国为解决传统排水体制产生的多发洪涝、水体污染和环境破坏等问题，在 BMPs 的基础上发展建立的本土化的雨水管理措施体系。英国国家可持续城市排水系统工作组于 2004 年发布了《可持续排水系统的过渡期实践规范》报告，提出了英格兰和威尔士实施可持续城市排水系统的战略方法以及详细的技术导则。SUDS 将长期的环境和社会因素纳入城市排水体制及排水系统中，综合考虑径流水质与水量、城市污水与再生水、社区活力与发展需求、野生生物提供栖息地、景观潜力和生态价值等因素，从维持良性水循环的高度对城市排水系统和区域水系统进行可持续设计与优化，通过综合措施来改善城市整体水循环，如图 6-5 所示。

4）水敏感城市设计

水敏感城市设计（WSUD）是澳大利亚从 20 世纪 90 年代末，针对传统城市排水系统存在的问题发展起来的一种雨水管理模式和方法，最早在 1994 年由 Whelan 等人提出。WSUD 体系的核心观点是把城市水循环作为一个整体，认为水是城市宝贵的资源。将雨水、供水、污水（中水）管理视为水循环中相互联系、相互影响的环节，加以统筹考虑。与 BMPs、LID 等相比，WSUD 的核心也是雨水管理，但涉及的内容更为广泛和全面，还包括减少流域之间水的传输（给水供应、废水排放）以及城市区域雨水的收集利用等内容。

WSUD 倡导将水文循环和城市规划、设计、建设发展过程相结合，认为城市的基础设施、建筑形式应与场地的自然特征一致，通过合理设计、利用具有良好水文功能的景观

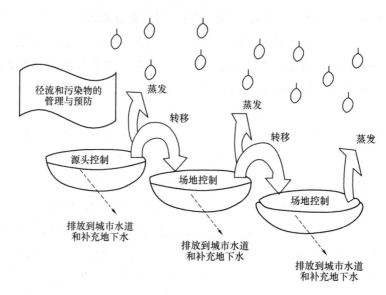

图 6-5　SUDS 雨水径流管理链

性设施，让城市环境设计具有"可持续性"，从而减少对结构性措施的需求，减少城市开发对自然水循环的负面影响，保护敏感的城市水系统的健康，并提升城市在环境、游憩、美学、文化等方面的价值。

2. 国内海绵城市建设与管理现状

中华人民共和国住房和城乡建设部在 2014 年 10 月编制了《海绵城市建设技术指南——低影响开发雨水系统构建（试行）》，部分内容涉及海绵城市绿地的规划设计与建设。该指南主要参考了美国关于低影响开发（LID）雨水系统等方面的理论研究与实践经验。2015 年 10 月，国务院办公厅颁布《关于推进海绵城市建设的指导意见》，从国家层面战略性地推进我国海绵城市的建设，明确指出推广海绵型公园和绿地，增强公园和绿地系统的城市"海绵体"功能，并首次提出了径流总量控制的海绵城市量化工作指标：70%的降雨就地消纳和利用；到 2020 年，城市建成区 20% 以上的面积达到目标要求；到 2030年，城市建成区 80% 以上的面积达到目标要求。国办印发的《关于加强城市内涝治理的实施意见》明确提出，到 2025 年，各城市因地制宜基本形成"源头减排、管网排放、蓄排并举、超标应急"的城市排水防涝工程体系，排水防涝能力显著提升，内涝治理工作取得明显成效[93]。

6.3.3　海绵城市的规划

海绵城市规划是以解决城市内涝、水体黑臭等问题为导向，以雨水综合管理为核心，将绿色设施与灰色设施相结合，统筹"源头、过程、末端"的综合性、协调性规划。

1. 规划总则

（1）规划目的：海绵城市规划旨在指导各地新型城镇化建设过程中，推广和应用低影响开发建设模式，加大城市雨水径流源头减排的刚性约束，优先利用自然排水系统，建设生态排水设施，充分发挥城市绿地、道路、水系等对雨水的吸纳、蓄渗和缓释作用，使城市开发建设后的水文特征接近开发前，有效缓解城市内涝、削减城市径流污染负荷、节约水资源、保护和改善城市生态环境，为建设具有自然积存、自然渗透、自然净化功能的海绵城市提供重要保障。

（2）规划范围：海绵城市的规划设计应与城市总体规划相衔接，充分考虑海绵城市规划对老城区缺点的补充，海绵城市的自然空间格局保护范围为城市规划区范围，其他内容则为中心城区建设用地范围。

（3）规划期限：海绵城市的规划期限应与城市规划的总体进程相衔接，根据城市规划确定规划年限，并且考虑到项目进度和资金情况，可划分为近期、中期、远期规划。

（4）规划原则：海绵城市规划应坚持规划引领、生态优先、安全为重、因地制宜、统筹建设的原则，最大限度减少城市开发建设对自然和生态环境的影响；海绵城市应结合城市自然特点、经济水平、建设阶段以及亟待解决的问题和发展需求，遵循水安全、水环境、水资源、水生态等方面的规划原则。注重保护水资源、改善水生态、优化水环境和确保水安全，并且在此基础上考虑水景观、水文化、水经济等方面。

2. 规划目标

（1）功能目标：在综合评价的基础上，结合城市发展需求，从水安全、水环境、水资源、水生态等功能需求出发，兼顾水景观、水文化等方面的需求，因地制宜地确定海绵城市建设的功能目标。

（2）建设目标：依据《国务院办公厅关于推进海绵城市建设的指导意见》，结合城市建设发展时序，明确近、中、远期要实现海绵城市要求的建设用地面积和比例。

3. 规划指标

1）主要指标

（1）年径流总量控制率：依据住房和城乡建设部《海绵城市建设技术指南——低影响开发雨水系统构建（试行）》，以保持城市开发建设前后对水文干扰最小化为目标，结合功能目标和需求，合理确定指标值。径流总量控制指标的选择应根据相关规范标准和技术指南的要求，结合项目建筑密度、绿地率、水域面积率等既有规划控制指标及土地利用布局、当地水文、水环境等条件合理确定，可选择单一或组合的单项控制指标，即控制指标的选择具有较大的灵活性。

（2）面源污染（SS）削减率：与年径流总量控制率相关联，兼顾水环境改善对面源污染削减的需求，合理确定指标值。

2）相关指标

（1）下沉式绿地率＝广义的下沉式绿地面积/绿地总面积。

广义的下沉式绿地泛指具有一定调蓄容积的可用于储存、蓄渗径流雨水的绿地，包括生物滞留设施、渗透塘、湿塘、雨水湿地等，狭义的下沉式绿地特指以草皮为主要植物、下凹深度较浅的下沉式绿地，下凹深度＜200mm；下沉深度指下沉式绿地低于周边铺砌地面或道路的平均深度，对于下沉深度＜100mm 的较大面积的下沉式绿地，受坡度和汇水面竖向等条件限制，往往无法发挥径流总量削减作用，因此一般不参与计算，对于湿塘、雨水湿地、延时调节设施及多功能调蓄设施等水面设施，下沉深度系指储存深度，而非调节深度。

（2）透水铺装率＝透水铺装面积/硬化地面总面积。

（3）绿色屋顶率＝绿色屋顶面积/建筑屋顶总面积。

（4）其他单项控制指标，指其他调蓄容积，如蓄水池等具有的储存容积等。

4. 规划设计类型

海绵城市规划设计类型主要包括建筑与小区、城市道路、绿地与广场、城市水系等项目类型。

1）建筑与小区

建筑与小区是海绵城市规划的重点。建筑与小区的海绵城市规划设计主要包括对新建小区海绵设施的添加和老旧小区的改造。建筑与小区海绵设施主要有透水铺装、透水沥青、下沉式绿化、生态停车场、蓄水设施、雨水桶等。

（1）新建小区：建成年代较新的小区绿化面积较高，对于有水景的小区改造应优先利用水景收集调蓄区域内雨水，同时兼顾雨水蓄渗利用及其他措施。将屋面及道路雨水收集汇入调蓄水体，并根据月平均降雨量、蒸发量、下渗量以及浇洒道路和绿化用水量来确定水体的体积，对超标准雨水进行溢流排放。

对于没有水景且建成年代较新的小区，如果以雨水径流削减及水质控制为主，可以根据地形划分为若干个汇水区域，将雨水通过植被浅沟导入雨水花园或低势绿地进行处理、下渗，超量雨水溢流则排入市政管道。如果以雨水利用为主，可以将屋面雨水经弃流后导入雨水桶进行收集利用，道路及绿地雨水经处理后导入地下雨水池进行收集利用。低影响开发改造应结合小区景观设计、建筑布局、市政设施及雨水调蓄水体、雨水湿地/雨水塘、广场等调蓄设施，充分利用既有条件。

（2）老旧建筑小区：现状老旧社区的径流污染和内涝问题比较严重，且不同小区的可改造区域大小不同，所以在设计低影响开发雨水系统时应因地制宜。对可改造的建筑，根据民意进行一定程度的屋顶绿化改造。改造时，可适当增加小区内绿地面积，便于布置较多的海绵城市设施。

若低影响开发雨水系统以雨水径流削减及水质控制为主，根据地形特征及竖向分布划分为若干个汇水区域，将雨水通过植被浅沟导入雨水花园或低势绿地，进行处理、下渗，对于超标准雨水溢流排入市政管道；若以雨水利用为主，可以将屋面雨水经弃流后导入雨水桶进行收集利用，道路及绿地雨水经处理后导入地下雨水池进行收集利用。

2）城市道路

海绵城市规划设计在城市道路中的应用主要是低影响开发系统、管渠排水系统以及雨水超标径流排放系统三个方面。其中低影响开发雨水系统主要是利用海绵城市的特点，对雨水进行渗透、积蓄以及净化等功能，从而调整雨水的径流量、径流峰值以及污染情况。管道排水系统主要与低影响开发系统结合起来，完成对雨水的收集、处理以及排放。最后是超标径流雨水排放系统，是由自然雨水、水流调蓄以及泄洪处理等方面构成，对于雨水径流过量进行调节和处理。

海绵城市市政道路设施有透水砖铺装、生物滞留设施、雨水湿地、生态植草沟、渗渠、植物缓冲带等。

（1）城市道路低影响开发设施：城市道路的低影响开发设施是一种强调源头分散的小型控制设施，可维持和保护场地自然水文功能，有效缓解不透水面积增加造成的洪峰流量增加、径流系数增大、面源污染负荷加重的城市雨洪问题。低影响开发设施应用于市政道路时应注意以下设计原则：一是减少道路的不透水表面面积，比如可在中分带内设置渗透管等；二是保持自然水文原有的状态，比如可利用植草浅沟处理车行道雨水等；三是合理利用入渗能力，延长径流时间，比如可增加透水材料铺装的使用面积等；四是加强景观结合，体现生态价值，比如优化路外绿化空间等。

（2）城市道路透水结构设计：相对于传统的路面结构设计，海绵城市的路面结构主要有两种形式：全透水路面结构和半透水路面结构。在实际设计中采用何种形式，要重点考虑路基路面结构的强度和稳定性以及所在区域的地表径流量。当所在区域路基土渗透性不高，地下水位较高，雨水滞留路基后易对结构的强度和稳定性产生较大影响时，不宜采用全透水结构的路面材料。相反，当所在区域路基土渗透性较好，雨水可以实现较快下渗，地下水位较低时，适宜采用全透水路面材料。

（3）城市道路横断面设计：城市道路的海绵城市建设应注意对场地内雨水源头控制的要求，以及与规划、周围现状地物相符合、相协调。其中下沉式绿化用地对于路面径流的蓄存、净化和消纳作用明显，在道路横断面的设计中要考虑设置在低处。同时为了达到预期效果，这部分绿化带的宽度应适当加宽，增加渗透面积。并结合规划用地条件，因地制宜调整道路红线。

3）绿地与广场

海绵城市建设理念提出后，原有的城市绿地和广场设计方法应有所调整，以充分发挥城市绿地和广场在雨水渗透、雨水存蓄、雨水回收再利用、雨水径流污染削减方面的功能。建设"海绵型绿地"和"生态型广场"。

（1）将低影响开发设施融入城市绿地与广场：城市绿地与广场低影响设计应首先强调对城市原有生态系统的有效保护，尤其是原有的河流、湿地、湖泊、池塘、沟渠等水生态敏感区；其次应注重生态恢复和修复，运用生态的手段恢复和修复已受到破坏的水体和其他自然环境；同时应按照低环境影响开发理念，结合区域及周边条件建设低影响开发雨水系统。应合理控制开发强度，控制城市不透水下垫面比例，促进雨水的积存、渗透和净化，并与低影响开发雨水系统、城市雨水管渠系统及超标雨水径流排放系统相衔接。

（2）绿地植物选择：绿地建设应符合园林植物种植及园林绿化养护管理要求，可采取合理设置绿地下沉深度和溢流口、选择乡土植物和耐淹植物、局部换土、增强土壤渗透性等方法，避免园林植物长时间受到浸泡而影响其正常生长，影响整体景观效果。

4）城市水系

受传统城市发展及管理模式影响，城市水系生态遭到严重破坏，城市内涝、水体污染、水资源短缺等问题也更加严峻，迫切要求对其进行修复治理。海绵城市建设理念的提出，带来了系统治理的新思路，可有效改善城市水系现状。

构建城市水系生态廊道、建设生态岸线、修复污染水体、修复河道生态系统、城市河水强化处理等是海绵城市规划设计理念下城市水系生态修复的具体措施。

（1）源头减排：在海绵城市的建设理念中，源头减排控制是处于核心地位的，也是城市雨水径流控制的首道防线。为改善水系生态，要从控制污染源入手，吸收和净化雨水径流中的污染物，有效降低城市水系内污染负荷。同时，源头控制还有助于雨水径流水量的控制，可降低水生态系统的压力。源头控制的关键在于雨水径流的源头控制，通过合理规划绿地、广场、道路等各类低影响开发设施，发挥其对雨水径流的存蓄、下渗及净化等功能，有效控制径流的水量及水质。

（2）过程控制：该环节主要针对的是管网系统。首先，通过完善管网设施，实现雨污水分流，并加强老城区管网改造，提升海绵城市排水管道建设质量。其次，还应重视管网的维护管理工作，对城市管网系统开展全面排查，并以发现的问题为导向，完善管网评价体系，并合理制定过程控制措施，使污水收集效率显著提升。此外，还要重视面源污染治理工作，特别是降低城郊区域工业、养殖业等污染排放，提高河道周边环境治理效果。城市自然水体还存在生态基流不足、自净能力差等问题，对水系生态构成威胁，究其原因在于自然水域的过度开发。因此，水源调配也是水系水质改善的重要手段。

（3）末端治理：为促进水系生态修复，还要加强城市水体的治理工作，通过合理规划生态湿地、河道护岸以及湿塘等，可显著提升水体的调蓄及净化能力，这也是河道生态修复的重要手段。要重视城市河道陆域绿化带的优化设计，在综合考虑河道周边用地性质、景观设计、雨水径流控制等因素基础上进行合理规划，积极打造绿色生态护岸，在提升河道景观的同时，利用生物滞留设施、水体曝气、底泥控制等技术设施，显著改善城市水系生态。

（4）合理利用城市雨水资源：通过设置水源保护区的方式，强化水源地的生态保护。同时，雨水资源可作为城市水系生态的重要补充，利用海绵城市对于雨水水质改良的优势，提升雨水资源的可开发空间。在人工强化的基础上，提升自然系统在水循环中的地位，发挥其对雨水资源的下渗、滞留、蓄水、净化等功效，显著提升城市雨水资源利用效率，起到内涝防治及水生态修复等作用。

6.3.4　绿色基础设施及设计选择

绿色基础设施是一个较为广泛的理念，它将生物多样性保护放置在一个更为广阔的环境中，可以提升雨水的渗透、过滤、蒸腾和蒸发效应，减少热岛效应，打造一个更为良好的气候框架。除了在雨水管理方面发挥作用之外，绿色基础设施还有助于减少洪水和改善空气质量。绿色基础设施主要有透水铺装、绿色屋顶、下沉式绿地、生物滞留设施、渗透塘、渗井、湿塘、雨水湿地、蓄水池、雨水罐、调节塘、调节池、植草沟、渗管（渠）、植被缓冲带、人工土壤渗滤等。绿色基础设施的每个单项设施往往具有多个功能，如生物滞留设施的功能除渗透补充地下水外，还可削减峰值流量、净化雨水，实现径流总量、径流峰值和径流污染控制等多重目标。因此，应根据设计目标灵活选用低影响开发设施及其组合系统。

目前，海绵城市中的绿色基础设施有多种建设思路。其按功能分为低影响开发系统、雨水管渠系统、超标雨水径流排放系统、防洪排涝体系等；按位置分为源头控制、过程控制、末端控制；按规模分为小海绵、中海绵、大海绵系统。海绵城市的建设思路不是一成不变的，也没有严格的界限，而是相互补充、相互依存的关系，要结合具体城市的地形、地貌等条件来综合考虑。绿色基础设施也不是独立存在的，它应该和其他蓝色、灰色基础设施一起联合使用，构建自然循环和社会循环一体化的二元循环城市水环境系统。

绿色基础设施按照绿色设施的放置位置分为源头控制措施、中途转输措施和末端处理措施。在实际工程中这种划分不是绝对的，有时根据实际情况放置位置也会相应有所变化。

1. 源头控制措施

源头段主要针对各类场地，通过对雨水的渗透、储存、调节与截污净化等功能，有效控制径流总量、径流峰值和径流污染。

1）透水铺装

透水铺装是一种可以对目标处理量进行拦截和临时存储的替代性铺面，径流从路面孔隙中经过后得到过滤，然后进入下面的砂石储层。经过过滤后的径流可能会被收集起来，然后返回输送系统内，在这个过程中，部分径流可能会渗入土壤。按照面层材料不同，透水铺装可分为透水砖铺装、透水水泥混凝土铺装和透水沥青混凝土铺装，嵌草砖、园林铺装中的鹅卵石、碎石铺装等也属于渗透铺装。

透水砖铺装和透水水泥混凝土铺装主要适用于广场、停车场、人行道以及车流量和荷载较小的道路，如建筑与小区道路、市政道路的非机动车道等，透水沥青混凝土路面还可用于机动车道。透水铺装如图 6-6 所示，

图 6-6　透水铺装图

典型结构如图 6-7 所示。

2）绿色屋顶

绿色屋顶也称种植屋面、屋顶绿化等，是一种可以对雨水径流进行拦截和存储，并可以利用栽培介质促进植物生长的替代性屋顶表面。植被屋顶拦截到的部分降雨会蒸发或是被植物吸收，这也有助于减少开发场地内的径流量，降低洪峰径流流速。根据种植基质深度和景观复杂程度，绿色屋顶又分为密集型和粗放型。密集型绿色屋顶的栽培介质层较厚，其厚度为 10～120cm，上面可以栽种各类植物，包括树木。粗放型绿色屋顶的栽培介质层较薄，其厚度为 10cm，上面可以栽种精心挑选的耐旱植物。

绿色屋顶可有效减少屋面径流总量和径流污染负荷，具有节能减排的作用，但对屋顶荷载、防水、坡度、空间条件等有严格要求。绿色屋顶如图 6-8 所示，典型结构如图 6-9 所示。

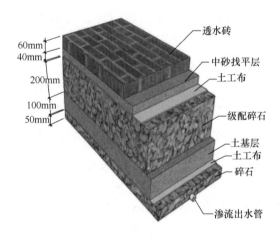

图 6-7　透水砖铺装典型结构示意图

图 6-8　绿色屋顶图

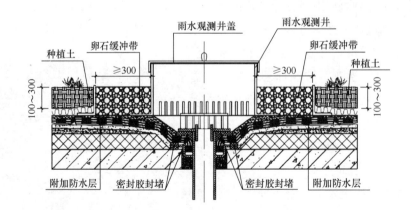

图 6-9　绿色屋顶典型结构示意图（单位：mm）

3）生物滞留设施

生物滞留设施是指在地势较低的区域，通过植物、土壤和微生物系统蓄渗、净化径流雨水的设施。生物滞留设施分为简易型生物滞留设施和复杂型生物滞留设施，按应用位置不同又分别称作雨水花园、生物滞留带、高位花坛、生态树池等。

生物滞留设施主要适用于建筑与小区内建筑、道路及停车场的周边绿地，以及城市道路绿化带等城市绿地内。对于径流污染严重、设施底部渗透面距离季节性最高地下水位或岩石层小于1m及距离建筑物基础小于3m（水平距离）的区域，可采用底部防渗的复杂型生物滞留设施。生物滞留设施形式多样，适用区域广，易与景观结合，径流控制效果好，建设费用与维护费用较低；但地下水位与岩石层较高、土壤渗透性能差、地形较陡的地区，应采取必要的换土、防渗、设置阶梯等措施避免次生灾害的发生，建设费用较高。生物滞留设施的典型构造如图6-10所示。

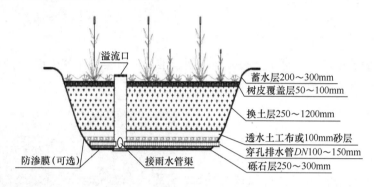

图6-10　生物滞留设施典型构造图

4）雨水集蓄

雨水集蓄系统可以对雨水进行拦截、转移、存储和释放。对雨水进行拦截和再利用，可以大大地减少雨水径流量和污染物负荷，雨水集蓄系统还可以通过为终端使用者提供可靠的可再生水源的方式，带来超出雨水管理范围的环境和经济效益，例如，增强水源保护和旱季供水、减少市政或地下水补给需求、增加地下水补给量等。落在屋顶的雨水被收集和输送至地上或地下存储槽，然后作为非饮用水使用或进行现场渗透或处理。雨水集蓄系统主要由屋顶表面、收集和输送系统（水槽和落水管）、预处理结构、存储槽、分配系统和溢流、过滤道六个主要部分组成。另外，人工土壤渗滤也是配合雨水集蓄使用的一种常见过滤措施。存储槽是雨水集蓄系统中最重要通常也是最昂贵的部分，下面主要介绍蓄水池和雨水罐两种。

（1）蓄水池

蓄水池是指具有雨水储存功能的集蓄利用设施，同时也具有削减峰值流量的作用，主要包括钢筋混凝土蓄水池，砖、石砌筑蓄水池及塑料蓄水模块拼装式蓄水池，用地紧张的城市大多采用地下封闭式蓄水池。蓄水池典型构造可参照国家建筑标准设计图集《海绵型建筑与小区雨水控制及利用》17S705。

蓄水池适用于有雨水回用需求的建筑与小区、城市绿地等，根据雨水回用用途（绿化、道路喷洒及冲厕等）不同需配建相应的雨水净化设施；不适用无雨水回用需求和径流

图 6-11　蓄水池图

污染严重的地区。蓄水池具有节省占地面积、雨水管渠易接入、避免阳光直射、防止蚊蝇滋生、储存水量大等优点，雨水可回用于绿化灌溉、冲洗路面和车辆等，但建设费用高，后期需重视维护管理。蓄水池如图 6-11 所示。

（2）雨水罐

雨水罐也称雨水桶，为地上或地下封闭式的简易雨水集蓄利用设施，可用塑料、玻璃钢或金属等材料制成。适用于单体建筑屋面雨水的收集、利用。

雨水罐多为成型产品，施工安装方便，便于维护，但其储存容积较小，雨水净化能力有限。雨水罐如图 6-12 所示。

2. 中途转输措施

传输段主要涉及排水系统，与源头低影响开发雨水系统共同组织径流雨水的收集、转输与排放。条件允许下，最好用植草沟等绿色排水管渠来替代传统灰色管渠。

1）渗井

渗井是指通过井壁和井底进行雨水下渗的设施，为增大渗透效果，可在渗井周围设置水平渗排管，并在渗排管周围铺设砾（碎）

图 6-12　雨水罐图

石。渗井主要适用于建筑与小区内建筑、道路及停车场的周边绿地内。渗井应用于径流污染严重、设施底部距离季节性最高地下水位或岩石层小于 1m 及距离建筑物基础小于 3m（水平距离）的区域时，应采取必要的措施防止发生次生灾害。渗井占地面积小，建设和维护费用较低，但其水质和水量控制作用有限。渗井如图 6-13 所示，渗井的典型构造如图 6-14 所示。

2）植草沟

植草沟也称浅草沟，指种有植被的地表沟渠，可收集、输送和排放径流雨水，并具有一定的雨水净化作用，可用于衔接其他各单项设施、城市雨水管渠系统和超标雨水径流排放系统，如图 6-15 所示。除转输型植草沟外，还包括渗透型的干式植草沟及常有水的湿式植草沟，可分别提高径流总量和径流污染控制效果。

植草沟适用于建筑与小区内道路、广场、停车场等不透水面的周边、城市道路及城市绿地等区域，也可作为生物滞留设施、湿塘等低影响开发设施的预处理设施。植草沟也可与雨水管渠联合应用，在场地竖向允许且不影响安全的情况下也可代替雨水管渠。

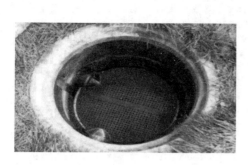

图 6-13　渗井图

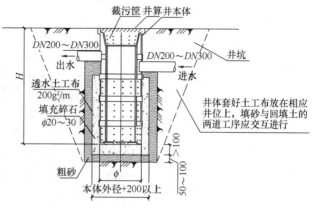

图 6-14　渗井典型构造示意图（单位：mm）

植草沟具有建设及维护费用低、易与景观结合的优点，但已建城区及开发强度较大的新建城区等区域易受场地条件制约。转输型三角形断面植草沟的典型构造如图 6-16 所示。

图 6-15　植草沟图

图 6-16　植草沟典型构造示意图

3）植被缓冲带

植被缓冲带为坡度较缓的植被区，经植被拦截及土壤下渗作用减缓地表径流流速，并去除径流中的部分污染物。植被缓冲带坡度一般为 2‰～6‰，宽度不宜小于 2m。植被缓冲带适用于道路等不透水面周边，可作为生物滞留设施等低影响开发设施的预处理设施，也可作为城市水系的滨水绿化带，但坡度较大（大于 6‰）时，其雨水净化效果较差。植被缓冲带建设与维护费用低，但对场地空间大小、坡度等条件要求较高，且径流控制效果有限。植被缓冲带如图 6-17 所示，植被缓冲带的典型构造如图 6-18 所示。

3. 末端处理措施

用来应对超过低影响开发雨水系统、雨水管渠系统设计标准的雨水径流，一般通过综合选择自然水体、多功能调蓄水体、行泄通道、调蓄池等自然途径或人工设施构建。

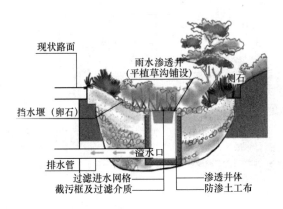

图 6-17　植被缓冲带图

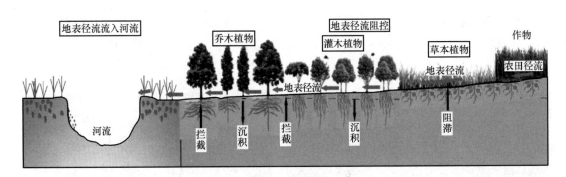

图 6-18　植被缓冲带典型构造示意图

1）雨水湿地

雨水湿地，也称人工湿地，是一种可以接收雨水并进行水质处理的浅层植被洼地系统，如图 6-19 所示。雨水湿地利用物理、水生植物及微生物等作用净化雨水，是一种高效的径流污染控制设施。它可以减少污染物负荷，达到地方雨水滞留标准的部分或全部存储要求，改造现有开发场地等。雨水湿地分为雨水表流湿地和雨水潜流湿地，一般设计成防渗型，以便维持雨水湿地植物所需的水量，雨水湿地常与湿塘合建并设计一定的储蓄容积。

雨水湿地与湿塘的构造相似，一般由进水口、前置塘、沼泽区、出水池、溢流出水口、护坡及驳岸、维护通道等构成。雨水湿地的深度通常小于 0.3m 且拥有多变的微地貌，用以促进多种湿地植被茂盛生长。新一轮暴雨产生的径流会替代上一轮暴雨产生的径流，长时间的雨水滞留有助于多种污染物的去除，湿地环境可以为重力沉降、生物吸收和微生物活动提供一个理想的环境。

雨水湿地适用于具有一定空间条件的建筑与小区、城市道路、城市绿地、滨水带等区域。雨水湿地可有效削减污染物，并具有一定的径流总量和峰值流量控制效果，但建设及维护费用较高。雨水湿地典型构造如图 6-20 所示。

图 6-19　雨水湿地图

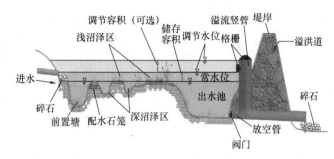

图 6-20　雨水湿地典型构造示意图

2）雨水塘

雨水塘是一种用于雨水下渗补充地下水的洼地，其具有一定的净化雨水和削减峰值流量的作用。雨水塘适用于汇水面积较大（大于 $1hm^2$）且具有一定空间条件的区域，但应用于径流污染严重、设施底部渗透面距离季节性最高地下水位或岩石层小于 1m 及距离建筑物基础小于 3m（水平距离）的区域时应采取必要的措施，防止次生灾害发生。雨水塘可有效补充地下水、削减峰值流量，建设费用较低。

图 6-21　雨水塘图

但对场地条件要求较严格，对后期维护和管理要求较高。雨水塘如图 6-21 所示，雨水塘典型构造如图 6-22 所示。

6.3.5　雨水管渠系统规划设计

雨水管渠系统是指雨水的收集、输送、处理、再生和处置污水与雨水的设施以一定方式组合成的总体。城市雨水管渠系统的任务是及时可靠地汇集排除暴雨极端天气形成的地面径流，避免城市受淹，保障城市人民生命财产安全和生产、生活正常运行。作为市政工程中一项非常重要的隐蔽性基础设施，其发挥功能的优劣直接影响到城市自身功能的正常发挥。我国地域宽广，气候差异很大，不同地区的城市雨水管网系统的设计规模和投资具有很大差异性，必须根据当地的降雨特点和规律，经济合理地设计雨水排水系统，使之具有合理的和最佳的排水能力。最大限度地及时排除暴雨，避免洪涝灾害，又不使建设规模超过实际需求，提高工程投资效益，具有非常重要的意义和价值。

在雨水管渠系统设计中，管渠是主要的组成部分。所以合理、经济地进行雨水管渠设计具有很重要的意义。雨水管渠设计的主要内容包括：

（1）确定当地暴雨强度公式。

（2）划分排水流域，进行雨水管渠的定线，确定可能设置的调蓄池、泵站位置。

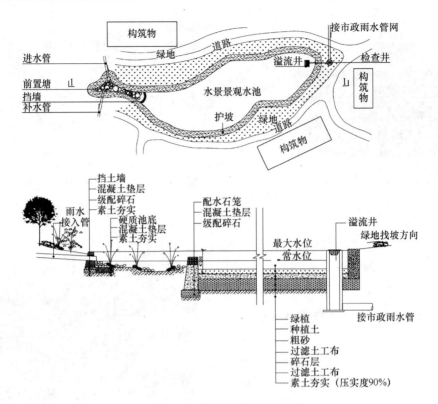

图 6-22 雨水塘典型构造示意图

（3）根据当地气象与地理条件、工程要求等确定设计参数。

（4）计算设计流量和进行水力计算，确定每一设计管段的断面尺寸、坡度、管底标高及埋深。

（5）绘制管渠平面图及纵剖面图。

1. 城市排水体制

城市和工业企业中通常有生活污水、工业废水和雨水。这些水是采用一个管渠系统来排除，或是采用两个或两个以上各自独立的管渠系统来排除。污水的这种不同排除方式所形成的排水系统，称作排水系统的体制（简称排水体制）。排水系统的体制，一般分为合流制和分流制两种类型。

合流制是将生活污水、工业废水和雨水混合在同一个管渠内排除的系统。现在常采用的是截流式合流制排水系统，这种系统是在临河岸边建造一条截流干管，同时，在合流干管与截流干管相交前或相交处设置溢流井，并在截留干管下游设置污水处理厂。分流制排水系统是将生活污水、工业废水和雨水分别在两个或两个以上各自独立的管渠内排除的系统。排除生活污水、城市污水或工业废水的系统称污水排水系统；排除雨水的系统称雨水排水系统。

合理地选择排水系统的体制，是城市和工业企业排水系统规划和设计的重要问题。它不仅从根本上影响排水系统的设计、施工、维护管理，而且对城市和工业企业的规划和环境保护影响深远，同时也影响排水系统工程的总投资和初期投资费用以及维护管理费用。

2. 雨水管渠系统规划布置

雨水管渠应尽量利用自然地形坡度以最短的距离靠重力流排入附近的池塘、河流、湖泊等水体中。一般情况下，当地形坡度变化较大时，雨水干管宜布置在地形较低处或溪谷线上；当地形平坦时，雨水干管宜布置在排水流域的中间，以便于支管接入，尽可能扩大重力流排除雨水的范围。当地形平坦，且地面平均标高低于河流常年的洪水位标高时，需将管道出口适当集中，在出水口前设雨水泵站，暴雨期间雨水经抽升后排入水体。

根据城市规划布置雨水管道。通常，应根据建筑物的分布、道路布置及街区内部的地形等布置雨水管道，使街区内绝大部分雨水以最短距离排入街道低侧的雨水管道。

雨水管道采用明渠或暗管应结合具体条件确定。在城市市区或工厂内，由于建筑密度较高，交通量较大，雨水管道一般应采用暗管。在地形平坦地区，埋设深度或出水口深度受限制地区，可采用盖板渠排除雨水。

6.3.6　我国海绵城市试点城市建设案例

1. 西咸新建小区海绵城市方案设计分析

西咸新区是第一批全国海绵城市建设试点城市，在 2018 年一批试点验收考核中取得了良好的成绩，试点结束以后，西咸政府将海绵城市继续推广落实到试点范围外的建设工程中，对各类新建和改造地块实行严格的海绵城市指标管控[94]。

1) 项目概况

本项目位于陕西省西咸新区，该地区多年平均降水量约 460mm，年均蒸发量约 1065mm。降雨多集中于夏季，多以暴雨形式出现，易造成洪、涝和水土流失等自然灾害，其他季节又较干旱，故应用海绵城市理念，对地块雨水进行原地消纳、收集和控制十分必要。

2) 方案设计

(1) 设计目标：根据《西咸新区泾河新城海绵城市重点区详细规划》要求，本地块设计目标如下：径流总量控制率的控制目标为 80%，对应设计降雨量为 16.9mm；SS 削减率 50%；3 年一遇管网排水标准；30 年一遇内涝标准。

(2) 场地分析：

① 场地条件：本项目设计范围约 4ha，用地类型包括建筑屋面、绿地、道路以及铺装、停车位、活动广场等，绿地面积较大。绿地率为 49.39%，场地综合径流系数为 0.52。场地整体较为平坦，略呈北高南低之势，场地两个低点分别位于小区入口和活动广场南侧。

② 管网条件：根据地块室外雨水管网设计资料可知，地块雨水管网最终由东侧排入正阳大道市政雨水管网。

③ 径流条件：屋面雨水通过雨落管直接外排至散水，漫流到绿地及道路上，经管网收集后排到东侧市政管网。地块道路整体坡向从北向南，在区域内南侧活动广场为最低点，暴雨时，易成为内涝积水风险点；东侧局部区域出现低洼点，暴雨时，有短时间积水风险。

（3）设计思路：本次设计结合区域用地情况、地库边界及雨水组织情况，进行低影响开发设计，主要采用不同蓄水深度雨水花园、下沉绿地以及雨水桶等低影响开发设施。技术路线如图 6-23 所示。

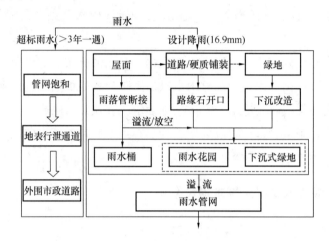

图 6-23　技术路线图

（4）设施布置：结合建筑、道路、普通铺装及消防登高区等硬化场地空间分布，兼顾车库轮廓边界范围及车库顶结构做法，因地制宜地布设 LID 设施，本项目采用的 LID 设施包括下沉绿地、雨水花园、雨水桶等。保证硬化地面汇水优先进入 LID 设施内滞蓄，平面布置如图 6-24 所示。

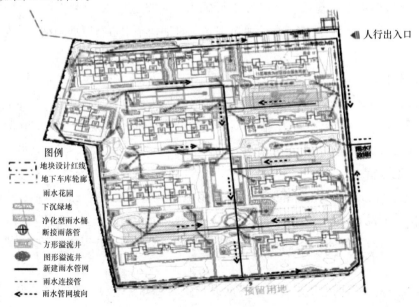

图 6-24　海绵设施平面布置图

3）SWMM 模型模拟

（1）模型构建：SWMM 模型构建主要包括模型概化、数据录入、数据检查和模型设定等，并应根据模型尺度及应用目的，确定模型概化范围、内容和程度。本次搭建该项目模型的建模数据主要是地形数据、管网数据、气象数据等，对数据质量进行评估，保证数据具有较高的精度。然后根据模型构建目标，即区域管网排水能力、径流控制效果的评估，构建设置 LID 设施前后，场地降雨、产汇流及管网出流模型。

（2）模型参数设置：

① LID 参数设置。本项目设置的 LID 设施有雨水花园（有效蓄水深度 1 型 15cm、2 型 25cm）、下沉式绿地（有效蓄水深度 1 型 10cm、2 型 15cm）、雨水桶（单个有效蓄水容积 $0.5m^3$）。

② 降雨参数设置。在时间序列中输入西咸当地全年实测分钟级降雨数据，筛选出大于目标设计降雨量（16.9mm）的降雨数据进行模拟，筛选的降雨场次为 8 月 20 日，降雨量为 18mm，最大降雨强度为 72mm/h，降雨持续时间为 1h 42min。

③ 入渗参数设置。入渗模型选择 Hotton 模型，渗透模型的最大入渗率取 3.2mm/h，最小入渗率取 0.5mm/h，入渗衰减系数为 4/h，干燥周期为 7d。

④ 其他参数设置。根据实际设计方案、现状资料和模拟需求，设置各子分区参数（设置 LID 设施前后）、蒸发参数、汇流模型参数、时间步长等相关模型参数。

（3）模拟结果：采用当地实时 18mm 降雨，对地块有无设置 LID 设施分别进行模拟，得到模拟结果（图 6-25）：设置 LID 设施前后情况下雨水管网外排量分别为 $328m^3$ 和 $37m^3$，该场降雨产生的雨水总量为 $720.81m^3$，该场降雨径流总量控制率为 94.87%，满足控制目标中 80% 年径流总量控制率要求。同时，在设置 LID 前后设施情况下模拟得到排口径流峰值流量分别为 122.55L/s 和 12.59L/s，可见径流峰值削减明显[95]。

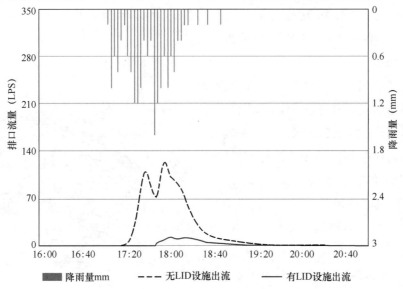

图 6-25　设置 LID 设施前后排口出流过程曲线

2. 镇江市老旧社区改造设计研究

1）项目概况

镇江市光华社区位于江苏省镇江市京口片区，西侧临古城路，南侧临花山路，东侧临小米山路。社区北面为镇江江南学校，东面为镇江技师学校，南面为兴隆花苑社区。社区交通便利，地形呈不规则长方形，植物以本地树种为主。小区总面积约 58880m²，设计面积为绿地与道路面积的总和，约 42729m²。

图 6-26　场地现状

2）现状分析

该社区为建成 20 余年的老旧社区，由于长期疏于对社区景观的管理和维护，场地现状存在很多问题，如图 6-26 所示。

（1）镇江市属于亚热带季风气候，降雨强度较大。由于建设之初对当地气候特点考量不足，集中降雨季节小区内雨水堆积严重，绿地污水久积，滋生蚊虫，给当地居民带来诸多不便。

（2）小区内活动空间匮乏，由于设计不合理，导致空间使用率低，无法满足居民的日常休闲需求。宅间绿地空间被杂草和绿篱填满，无法使用。社区花园形态单一，使用效率低，空间浪费。基础公共设施数量较少、项目单一、所处环境不佳。

（3）小区内机动车和人行空间混杂，随着机动车数量急剧增长，停车位严重短缺。小区大部分路面不透水，老化不平，入户道狭窄且廊檐低矮；小区现有车辆 400 辆，但停车位仅有 260 个，违规停车严重，大量景观被破坏；路边停车使道路通行更加紧张。

（4）小区内植物种类较少，配置单一。许多植物由于后期养护不足，已经大量死亡，黄土裸露，小区的生态环境遭到严重破坏。

3）规划改造

（1）功能分区：光华社区的景观改造设计会充分结合居民的使用需求，尤其着重考虑老年群体和儿童的活动需求。在此基础上，满足居住区居民的休闲娱乐、健身养生和邻里交往等多种功能需求，将光华社区分为 5个功能区，即宅间休闲区、综合休闲景观区、老年活动区、儿童活动区、健身活动区，如图 6-27 所示。

（2）植物景观规划：社区现有植物种类和规格多元化较高，现状乔木树种共有 29

图 6-27　功能分区

种，观赏性乔木和可食性植物长势较好，根据观赏规格及其观赏性，在方案中考虑对其进行保留。新增的植物种类主要以本地乡土植被为主，尽量选用成本较低、生长较快及容易管理的植物种类，尽可能减少前期投入和后期维护费用，创建节约型绿地。绿地应低于道路设计，使道路积水能够有效汇入绿地中，经各种乔木、灌木、湿生植物净化、吸收和储存，构建和谐稳定的植物群落，为水净化蓄存，并为生物保育提供良好条件，形成可持续发展的生态绿地。

4）海绵系统规划

结合海绵城市理论的基本要求，以实现自然渗透、自然蓄存、自然净化为指导原则，运用透水性铺装、雨水塘、雨水花园、植草沟、绿色屋顶等海绵城市技术措施，对光华社区的道路和广场、小区绿地、停车位、景观水体等区域进行具体改造，实现社区对雨水资源的合理利用，构建生态、美观且功能丰富的友好社区环境。

（1）社区道路、广场的海绵化改造：道路和广场作为社区人流量比较大的活动场地，其海绵化景观改造是海绵城市建设的重要节点。在进行社区主干道的改造中，首先在底层土壤上铺设可以过滤和储存雨水的碎石，当雨水快速渗透到土壤层时，一部分进入地下蓄水池或排水管道，一部分渗透到地下补充地下水源；然后，在碎石上设置 PP 塑料导水管道，并在上面铺设适当厚度的混凝土，等混凝土完全凝固以后，将铺装在上面的排水孔露出，并可以继续在路面上铺设多孔沥青，使社区机动车道成为可以吸水和呼吸的循环通道。

对于广场和其他人行道路的景观改造，主要以铺设混凝土透水性砖为主。透水混凝土砖主要以碎石和水泥为原料，经过专业加工处理而成，具有比较强的雨水渗透能力。在人行道路上采用透水性铺装，不仅可以促进雨水下渗补充地下水，而且可以活化周边土壤，使周边绿化土壤与空气形成自然对流。为了提升广场的审美效果，采用了不同形状、颜色和材质的透水砖，拼接成不同的图案，使广场焕发新的生机和活力。

（2）社区绿地的海绵化改造：社区绿地主要包括宅间绿地、公共绿地以及道路绿地三种类型。在华润新村小区景观改造中，主要将其改造成雨水花园、下凹式绿地或植草沟。下雨时，可以将屋顶雨水流经生态水池缓冲后，经过盲管引入雨水花园、下凹式绿地或植草沟，并可以快速收集广场和道路中的雨水，将多余的雨水排出绿地，避免雨水过多形成内涝。导入社区绿地中的雨水，一部分通过雨水管道进入地下蓄水池里，另一部分经过土壤下渗到地下补充地下水源。雨水花园湿生植物配置丰富，兼具净水作用和景观效果，可发挥良好的展示和科普作用。

（3）社区停车位的海绵化改造：在社区停车位的改造中，结合海绵城市的设计理念，在满足停车的基本功能以外，设置一定面积的绿地，截留停车位的雨水。植草砖具有很强的抗压性，由混凝土、河沙等为原料，经过高压砖机振压而成，稳固性好，并具有较大的绿化面积。因此，采用植草砖或植草地坪作为停车位的铺装材料，不仅能够满足社区居民的停车需求，而且增加了绿地面积，保证停车位的雨水能够完成自然下渗。

（4）社区景观水体的海绵化改造：某些植物根系不仅能够对颗粒态氮、磷进行吸附、截留，而且能够分泌有机物促进微生物代谢，因此，对于社区中污染程度较低的水体，可种植能够净化景观水体的植物或微生物进行水体净化。利用雨天蓄水池里收集的雨水作为景观水体的来源，并采用人工喷泉、人工涌泉等动力措施让水体呈现动态的美感；对于污染程度较高的水体，首先采用化学净化的方法对水体进行净化，当水体污染程度降低时，再采用植物净化的方式进行净化。

6.4　城市暴雨内涝仿真模型

6.4.1　城市暴雨内涝模型概述

城市暴雨内涝模型是城市雨洪特性研究的重要手段，是城市排涝减灾的关键技术之一。城市暴雨内涝模拟的理论基础是城市水文循环规律，以及水动力学物理机制。目前，研究城市内涝的主要方法是，基于对城市内涝机理的认识，构建水文水动力模型，综合考虑模型初始条件、边界条件和闸泵调控措施，利用实测数据（降雨径流数据、流量及水位数据等）对模型进行率定和验证，并深入分析城市内涝风险[96]。通过对城市暴雨内涝过程的模拟仿真进一步分析其特性与成因，并有针对性地提供应对策略，提高城市防涝减灾有效性，国内外相关研究较多。

国外将不同计算方法集成在一起，开发出操作界面及一些前后处理功能，形成诸多开源或者商业模型，如 SWMM、InfoWorks ICM、MIKE 系列模型等[97]。我国对该方面的研究起步较晚，20 世纪 90 年代以后，国内学者陆续开始进行城市雨洪模型研究。1990年，岑国平提出我国首个完整的城市雨水径流计算模型——城市雨水管道设计模型 SS-CM，在此之后我国学者陆续进行城市内涝模型的自主研发[98]，如 HydroMPM、HydroInfo、FRAS 模型等，但是这些模型由于受到计算稳定性较差以及前后处理功能不太完善等因素的限制，没有得到广泛的推广。城市暴雨内涝模型主要包括一维模型和二维模型，现已发展到利用二维水动力学模型来构建城市雨洪模拟模型。一维水动力学模型主要用来模拟河道和地下管网的水流运动规律，采用一维水动力学原理构建模型，模型构建相对简单，计算稳定性较好。二维水动力学模型主要用来模拟城市街道漫流、城市广场、城市低洼区域等水流状况，可以为这些地区提供更为详细的结果[99]。

表 6-1 列举了目前部分国内科研单位自主研发的城市暴雨内涝模型及其主要特点。

国内主要城市暴雨内涝模型及特点　　　　　　　　　　　　　　　　表 6-1

模型	模型特点	时间	主要研发单位
洪涝仿真模拟	基于无结构网格进行差分求解，首次实现城市地面淹水与管道的耦合	1997 年	中国水利水电科学研究院

续表

模型	模型特点	时间	主要研发单位
HydroInfo	提供复杂水流及输运过程的数值模拟	2006 年	大连理工大学
HydroMPM	利用数值方法对水流、水质、泥沙等动力过程及其伴生过程模拟	2007 年	珠江水利科学研究院
GAST	利用 Godunov 格式求解二维圣维南方程组，利用 GPU 并行计算技术加速	2013 年	西安理工大学
IFMS/Urban	基于自主研发的 GIS 平台，实现一维、二维耦合计算	2015 年	中国水利水电科学研究院

表 6-2 列举了目前常用的国外研发的城市暴雨内涝模型及其主要特点，这些模型软件的应用为计算分析城市内涝过程提供了帮助。按照公开程度的不同，这些模型大致可以分为三类：（1）完全开源的模型，以 SWMM 模型为代表。由于源代码公开，这类模型可以实现不同需求的二次开发，从而对原有功能进行补充。（2）高度商业化的模型，以 InfoWorks ICM 和 MIKE 系列模型为代表。这类模型软件一般模块齐全、前后处理功能完善，能够模拟各种现实场景。（3）半商业化模型，例如美国弗吉尼亚州海洋研究所（VIMS）开发的 EFDC 模型，它提供了完整的源代码，但其用户操作界面 EFDC Explorer 被商业化；又如 HEC-RAS，它提供了免费的 GUI，但其源代码尚未公开[100]。

国外主要城市暴雨内涝模型及特点　　　　　　　　　　表 6-2

模型	模型特点	使用条件	开发机构
SWMM	提供分布式水文模块、一维水动力模块	开源，免费	EAP 美国环境保护署
HEC-RAS	提供一维、二维水动力模块	不开源，免费	美国陆军工程兵团水文工程中心（HEC）
PCSWMM	以 SWMM 为核心，提供前后处理模块，且可对地表二维进行简化计算	不开源，商业化	加拿大水力计算研究所（CHI）
LISFLOOD-FP	提供二维水动力模块	部分开源，免费	英国布里斯托大学
InfoWorks ICM	高集成性，功能全面，实现水文、水动力、水质的耦合模拟，且具有强大的前后处理功能	不开源，商业化	英国 HR Wallingford
MIKE	包含 MIKE URBAN、MIKE FLOOD、MIKE21 等模块，各模块相对独立，功能齐全，广泛应用在各类项目中	不开源，商业化	丹麦水力研究所（DHI）

模型	模型特点	使用条件	开发机构
EFDC	提供水量水质模块，能模拟点源污染、面源污染、有机物迁徙等过程	开源，GUI 商业化	美国弗吉尼亚州海洋研究所（VIMS）
Delft 3D	适合三维水动力水质模拟，可模拟河口、港口水动力	开源，GUI 商业化	荷兰 Delft 水力研究院
FLO 2D	提供二维水动力模块、一维计算内嵌 SWMM 模块	不开源，商业化	美国 FLO-2D 软件公司
FLOW 3D	CFD 软件，提供三维水动力模块，适合分析三维流场	不开源，商业化	美国 Flow Science 公司

下面对几种应用广泛、适用性好的暴雨内涝模拟软件具体介绍。

1. SWMM

暴雨管理模型（Storm Water Management Model，简称 SWMM）是一个动态的水文-水力-水质模拟模型，主要用于城市某一单一降水事件或长期（连续）的水量和水质模拟。其径流模块部分主要以产汇流理论处理各子流域所发生的降水与产生的径流和污染负荷。管网汇流模块部分则通过管网、渠道、蓄水和处理设施、水泵等进行水量的传输。该模型可以跟踪模拟不同时间步长任意时刻每个子流域所产生的水量和水质，同时还能够模拟每个管道和河道中的流量、水深及污染物浓度等状况。

SWMM 考虑了城市区域产生径流的各种水文过程，包括：时变降雨、地表水的蒸发、降雪累积和融化、洼地蓄水的降雨截留、未饱和土壤层的降雨下渗、渗入水向地下含水层的穿透、地下水和排水系统之间的交叉流动、地表漫流的非线性水库演算、结合各种类型低影响开发（LID）实践的降雨/径流捕获和滞留。

所有这些过程的空间变化，通过将研究区域分成较小的均匀子汇水面积获得，每一子汇水面积包含了各自的渗透和不渗透子面积部分，可以在子面积之间、子汇水面积之间或者在排水系统进水点之间演算地表漫流情况。

SWMM 也包含了灵活的水力模拟能力，用于演算流经由管道、渠道、蓄水/处理设施和分流构筑物构成的排水管网的径流和外部进流。这些能力包括：模拟蓄水或处理单元、分水阀、不同类型的水泵、堰和排水孔口等；模拟回水、溢流、逆流、地面积水等不同形式的水流；应用运动波或者完整动力流方法进行汇流计算；可以考虑外部水流和水质数据的输入，包括地表径流、地下水、由降雨引起的入渗或入流、晴天排污入流以及用户自定义的入流；应用动态控制规则来模拟对水泵、孔口开度、堰顶水头的操作。

除了模拟径流量的产生和输送，SWMM 也可以评价与该径流相关的污染物负荷。这里重点关注 SWMM 在水量模拟方面的功能，因此不再赘述。

2. InfoWorks ICM

城市综合流域排水模型（InfoWorks ICM）是英国 HR Wallingford 公司开发的排水

模型软件平台，用于模拟各种排水过程，包括排水管网（雨水、污水、合流制管网）、沟渠、河道以及二维地面积水等相关内容。Info Works ICM 是较早期提出的城镇排水管网系统水量水质模拟的综合模型之一，图 6-28 为 Info Works ICM 排水模拟系统工作原理图。

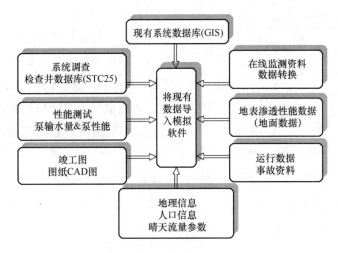

图 6-28　InfoWorks ICM 排水模拟系统工作原理图

　　InfoWorks ICM 利用时间序列仿真计算引擎，对排水系统及其相关的附属设施进行仿真模拟，它可以完整地模拟回水影响、逆流、各种复杂的管道连接及辅助调控设施等，既可用于雨水管网、污水管网以及合流制管网建模理论分析，也可用于实时运行管理、设计和规划方面的模拟。

　　3. MIKE

　　MIKE 软件是丹麦水资源及水环境研究所（Danish Hydraulic Institute，简称 DHI）研发应用于与水相关的工程实际问题的商业模拟软件。该系列软件包括 MIKE 11、MIKE 21、MIKE FLOOD、MIKE URBAN、MIKE BAISIN、MIKE SHE 等，在城市内涝和流域水环境污染模拟等多个领域都广泛应用。MIKE 11 是一维水模拟软件，其在水质、水流和泥沙的输运等问题中都有较多应用，能够为水利工程的设计研究与管理等工作提供帮助。MIKE 21 模型是二维水模拟软件，常被用于模拟河流、河口及海洋的泥沙、水流及环境场，为工程应用及规划提供所需的设计条件和参数。MIKE URBAN 是城市地表产汇流和管网模拟软件，有全面的供排水管网模型，可以用来计算有压和无压管道水流情况。MIKE FLOOD 包括完整的一维及二维洪涝模拟引擎，基于 FLOOD 平台可以将 MIKE 11 或 MIKE URBAN 与 MIKE 21 三种模型进行耦合，实现城区排水在管网中和在地表可能出现的积水处水流情况的模拟，及对洪水、海洋风暴和堤坝决口等问题的模拟。MIKE BASIN 是适用于流域或区域尺度，基于 GIS 进行水资源规划和管理的工具软件，用以解决地表水产汇流及水质模拟等问题。MIKE SHE 能够模拟水文循环的许多过程，常应用于流域管理、洪泛区研究、环境评估、地表水和地下水的相互影响等。

6.4.2　城市暴雨内涝模型的构建

1. 模型原理

下面以 SWMM 模型为例，介绍一维暴雨内涝模型软件的原理。

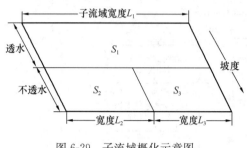

图 6-29　子流域概化示意图

1）产流原理

地表产流是指降雨扣除损失变成净雨的过程。SWMM 模型的基本空间单元是汇水子区域，一般将汇水区划分成若干个子区域，然后根据各子区域的特点分别计算径流过程，最后通过流量演算方法将各子区域出流进行叠加。

各个子区域的地表可划分为透水区 S_1、有洼蓄能力的不透水区 S_2 和无洼蓄不透水区 S_3 三部分，如图 6-29 所示。S_1 的特征宽度等于整个汇水区的宽度 L_1，S_2、S_3 的特征宽度 L_2、L_3，可用下式求得：

$$L_2 = \frac{S_2}{S_2 + S_3} \times L_1 \tag{6-11a}$$

$$L_3 = \frac{S_3}{S_2 + S_3} \times L_1 \tag{6-11b}$$

SWMM 模型中，地表产流由 3 部分组成，即对三类地表的径流量分别进行计算，然后通过面积加权获得汇水子区域的径流出流过程线。

2）入渗模型

SWMM 入渗过程模拟提供了 Horton 模型、Greoi-Ampt 模型以及 SCS-CN 模型三种方法供用户选择。Horton 模型是一个采用三个系数以指数形式来描述入渗率随降雨历时变化的经验公式。Green-Ampt 模型是 Green 和 Ampt 两位学者提出的一个具有理论基础的物理模型，其物理基础是多孔介质水流的达西定理。SCS-CN 模型是美国水土保持局提出的一个经验模型，最初主要用于估算农业区域 24 h 的可能降雨量，后来也常被用于城镇化区域洪峰流量过程线的计算分析，它是通过计算土壤吸收水分的能力来进行降雨折损的。

3）地表汇流模型

地表汇流过程是指将各部分净雨汇集到出口断面排入城市河网和雨水管网的过程。SWMM 采用的地表汇流计算方法是非线性的水库模型。

图 6-30 是一个用非线性水库方法模拟的汇水子区域示意图，它将子区域视为一个水深很浅的水库。降雨是该水库的入流，土壤入渗和地表径流是水库的出流。假设：汇水子区域出水口处的地表径流为水深（$y - y_d$）的均匀流，且水库的出流量是水库水深的非线

性函数，那么连续性方程为：

$$A\frac{\mathrm{d}y}{\mathrm{d}t} = A(i-f) - Q \qquad (6\text{-}12)$$

式中：A 为汇水子区域的面积；i 为降雨强度；f 为入渗率；Q 为汇水子区域的出流量。

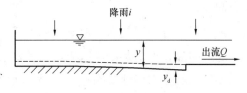

注：$y - y_d$ 为地表径流的平均水深。

图 6-30　非线性水库法模拟汇水子区域示意图

4）流量转输计算原理

SWMM 模型提供三种方法用于连接管道的汇流计算，即恒定流法、运动波法和动力波法。恒定流法假定在每一个计算时段流动都是恒定和均匀的，是最简单的汇流计算方法；该方法不能考虑管渠的蓄变、回水、入口及出口损失、逆流和有压流动。运动波法可以模拟管渠中水流的空间和时间变化，但是仍然不能考虑回水、入口及出口损失、逆流和有压流动。动力波法通过求解完整的圣维南方程组进行汇流计算，是最准确也是最复杂的方法，可以考虑管渠的蓄变、回水、入口及出口损失、逆流和有压流动。模型建立时，对于连接管渠写出连续性和动量平衡方程，对于节点写出水量平衡方程[101]。

2. 建模过程

下面以 SWMM 模型为例，介绍模型建模过程。

1）排水系统概化

城市管网铺设错综复杂，考虑到模型模拟复杂度的限制，SWMM 在计算过程中不可能把区域所有的管网、雨水井输入模型系统，所以在进行模拟之前需要将研究区域已有的管网信息排水设施进行概化。管网概化原则是根据地表汇流关系，简化汇水区内的管网布置，简化后直接汇流到排水管网支管（连管）中，再由支管（连管）汇流到干管。

节点是连接管网的地下存储单元，相当于管网中的雨水井和管网直接接头，同时，也是汇水区水流的出口点。建模区雨水井众多，须将其进行概化，概化遵循 4 个原则：

（1）在管段过长时，在中间应加上若干个雨水井，以保证模型精度。

（2）在管网类型和管径变化的地方也应该增加雨水井加以控制。

（3）在道路的交叉口即管网的变向点处增加雨水井。

（4）在历史上易积水区，虽然从管网角度不必设置雨水井，但为了反映积水状况，有必要在临近管网的区域设置雨水井。这样，在建模区仅选择一些功能性突出、对模型产生直接影响的雨水井进行研究。

2）汇水区划分

在 SWMM 中，一般将建模区域离散成若干个汇水区，目的是按照排水系统的实际情况，将汇水区地表汇流分配到相应的排水管网的节点，使得每个排水管网节点的入流量更符合实际情况。划分的每一个子汇水区具有相同的地表性质、降雨类型以及下渗模型。根据各个子汇水区的特性分别计算其径流过程，并通过流量演算方法将各子流域的出流叠加组合起来。

　　汇水区划分一般是利用地形图和遥感影像图等地图资料来完成。在山地、丘陵地区，地形起伏明显，地形是汇水区流域的主要依据。在地形数据精度较高的情况下，可以根据地面高程，利用GIS水文分析工具提取地表水流方向、汇流累积量、水流长度、河流网络以及流域分割等过程来生成集水流域，即汇水区。城市汇水区的划分和自然汇水区的划分有共同点，地形仍然是汇水区划分的重要依据之一。但是，城市地区由多种下垫面组成，建筑物、街区、道路以及排水管网把城市分割成一个个微小区域，管网在收集雨水的过程中，并非所有的地面径流从高处流向低处，最后汇入雨水井，如果纯粹按照水文学的思想去划分一个人工干预很大的建成区，那么所得的结果与实际地表不相符。因此，下垫面也是城市汇水区划分的重要依据。

　　3）模型参数获取

　　为了模拟排水系统的水文、水力状况，SWMM在模拟过程中需要对排水系统设置大量参数。这些参数可分为两类：水文模型（降雨模型）参数和水力模型（管网汇流）参数。

　　水文模型属于概化模型，受气象、气候和地面等综合因素影响，大部分参数表现出不确定性、非线性，参数值包含一定的物理意义，也包含推理、概化的成分。根据参数是否需要率定，把水文参数分为测量参数和率定参数两类。测量参数是直接通过测量或物理关系推求，模型校准时一般不需调整，如子流域面积、平均坡度、管网长度、坡度和降雨等。率定参数是模型需要校准的参数，在SWMM计算时，事先按照参数确定的取值范围进行初始值预估，最后按照实测资料反演确定的参数最优值（表6-3）。

　　水力模型参数一般是管网属性参数，较多参数可借助GIS功能获得真实的数据，但部分参数也存在不确定性。根据是否校准，也分测量参数和率定参数两类（表6-4）。

SWMM 水文参数类型　　　　　　　　　　　　　　　　表 6-3

分类	参数
测量参数	汇水区面积（area）、地表平均坡度（slop）、不透水面积曼宁系数（N-Imperv）、不透水面积比例（%）、无蓄注不透水面积比例（%）
率定参数	汇水区特征宽度（width）、透水区/不透水区粗糙系数（N）、透水区/不透水区蓄注量（de-store）、初始下渗率（max rate）、稳定下渗率（min rate）、衰减常数（decay）

SWMM 水力参数类型　　　　　　　　　　　　　　　　表 6-4

分类	参数
测量参数	管底标高（elevate）、管径（pipe diameter）、管材（material）、管长（conduit length）、井底标高（elevate）、节点地面标高（elevate）、井深（depth）
率定参数	管网粗糙系数（conduit roughness）

　　总之，模型参数的获取不仅需要大量的实地调查研究，也需现代化计算机手段做辅助

工具加以配合。

4）边界条件设置

（1）初始流量

实际运行的排水管网，管网中始终有水流通过，因此，为了保证模型数值计算的客观性，需要设置管网初始流量。对于分流制管网来说，可假设最大雨水流量的 5% 作为基流。对于合流制管网，管网入流量除雨水径流量之外，还包括居民生活污水排放量、工商业废水量和入渗量等旱天污水流量。

（2）下游边界条件

下游边界条件主要指出水口状态，出水口出流形式与河道水位的变化密切相关，SWMM 提供了自由出流、半淹没出流和淹没出流 3 种不同的出流形式，边界条件设置时根据河道水位分析出流形式。

5）模型选项设置

对模型模拟选项进行设置，具体包括模拟方法、模拟日期、模拟步长以及模拟时间等选项，选项设置后的内容将被保存在模拟文件中。

6）模型文件生成

在 SWMM 运行模拟之前，需要模型文件导入。该模型提供手动输入和 TEXT 文件输入两种方式来创建和编辑模型文件，用户可以根据自己的需要进行选择。

一般情况下，若建模区面积较小，可直接根据 SWMM 界面中提供的绘图工具，如汇水子区域、管网、节点、降雨和出水口等手动输入，该方法比较简单、快捷，技术要求不高，容易实现。另一种方法是使用 GIS 二次开发编写程序，直接生成 SWMM 特定格式的 TEXT 文件，这种格式能够被 SWMM 识别，可实现数据在 GIS 平台中和 SWMM 中互相切换。该方法在建模区繁琐冗长的情况下使用，不仅节约建模的人力和物力，还能大大缩短建模的时间，提高建模效率。

7）模型参数率定

一般来说，影响模型精度的主要因素有两个：模型本身数学机理和模型参数。目前，大多数排水管网模型在数学机理上基本上得到了一致的认可。因此，参数取值能否如实地反映研究区特点是影响模型精度的关键因素[100]。

6.4.3 模型参数率定和模型验证方法

模型参数率定指通过调整模型参数的取值，使模型的模拟结果与实测值之间的误差不断减小，直至达到可接受的误差范围，整体模型能尽可能准确地反映真实物理过程，从而达到模型最优化的过程。城市雨洪模拟的精度直接影响着城市防洪排涝的有效性，一个准确的模型应使模拟结果与实测误差最小，尤其是对模型参数率定进行优化可以大幅提升模型精度，使所建模型更符合实际情况。

目前，模型参数率定方法主要分为手动率定法和自动率定法。手动率定需要建模者参考文献历史资料或建模手册确定参数取值范围后，通过每调整一次参数手动运行一次模型，将模拟结果与实测数据进行对比，以此确定最终参数。此方法又称为试错法，是目前研究者最常用的方法。但该方法受人主观影响很大，需要建模者具备丰富的建模经验，且对模型原理具有一定的了解，当模型较为复杂、涉及参数较多时，手动率定法不仅费力耗时，而且还不一定取得满意的结果。为了克服这些限制，人们开始考虑自动率定的实现。参数自动率定是一种基于最优化思想的方法，通过将模型参数的率定问题转化为数学最优化求解问题，即通过优化算法或者搜索算法进行求解。

在参数率定过程中，根据对模型产汇流参数敏感性分析的总结成果，将率定参数分为敏感参数及非敏感参数两类。对于敏感参数，仔细调试；对于非敏感参数，按参数值的变化范围并结合流域的实际情况给定，进行粗略调试。对于模拟结果不好的各次暴雨过程，要给予特别的关注和分析。一般要再审查一次原始资料是否有误，并分析引起误差的原因。另外，还要特别关注基础数据准备以及模型建立时容易出现的一些问题，如模拟时段长短的选择、数据或参数的输入过程是否出现错误等。根据相关研究，在大雨强条件下（平均雨强 11.19mm/h），排水通道曼宁系数对于径流深为不灵敏参数，而对于洪峰流量以及峰现时间则为最灵敏参数。由此，模型参数的率定分以下两步：

（1）率定影响径流深的参数，如漫流宽度、地表曼宁系数、下渗参数以及洼蓄深等，使实测雨洪总量误差达到要求的精度。

（2）率定影响洪峰流量及峰值发生时间的参数，主要是排水通道的曼宁系数，使计算流量过程线尽可能与实测流量过程线吻合。

模型验证是将经过校核的模型，结合与校核数据集不同的信息，判断模型输出情况，保证观测数据与模拟结果的吻合，形成可以评价各种条件下系统性能的可靠平台。图 6-31 说明了流量模型验证阶段的实际流量和模拟流量之间的吻合情况。验证阶段关注的问题包括：系统关键位置点模拟结果是否详细、充分？在规定的空间和时间范围内，模

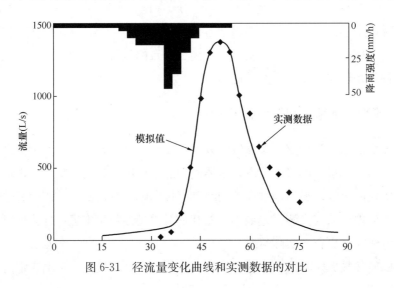

图 6-31　径流量变化曲线和实测数据的对比

型运行是否正确？泵站是否按照预期条件运行？是否具有模型难以模拟的情景？模型参数对什么输出结果敏感或者不敏感？模拟中存在哪些不确定性因素？

6.5 城镇洪涝灾害防治对策与措施

6.5.1 城镇防洪的工程措施

为了保护城镇、工矿区不受洪水侵袭，必须根据保护区特点，因地制宜地进行防洪工程规划，采取切实可行的防护措施。其中，工程措施是国内外防洪采用的主要措施之一，即通过河道整治，修建防洪堤防、排（截）洪沟、防洪闸等防洪工程，避免或减小城镇遭受洪水灾害造成的生命财产损失。通常是通过在上游兴建控制性水库，拦蓄洪水、削减洪峰；在中下游平原进行河道整治、加固堤防、开辟蓄滞洪区，调整和扩大洪水出路，使其形成一个完整的防洪工程体系。

1. 堤防

堤防是应用最广泛的防洪工程措施之一，其主要作用是约束水流，限制洪水泛滥，提高河道的泄洪排沙能力，防止风暴潮的侵袭，保护居民安全和工农业生产。堤防对于防御历时长、洪水量大的洪水较为有效，因此在平原地区的城镇，它是主要的工程措施。

1）堤防防洪标准和工程级别

堤防的防洪标准通常根据防护对象的重要程度和洪灾损失情况来确定。由于堤防工程的重要性不同，其设计和管理的要求也不同，一般是将堤防划分为不同级别，根据不同级别确定相应的防洪标准，见表 6-5、表 6-6。

堤防工程的级别 表 6-5

防护对象	项目	防护对象的级别和防洪标准				
		1	2	3	4	5
城镇	重要程度	特别重要城镇	重要城镇	中等城镇	一般城镇	—
	非农业人口（万人）	≥150	50～150	20～50	≤20	—
乡村	防护区耕地面积（万亩）	≥500	300～500	100～300	30～100	≤30
	防护区人口（万人）	≥250	150～250	50～150	20～50	≤20
工矿企业	主要厂区（车间）	特大型	大型	中型	中型	小型
	辅助厂区（车间）生活区	—	—	特大型	大型	中小型

堤防工程的防洪标准 表 6-6

堤防工程的级别	1	2	3	4	5
防洪标准（重现期，年）	≥100	50～100	30～50	20～30	10～20

2）堤防分类

防洪堤防的种类很多，根据不同的分类标准，可分为如下几类：

（1）按抵御水体性质的不同分为河堤、湖堤、水库堤防和海堤[89]。

河堤（图 6-32）：位于河道两岸，保护两岸不受洪水淹没，是一种主要的堤防。由于河水涨落较快，洪水期一般仅持续一个月左右，最长也不超过两个月。因此，河堤承受高水位压力时间不长，故断面可以小些。

图 6-32　西安渭河两岸河堤

湖堤（图 6-33）：位于湖泊四周，用以围垦湖滨低洼地带和发展水产事业。由于湖中水位涨落较慢，高水位持续时间较长，一般可达五六个月之久，且水面辽阔，故断面较河堤大，临水面应有较好的防浪护面，背水面需有一定的排渗措施。

图 6-33　江苏淮安洪泽湖大堤

水库堤防：设在水库回水末端，用以减少占用耕地面积或搬迁村庄。由于其是根据水库的兴建而设，故不单独作为城镇的防洪考虑。

海堤：沿海岸修建的挡潮防浪的堤。海堤是围海工程的重要水工建筑物。海堤作为防浪建筑物，除承受波浪作用外，同时还要挡潮。在结构上，海堤由挡潮防渗土体和防浪结构两部分组成。海堤一般不允许越浪，其堤顶高程要求较高。海堤内坡虽多为土坡，因无防浪要求一般不需护面。

（2）按筑堤材料不同分为土堤、石堤、土石混合堤及混凝土、浆砌石、钢筋混凝土防洪墙[89]。由于混凝土、浆砌石混凝土或钢筋混凝土的堤体较薄，习惯上称之为防洪墙，而将土堤、石堤或土石混合堤称为防洪堤。

（3）按堤防建设性质的不同分为新建堤防和老堤的加固、扩建、改建等。同一堤线的各堤段可根据具体条件采用不同的堤型，但在堤型变换处应做好连接处理，必要时应设过渡段。

2. 护岸与河道整治

1）护岸

护岸是保护江（河）岸、海岸、湖岸等岸边不被水流冲刷，保证汛期行洪岸边稳定，保护城镇建筑、道路、码头安全的工程措施。护岸布置应减少对河势的影响，避免抬高洪水位。

根据护岸淹没情况可分为在枯水位以下的下层护岸，在枯水位与设计洪水位之间的中层护岸和在设计洪水位以上的上层护岸。常用护岸类型有坡式护岸、重力式护岸、板桩及桩基承台护岸、坝式护岸等。护岸选型应根据河流和河（海）岸特性、城镇建设用地、航运、建筑材料和施工条件等综合分析确定。

（1）重力式护岸

重力式护岸（图 6-34），又称墙式护岸，是依靠本身自重、填料重量和地基强度维持自身和构筑物整体稳定性的挡土墙式护岸，其具有整体性好、易于维修、施工比较简单等优点，适用于河道狭窄、堤外无滩地、易受水流冲刷、保护对象重要、受地形条件或已建建筑物限制的塌岸河段。

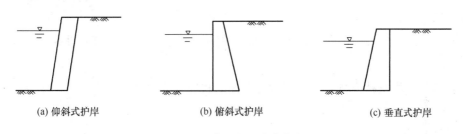

(a) 仰斜式护岸　　　　　(b) 俯斜式护岸　　　　　(c) 垂直式护岸

图 6-34　常见的重力式护岸

（2）坡式护岸

坡式护岸，又称为平顺护岸，是用抗冲材料直接铺在岸坡及堤脚一定范围，形成连续的覆盖式护岸。坡式护岸对河床边界条件改变较小，对近岸水流影响也较小，是城镇防洪工程中常用的护岸形式，应优先选择。

（3）坝式护岸

坝式护岸是河岸、海岸间断式护岸的主要形式，由坝头、坝身和坝根三部分组成（图 6-35）。适用于河道凹岸冲刷严重、岸边形成陡壁状态，或者河道探槽靠近岸脚，河床失去稳定的河

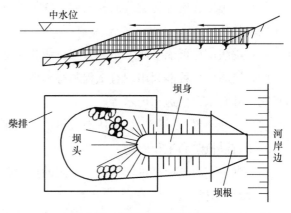

图 6-35　坝式护岸构造示意图

段，主要作用是导引水流、防冲、落淤、保护河（海）岸。

2）河道整治

以城镇防洪为目的的河道整治主要包括河道疏浚、截弯取直。当河流上游来沙量超过河流挟沙能力时会造成泥沙淤积、河槽变形，影响过水能力，对因泥沙淤积影响防洪的河段需要进行整治。另外，由于水流和河槽相互作用，天然河道特别是平原河道总是弯曲的，将有利于防洪、灌溉，但河流过度弯曲也有不利之处，因此，对过度弯曲的河流也需要结合城镇规划、防洪、河势等进行整治。

6.5.2 城镇堤防工程设计

1. 堤防工程的防洪设计原则

（1）堤防工程的设计，应以所在河流、湖泊、海岸带的综合规划或防洪、防潮专业规划为依据。城市堤防工程的设计，还应以城市总体规划为依据。

（2）堤防工程的设计，应具备可靠的气象水文、地形地貌、水系水域、地质及社会经济等基本资料。堤防加固、扩建设计，还应具备堤防工程现状及运用情况等资料。

（3）堤防工程设计应满足稳定、渗流、变形等方面的要求。

（4）堤防工程设计应贯彻因地制宜、就地取材的原则，积极慎重采用新技术、新工艺、新材料。

（5）位于地震烈度 7 度及其以上地区的 1 级堤防工程，经主管部门批准，应进行抗震设计。

（6）堤防工程设计应符合国家现行有关标准和规范的规定。

2. 堤线布置及堤型选择

1）堤线布置

堤线布置应根据防洪规划、地形、地质条件、河流或海岸线变迁，结合现有及拟建建筑物的位置、施工条件、已有工程状况以及征地拆迁、文物保护、行政区划等因素，经过技术经济比较后综合分析确定。堤线的布置应遵守下列原则：

（1）河堤堤线应与河流流向相适应，并与大洪水的主流方向相一致，河流两岸堤防的间距应大致相等。

（2）堤线应尽可能平顺，不宜采用折线和曲率过大的转弯。

（3）堤防应尽可能利用现有工程和有利地形，修建在地基质量较好的河岸滩地上，应尽可能避开软基、强透水地基等。

（4）堤线布置应尽量少占用耕地，尽量减少建筑物拆迁，尽量避开古文物遗址，同时应有利于抗洪抢险和工程管理。

（5）湖堤、海塘应尽可能避开风暴潮的正面袭击。

2）堤型选择

进行堤防设计时，堤型的选择应按照因地制宜、就地取材的原则，根据堤段所在的地理位置、重要程度、堤址地质、筑堤材料、水流及风浪特性、施工条件、运用和管理要求、环境景观、工程造价等因素，经过技术经济比较论证，综合确定堤防的形式。

一般，在我国大城市中心市区段，由于地方狭窄、土地昂贵，多数无条件修建土堤，同时结合城市环境的需要，宜采用混凝土或钢筋混凝土堤防。

3）堤顶高程的确定

在我国现阶段，堤顶高程应按设计洪水位或设计高潮位加堤顶超高确定[102-103]。

设计洪水位与设计高潮位应根据国家现有的有关标准规定计算。在设计中，堤顶超高值的大小直接关系到整个工程的投资大小，因此，堤顶超高值的计算非常关键，可按下式计算，通常1、2级堤防的堤顶超高值不应小于2.0m。

$$Y = R + e + A \tag{6-13}$$

式中：Y 为堤顶超高（m）；R 为设计波浪爬高（m）；e 为设计风壅水面高度（m）；A 为安全加高（m），按表6-7计算。

其中，设计风壅水面高度 e 和设计波浪爬高值 R 需单独计算确定。

堤防工程的安全加高值　　　　　　　　　　　　　　　　　　　表 6-7

堤防工程的级别		1	2	3	4	5
安全加高值（m）	不允许越浪的堤防工程	1.0	0.8	0.7	0.6	0.5
	允许越浪的堤防工程	0.5	0.4	0.4	0.3	0.3

（1）设计风壅水面高度计算

在有限风区的情况下，设计风壅水面高度可按下式计算：

$$e = \frac{Kv^2 F}{2gd}\cos\beta \tag{6-14}$$

式中：e 为计算点的设计风壅水面高度（m）；K 为综合摩阻系数，可取 $K = 3.6 \times 10^{-6}$；v 为设计风速，按计算波浪的风速确定；F 为由计算点逆风向量到对岸的距离（m）；d 为水域的平均水深（m）；β 为风向与垂直于堤轴线法线的夹角（°）。

（2）波浪爬高计算

① 在风的直接作用下，正向来波在单一斜坡上的波浪爬高可按下列方法确定：

a. 当 $m = 1.5 \sim 5.0$ 时，可按下式计算：

$$R_p = \frac{K_\Delta K_v K_p}{\sqrt{1 + m^2}}\sqrt{HL} \tag{6-15}$$

式中：R_p 为累积频率为 p 的波浪爬高（m）。K_Δ 为斜坡的糙率及渗透性系数，根据护面类型按表6-8确定。K_v 为经验系数，可根据风速 v（m/s）、堤前水深 d（m）、重力加速度 g（m/s²）组成无维量 $v/\sqrt{gd}$，可按表6-9确定。K_p 为爬高累积频率换算系数，可按表6-10确定；对不允许越浪的堤防，爬高累积频率宜取2%；对允许越浪的堤防，爬高累积频率宜取13%。m 为斜坡坡率，$m = \cot\alpha$，α 为斜坡坡角（°）。$\overline{H}$ 为堤前波浪的平均波高

（m）。L 为堤前波浪的波长（m）。

b. 当 $m \leqslant 1.25$ 时，可用下式计算：

$$R_p = K_\Delta K_v K_p R_0 \overline{H} \tag{6-16}$$

式中：R_0 为无风情况下，光滑不透水护面（$K_\Delta = 1$）、$\overline{H} = 1\text{m}$ 时的爬高值（m），可按表 6-11确定。

斜坡的糙率及渗透性系数 K_Δ　　　　　　　　　表 6-8

护面类型	K_Δ
光滑不透水护面（沥青混凝土）	1.0
混凝土及混凝土板护面	0.9
草皮护面	0.85～0.90
砌石护面	0.75～0.80
抛填两层块石（不透水基础）	0.60～0.65
抛填两层块石（透水基础）	0.50～0.55
四脚空心方块（安放一层）	0.55
四脚锥体（安放二层）	0.40
扭工字块体（安放二层）	0.38

经验系数 K_v　　　　　　　　　表 6-9

$v / \sqrt{gd}$	$\leqslant 1$	1.5	2	2.5	3	3.5	4	$\geqslant 5$
K_v	1	1.02	1.08	1.16	1.22	1.25	1.28	1.30

爬高累积频率换算系数 K_p　　　　　　　　　表 6-10

$\overline{H}/d$	$P\,(\%)$	0.1	1	2	3	4	5	10	13	25	50
<0.1		2.66	2.23	2.07	1.97	1.90	1.64	1.64	1.54	1.39	0.96
$0.1 \sim 0.3$	$\dfrac{R_p}{\overline{R}}$	2.44	2.08	1.94	1.86	1.80	1.75	1.57	1.48	1.36	0.97
>0.3		2.13	1.86	1.76	1.70	1.65	1.61	1.48	1.40	1.31	0.99

注：$\overline{R}$ 为平均爬高。

R_0 值　　　　　　　　　表 6-11

$m = \cot\alpha$	0	0.5	1.0	1.25
R_0	1.24	1.45	2.20	2.50

c. 当 $1.25 < m < 1.5$ 时，可由 $m = 1.5$ 和 $m = 1.25$ 的计算值按内插法确定。

② 带有平台的复式斜坡堤（图 6-36）的波浪爬高，可先确定该断面的折算坡度系数 m_e，再按坡度系数为 m_e 的单坡断面确定其爬高。折算坡度系数 m_e，可按下列公式计算：

a. 当 $\Delta m = (m_下 - m_上) = 0$，即上下坡度一致时

$$m_e = m_上 \left(1 - 4.0\,\frac{|d_w|}{L}\right) K_b \tag{6-17}$$

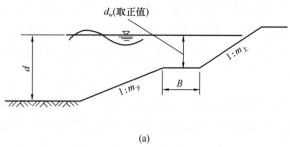

(a)

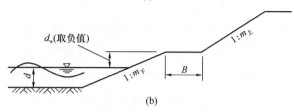

(b)

图 6-36　带平台的复式斜坡堤

$$K_b = 1 + 3\frac{B}{L} \tag{6-18}$$

b. 当 $\Delta m > 0$，即下坡缓于上坡时

$$m_e = \left(m_{上} + 0.3\Delta m - 0.1\Delta m^2\right)\left(1 - 4.5\frac{d_w}{L}\right)K_b \tag{6-19}$$

c. 当 $\Delta m < 0$，即下坡陡于上坡时

$$m_e = \left(m_{上} + 0.5\Delta m + 0.08\Delta m^2\right)\left(1 + 3\frac{d_w}{L}\right)K_b \tag{6-20}$$

式中：$m_{上}$、$m_{下}$ 为平台以上、以下的斜坡坡率；d_w 为平台上的水深（m），当平台在静水位以上时取正值，平台在静水位以下时取负值（图 6-36）；$|d_w|$ 表示取绝对值；K_b 为经验系数；B 为平台宽度（m）；L 为波长（m）。

注：折算坡度法适用于 $m_{上} = 1.0 \sim 4.0$、$m_{下} = 1.5 \sim 3$、$d_w/L = -0.067 \sim +0.067$、$B/L \leqslant 0.25$ 的条件。

③ 当来波波向线与堤轴线的法线成 β 角（°）时，波浪爬高应乘以系数 K_β，当堤坡坡率 $m \geqslant 1$ 时，K_β 可按表 6-12 确定。

④ 对 1、2 级堤防或断面形状复杂的复式堤防的波浪爬高，宜通过模型试验验证[87]。

系数 K_β 　　　　　　　　　　　　　　表 6-12

β（°）	$\leqslant 15$	20	30	40	50	60
K_β	1	0.96	0.92	0.87	0.82	0.76

6.5.3　城镇内涝防治措施

城市内涝防治的理念主要包括源头防治、中间防治和末端防治三个部分。源头防治主要是减少径流产生量，通过增加绿地及下凹式绿地等增加雨水向地下渗透；中间防治主要采取调蓄措施、综合利用措施，降低雨水、洪水峰值流量；末端防治主要为保留原有河道、保证行泄通道，通过工程措施建设防洪（潮）堤（闸）以及降雨强制抽排措施排涝泵站等。

对于排水设施规划、设计标准偏低，排水管网老化及覆盖率、设施排涝能力偏低和城市硬化面积激增、城市绿地减少等原因造成的内涝防治问题，可采取的内涝防治措施如下[96]：

（1）合理规划，科学管理，有针对性地做好排涝规划，统筹安排建设

制定完善市区排水系统功能的项目建设方案和按轻重缓急的建设步骤拟定应急措施以期系统地、逐步地实现市区内涝的防治和消除。进一步完善城市排水系统，全面提高城市排涝能力；根据城市排涝的实际需求，加快完成城市老城区排水管网以及雨水收集改造；不断提高规划标准和投入水平，努力从根本上解决内涝之困。

正常情况下，大约70%的雨水是靠土地、绿化带、水塘、河道等自然渗透、蓄积、排放，仅有30%左右的雨水需要靠管道进行排放。而现在很多地方，随着城市规模的不断发展，道路被硬化，水塘渐渐消失，城市在汛期失去了天然的雨水调蓄功能。现状城市排水过度依赖管道系统，而排水管道系统不完善，建设标准偏低，导致一下大雨就内涝几乎成为国内城市的通病。在建设海绵城市的背景下，内涝城市应积极规划海绵城市建设方案，建设"自然积存、自然渗透、自然净化"的雨水排放路径[97]。

加强城市蓄水设施建设，形成蓄排结合的防治体系。通过分散式的方法消化降水，减轻排水管网压力。

（2）加强内涝点排水管线改造，建设雨水收集工程，全面疏通城市排水管网

进行老城区的排水系统旧网改造，管道内疏通、清除淤泥，重新铺设管道、增加雨水口。针对地面硬化面积增大的现象，采取逐年增加雨水井算密度的办法，提高收水效率。针对每个内涝点的实际情况，易涝路段增设进水口，加大雨水支管管径，改造局部雨水干管，疏通主干管道，解决内涝问题。

（3）强化排水设施日常管护，购置更新排涝维护设备，提高管护效率和应急排涝抢险能力

加大对人为破坏、占用、损毁排水设施等违法行为的查处力度，加大对城区水域的清淤和疏浚，排查清理城市河道管理范围内的碍洪建筑物，提高城市蓄水调控能力。做好排水设施的日常巡查、清淤维修养护，保障排水泵站高效、安全运行。结合实际排水管护工作现状，逐步购置管道内窥检测设备、大型吸污车、高压管路疏通车、淤泥运输车、工程抢险车（移动抽水泵站）等各种检测、管护车辆机械设备，实现对城市地下管网的快速疏通。对现有排水设施进行全面维修和养护，做好排涝泵机检修、泵机前池清淤、变压器校验和供电线路检查等工作，及时更新配置水泵、电机等设备，并指定专人管理，确保汛期城市排水系统正常运行。

（4）加强科学化管理和应急响应

加强应急抢险队伍建设，提高应急抢险处置能力，对已经形成内涝的区域采取紧急措施，及时增加应急人员，进行车辆人员疏导、救助，及时疏通排水系统。进一步加强城市极端气候预警系统、强降雨预警系统的建设，及时通报降雨情况，不断提高排水设施的数字化、自动化、科学化管理水平，及时发布道路积水情况，各部门按照灾害应急响应预案各司其职，各部门协同配合、应急联动，把内涝的影响降至最低限度。

6.5.4　城镇洪涝防治的非工程措施

由于任何防洪排涝工程措施都是在一定的技术经济条件下修建的，其防洪标准的采用必须考虑经济上合理、技术上可行，因此，防洪工程防御洪水的能力总是有限的，一般只能防御防洪标准以下的洪水，而不能防御超标准的洪水。洪水是一种自然现象，其发生和发展带有一定的随机性，当出现超过工程防洪标准的洪水时，在采用工程措施的同时，采取各种可能的非工程防洪措施来减轻洪灾的影响是十分必要的，也是切实可行的[104]。

1. 洪泛区管理

防洪区是指洪水泛滥可能淹的地区，分为洪泛区、蓄滞洪区和防洪保护区。洪泛区是指尚无工程设施保护的洪水泛滥所及的地区。如河堤内的行洪区、泛区、滩区以及没有堤防保护的滩区和一些平原洼地等。蓄滞洪区是指包括分洪区在内的河堤背水面以外临时贮存洪水的低洼地区及湖泊等。防洪保护区是指在防洪标准内受防洪工程设施保护的地区。

1）洪泛区规划

通过洪泛区管理减少对洪泛区可能导致灾害的土地进行开发和利用，进而减轻洪水风险。防洪减灾是人们发展水利、控制水害、恰当处理人与自然关系的一种努力。因此，国家在制定洪泛区防洪减灾公共政策时，应该充分考虑到上述因素，以提高政策的效益和效率，实现洪泛区的可持续发展。

2）洪泛区土地管理

加强洪泛区的土地管理主要是搞好政策法规、技术指导和防洪保险三个体系建设。制定法律、条例，以法管理，加强技术指导、科学管理、安全建设规划。

2. 洪水预警管理

洪水预警系统利用现代化的通信和自动化设备，将江河流域内各雨量、水位站点的降雨和洪水信息，实时地采集和传输到洪水控制中心，经过数据处理和分析，及时掌握流域洪水动态，并利用数学模型，做出未来沿岸洪水预报，再通过现代化通信设备向社会发出洪水警报[86,105]。

洪水预报是根据洪水的形成和运动规律，利用过去和实测的水文气象资料，对未来一定时段内的洪水发展情况所作的预测预报分析。洪水预警是防洪减灾非工程措施的核心内容之一。预测洪水并及时发出预警对于防洪减灾意义重大。

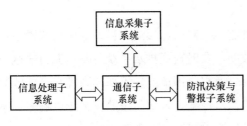

图 6-37　洪水预报预警系统组成

洪水预报预警系统一般由信息采集子系统、信息处理子系统、通信子系统、防汛决策与警报子系统组成，各组成部分在系统中所处的位置和相互关系如图 6-37 所示。

1）信息采集子系统

信息采集子系统的水、雨情报数据由预报流域的水文站或气象站提供。降雨量也可以由雷达估计得到，比如美国的洪水预警系统的降雨量有相当一部分是由雷达估计得到。

2）信息处理子系统

该子系统的作用是对采集的信息进行处理，再利用预报模型进行预报计算，最后生成成果文件。

3）通信子系统

通信是防汛工作的生命线，防汛通信网承担着传输防汛信息，为各部门信息联网，发出调度命令指挥防洪、抢险、救灾等任务。

4）决策警报子系统

（1）决策

预报区域防汛指挥部负责进行防洪形势分析和防洪决策商讨，提出重大防洪措施并下达防汛命令，为此，通过通信子系统，指挥部能及时获取水情、工情、灾情和洪水预报及未来天气形势等各种信息，同时为了便于决策，汛前，应该制定预报区域的防洪预案，确定警戒水位和各级预案水位，详细列出各种水位时淹没的单位和居民区，绘制洪水淹没图，确定在各种预案情况下可以采取的各种防汛措施，因此，防汛指挥部可以迅速进行决策，并及时向上级防汛指挥部汇报汛情、灾情和采取的防汛措施，向下一级指挥部和各有关单位下达防汛命令，指挥防汛抢险工作，如图 6-38 所示。

图 6-38　决策警报子系统示意图

（2）警报

洪水灾害突发性强，洪水易涨易落，对人民群众生命财产安全危害性极大，为了将汛情和防汛决策命令尽快传达给各单位和广大人民群众，预警系统有多种途径，以便尽快将信息传递出去。其主要方式有：

① 通过计算机网络和传真机、程控电话接受防汛指挥部指令。

② 利用邮电局的 168 自动声讯服务台建立水情信息热线电话。

③ 利用预报区域广播电台中波波段和调频立体声音箱向社会发布洪水信息。

④ 利用寻呼机发布洪水信息；深夜洪水达警戒水位并将上涨到第三级预案水位（20年一遇）时，出动警车向居民发出警报。

现在，随着地理信息系统（GIS）、遥感系统（RS）及全球卫星定位系统（GPS）技术（称为"3S"技术）的发展，将"3S"技术应用到洪水预警系统，使洪水预警系统具有较强的空间表现能力，以电子地图方式管理和显示流域水系、站点分布、行政区划等信息，实现流域内水文站点的多媒体信息查询及实况洪水的监控。通过访问实时数据库中的雨、水情数据，建立空间的关联分析，将各有关报汛站的雨情数据实时信息在电子地图上显示出来，生成可视化图，实现降雨量空间分析；调用洪水频率分析模块，建立洪水淹没分析模型，实现淹没分析可视化与灾情评估，为防洪抢险、保护人民生命财产安全决策，提供更加有力的支持。

第7章　城市防灾减灾

7.1　城市防灾减灾概要

城市防灾减灾规划是城市规划中为抵御地震、洪水、风灾等自然灾害、保护人类生命财产而采取预防措施规划的通称。主要包括城市防洪规划、城市防火（消防）规划、城市减轻灾害规划和城市防空规划。

7.1.1　城市防灾减灾规划必要性分析

城市是国家或一定区域政治、经济和文化中心。随着经济的增长，人口及产业纷纷涌向都市，都市范围不断扩大，城市化进程加快，中心地区的城市功能与高层大型建筑日益密集，一旦发生大规模灾害，例如地震，其损失将可能无法计数。另外，灾害还是威胁城镇生存和发展的重要因素之一。灾害不仅造成巨大经济损失和人员伤亡，还干扰破坏城市各种活动的秩序，产生心理压力，导致心态失衡；另一方面，灾害的分布和强度直接影响城市的发展方向、规模及建设速度。中国是世界上自然灾害最为严重的国家之一，灾害种类多、分布地域广、发生频率高、造成损失重。在全球气候变化和中国经济社会快速发展的背景下，中国自然灾害损失不断增加，重大自然灾害乃至巨灾时有发生，中国面临的自然灾害形势严峻复杂，灾害风险进一步加剧[79]。

在灾害面前，人们并非束手无策，而是可通过事先采取措施，如制定防灾减灾规划消灭或削弱灾害源、限制灾害载体、保护或转移承灾体。1999 年 7 月在日内瓦召开的世界减灾大会上，联合国秘书长安南号召人们从今天起做一个改变，即从"一个引起反作用的文明进步到一个预防灾难的文明，因为未来灾害会因为人类不经济的开发实践而进一步恶化"。会议着眼于 21 世纪社会发展，提出了城市减灾。因此，城市防灾减灾成为近年来都市发展的重要课题，而根据城市灾害的特点和城市防灾工程现状，制定长期的、系统的城市综合防灾减灾规划，是实现城市综合防灾减灾的前提。

7.1.2　城市防灾减灾规划目标制定

城市防灾减灾的规划能够防范化解重特大安全风险、提高防灾减灾救灾能力、确保人民群众生命财产安全和社会稳定。制定城市防灾减灾规划，既体现了国家对防灾减灾工作的高度重视，也是落实科学发展观、推进经济社会平稳发展、构建和谐社会的重要举措。

制定城市防灾减灾规划，坚持"预防为主，防减并重"的基本原则，提出的城市防灾减灾规划目标如下：

（1）城市在发生任意类型的自然灾害破坏时，破坏后果不易旁延、后延、次生它灾，或灾害链易于被人为中断。

（2）城市在发生任意类型的自然灾害破坏时，不至于瘫痪。主要生命线系统的基本功能得以维持，城市职能机构仍能保证社会动态系统的"活力"与完整性。

（3）城市在发生任意类型的自然灾害破坏时，救灾、避灾不至于因支持条件失效而"卡壳"。

（4）城市在发生任意类型的自然灾害破坏时，救灾、避灾行为可以最便利、最经济地进行。

（5）全面提升国家综合防灾减灾能力，有效抑制自然灾害风险的上升趋势，最大限度地减少自然灾害造成的损失，全民防灾减灾素养明显增强，自然灾害对国民经济和社会发展的影响明显降低。

7.2　城市防灾减灾规划的主要内容及方法

7.2.1　城市防灾减灾规划的主要内容

城市的防灾减灾规划，是指城市规划中的防灾减灾内容、内涵或有关方面，虽然它在城市技术性基础设施规划中占有重要的一席之地，但却远非局限于此。实际上，它渗透到城市规划的方方面面，涉及总体规划与专业规划的每一个环节。广义的城市防灾减灾规划按灾害发生的前后时间可分为防灾规划和救灾规划两部分（图 7-1）。

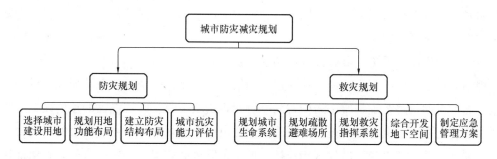

图 7-1　城市防灾减灾规划的主要内容

1. 防灾规划

城市防灾规划的目的是有准备、有计划地预防灾害。其主要内容为以下几方面：

（1）要科学选择城市建设用地，制定与自然共生存、维护生态系统的土地利用规划。

选择城市建设用地，要从城市用地评定做起，即在调查城市各项自然和社会基础资料的基础上，对可能成为城市的发展建设用地的地区进行科学的分析与评定，确定城市用地在防灾上的适用程度。通过选址避开自然易灾地段，例如避开易产生崩塌、滑坡的山坡的坡脚，易发生洪水或泥石流的山谷的谷口，易发生地震液化的饱和砂层地区，易发生震陷的填土区或古河道等。如果选择得当，就可以节约大量资金，提高城市安全性，加快城市建设速度；反之则有可能带来许多后患，一旦发生灾害，损失将大幅加剧[64]。

（2）建立适于防灾的城市单元结构布局，合理考虑城市各项用地的功能布局。

对城市用地进行综合评定后，要解决好用地的功能布局，在布局中不但使其达到经济合理、使用方便，而且要符合防灾抗灾的要求。通过合理规划布局避免建城时产生人为的易灾区。如工业用地需特别考虑防火、防毒、防污染及遇到自然巨灾及气候变化的适应空间；使易爆物仓库区远离易燃物集中处与人口、建筑物密集区；使易释放有毒、有害烟尘、气体的单位建于下风口等。

（3）进行城市抗灾能力的评估。

目前的安全城市评价方法较多地从经济系统、环境系统和社会系统三大城市运行系统或自然灾害、事故灾难、公共卫生事件和社会安全事件四类城市突发事件的角度入手选取指标进行评价，较少从"风险"角度考虑也较少对城市抗灾能力进行评价，即便少数考虑到抗灾能力的评价方法也多是选取与城市运行系统或城市突发事件相类似的定量指标来进行能力的衡量，然而这些指标虽然能间接反映城市的抗灾能力，却不能系统地、有针对性地为提高城市抗灾能力提供决策参考，此外"风险"作为诱发城市各类突发事件的原因，缺乏考虑也将影响安全城市评价的可靠性[84]。

2. 救灾规划

城市救灾规划是在临灾或灾害发生时以及灾后所采取的抗灾、救灾措施与规划，它是广义上的城市防灾规划内容的重要部分，因为就某些大的自然灾害而言，即使有了预防规划，仍会造成严重的破坏后果，给人民生命财产造成或多或少的损失；如果有了救灾规划，届时才有可能有组织地、系统地进行救灾抢险，及时控制混乱局面，进一步减少城市灾害损失。其主要内容为：

（1）规划生命线系统的最简抗灾性功能覆盖网络。

规划生命线系统的最简抗灾性功能覆盖网络，即使城市的生命线系统形成有机的综合网络。如城市的道路系统是城市结构布局的骨架，是城市综合防灾减灾的重要设施，对城市防灾应急有重大影响，若从抗灾要求看，在城市的总体规划中必须将城市的主次干道加以有机配置，并与外界和疏散地区相连接。城市道路也必须保持一定的宽度，以保证在遭受灾害侵袭造成两侧建筑倒塌时，依然能保持道路运输的畅通，而且应设有防灾专用道。

（2）要综合开发利用城市地下空间。

地下空间具有节地、安全、抗震等优点，开发地下空间，一方面要做好总体布局，要将城市的抗震、防火、防空等总体布局结合起来；另一方面要将人防系统与民防系统结合起来；同时必须解决好重要地区的地下设施的综合布局，形成网络，以达到有效地分散地上交通、增加活动空间、提供避灾场所等目的。

（3）规划多功能临时性救灾"中转"场地。

如规划一定数量的避难场地、救灾物资集散地、临时医护站等场地，以作为临时性救灾的中转场地，更有保障性地将救灾进行下去。

（4）规划救灾指挥系统。

通过规划建设救灾指挥系统，可以大大减少政府和企业部门信息重复采集、节省人力成本、提高信息利用率和时效性，产生直接经济效应；为上级部门救灾平台的建设提供具有很强指导作用的建设方案；也可为救灾决策提供及时、准确、科学的信息。

（5）要有应急管理方案。

其主要内容是突发性事故灾害的应急监测、应急措施、应急对策等。有资料表明：有效的应急方案可将事故损失降低到无应急方案情况下的 6%。

防灾规划与救灾规划中有局部重合，在进行规划时二者是统一的。城市防灾减灾规划的核心内容是在搞清城市灾害性质及背景的基础上，对城市环境治理及城市土地利用进行科学的控制。具体的方法是：通过对灾害形成与发生机制、影响规模的分析，制定城市防灾的总体规划、灾害数据库与灾害专题系统、灾害的中长期预测模型与防灾地理信息系统（GIS），进而建立城市防灾管理的决策支持系统（DSS：包括数据库、模型库及人机对话管理系统、防灾预警系统以及有关的灾害控制和治理法规）。

7.2.2　城市防灾减灾的方法

城市防灾减灾主要有四种方法：

（1）经验法

在缺少灾情资料的城市，其防灾减灾规划的依据是以定性和相对量为主。为使防灾规划合理和安全可靠，就需借助与之条件相仿城市的经验，并和城市历史上防灾效果结合在一起，判断哪种或哪几种灾害是最主要的及其影响范围和分布情况，哪些可通过适当措施防范，哪些需要治理等，以此来绘制城市避灾区、治理区、应急疏散区。

（2）灾害频度分析法

通过对城市历史上各种灾害出现的次数和周期规律的统计分析，按照灾种出现的频度排序，并考虑对灾害发生机理可能的调控能力进行权值处理，求出城市防灾的重点，然后进行具体规划。目前，有些城市灾害虽然危害很大，但出现的周期很长，甚至历史上只出现过一次，而且目前还不可能治理和预防，那么就无须"因噎废食"，应把主要精力放在频度高和能够调控的灾种上，这样才能保证城市获得一个较长时期的安全发展的外部环境，使城市建设从"惶恐不安""应接不暇"的防灾工作中解脱出来。

（3）灾害影响度分析法

此法是以减轻和控制灾害危害损失为目标的一种防灾规划。任何一个城市在发生灾害时和灾害后都会造成损失，一般以伤亡人数、经济损失量表示。灾害影响度是灾害对一定区域社会、经济所产生影响的大小，是致灾因子和承灾条件（或承灾体）的综合体现。对于致灾因子的强度，城市是无力调控的，因此，防灾主要是提高城市的承灾能力，即根据城市的实际情况制定出灾害防治的指标体系。这种指标体系不仅要反映对不同灾害的抗御能力，而且应当注重体系的整体效益，注重指标体系中的"软件"质量——灾害管理水平。

（4）地域重叠法

此法是以灾害危害范围为依据的一种防灾规划。首先，要编绘各灾种灾害危害的地域分布图，城市人口和财产密度分布图，城市路网密度图，城市医疗、消防、人防等防御急救系统分布与能力图等，然后进行图形重叠，这样便可获得不同灾种的灾度与防灾能力综合图，最后将各灾种的这种综合图再次重叠，即获得城市灾害灾度与防灾能力综合图。根据重叠情况建立防灾等级，并使之与城市总体规划的防灾目标比较，找出差距，提出强化治理措施或者修订城市总体规划，以期达到城市防灾的总目标，这种方法由于工作量大，需借助计算机制图或遥感分析等现代技术，同时，还需要城市数据库提供资料，因此，在现阶段城市防灾规划中尚难以运用。

城市系统具有动态性、非线性和随机性，这类问题若用经典的、常规的解析法，不但非常困难，甚至毫无可能，而系统动力学则是解决这类问题的有效方法；另外，城市系统中存在很多不能定量的因素，如各种方针政策，各种方案的社会、环境效益等，系统动力学可将这些较难量化的因素放入模型中进行仿真，将人的主观判断、经验与逻辑推导结合起来，在仿真中统筹考虑，而不依靠大量的统计数据，这对于资料不完整的城市来说，具有重要意义[7]。

7.3　城市防灾减灾规划流程

7.3.1　成立负责机构

由政府出面组建"城市综合防灾减灾规划"相关部门，应由一定资历、热心于减灾事业的领导干部和专业性广泛的有关专家、科技人员组成。

7.3.2　确定防灾减灾目标

城市的防灾减灾规划目标和任务，应根据全国减灾规划目标，结合当地实际提出，并应提出分年目标和任务计划。

7.3.3　减灾结构分区与监测

结合总体规划，进行城市减灾结构分区，并通过监测提供数据和信息，从而进行示警和预报，甚至据此直接转入应急的防灾和减灾指挥行动。

7.3.4　全方位防灾减灾规划

根据城市社会与环境间的复杂的动态特征关系、城市发展目标与减灾目标等，在减灾结构分区与减灾环境评估的基础上，应用专业知识与运筹学、系统论、信息论或其他有关的理论与方法，规划具有较高防灾能力与功能覆盖能力的道路、水电供应或其他生命线工程的主干网络，以及最重要的救灾支持条件。

无论是建筑类型，还是建筑密度、高度等控制指标的总平面布置，道路系统的规划设计，工程管网的综合规划与竖向规划，无不与防灾减灾目的的实现有密不可分的关系。故需把防灾减灾意识渗入城市规划的指导思想中去。例如，由于地震波的共振效应，在某些高度时，建筑物的地震易损性比在其他高度时大得多。城市管线的布局、连接关系、断面特征、结构形式、物流控制、所处的地质环境等更是决定了这些建筑、构筑物的防灾能力及其支持防灾、救灾的职能是否能得以顺利高效地实现[4]。

对以上信息进行收集管理，形成城市防灾减灾数据信息管理库（图 7-2），对未来的城市规划提供理论指导，对防灾减灾方案的制定提供理论基础。

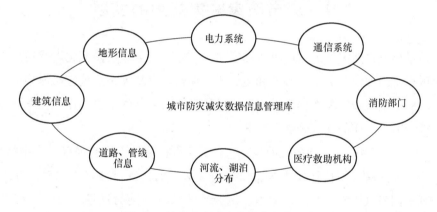

图 7-2　城市防灾减灾数据信息管理库

7.3.5　模拟与评估

进行防灾、救灾的计算机模拟，做投资效果分析，进而改善与补充防灾减灾规划。对模拟结果进行评估，评估内容包括：灾害种类、灾害强度、经济损失、抗灾救灾措施等，计算机模拟评估流程示意图如图 7-3 所示。

7.3.6　设立安置与恢复方案

根据模拟结构与评估，提前设立安置与恢复方案，包括生产和社会生活的恢复，这也是一项具有很大减灾实效的措施。一次重大灾害发生之后，必然造成大量企业的停产、金融贸易的停顿、工程设施的损毁，以致社会家庭结构的破坏等，会引起巨大的损失。尽快缩短恢复生产、重建家园的时间，是减灾的重要措施[12]。

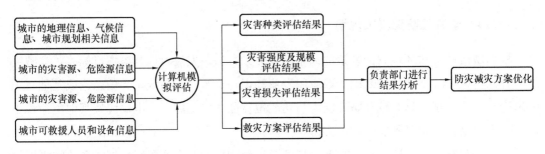

图 7-3　计算机模拟评估流程示意图

7.3.7　设立援助预案

援助预案是灾后恢复人民生活、企业生产和社会功能的重要保障，相关部门根据相关评估结果，预先做出援助预案，在灾情发生后第一时间结合现场情况资料进行分析并加以实施，以此来为灾后人民的生活提供保障。

7.4　城市防灾减灾规划的发展

我国是世界上自然灾害最为严重的国家之一。伴随着全球气候变化以及经济快速发展和城市化进程不断加快，资源、环境和生态压力加剧，自然灾害防范应对形势更加严峻复杂。我国政府历来将减灾工作作为保障国民经济和社会发展的重要工作，在发展经济的同时，努力推动减灾工作的深入开展。

1952 年 3 月，政务院（国务院前身）在《关于荆江分洪工程的规定》[106]中指出："荆江分洪工程完成以后，如长江发生异常洪水需要分洪时，既可减轻洪水对荆江大堤的威胁，并可减少四口（松滋、太平、藕池、调弦）注入洞庭湖的洪量"。1952 年 12 月，政务院发出了《关于发动群众继续开展防旱、抗旱运动并大力推行水土保持工作的指示》[107]。1956 年 4 月，中央防汛总指挥部发出了《关于 1956 年防汛工作的指示》[108]。1956 年 9 月，中国共产党第八次全国代表大会通过了《关于发展国民经济的第二个五年计划的建议》等一系列政令文件，其中都贯彻了防灾减灾的思想方针。20 世纪 80—90 年代，为了响应"国际减灾十年活动"，1989 年 4 月 3 日正式成立了"中国国际减灾十年委员会"，由当时的国务院副总理田纪云担任委员会主任，委员会由 28 个部门组成，目标是到 2000 年使自然灾害造成的损失减少 30%。2005 年年初，中国国际减灾委员会更名为国家减灾委员会，负责制定国家减灾工作的方针、政策和规划，协调开展重大减灾活动，综合协调重大自然灾害应急及抗灾救灾等工作。2007 年 8 月，《国家综合减灾"十一五"规划》[109]等文件明确提出了我国"十一五"期间及中长期国家综合减灾战略目标。2009 年 5 月 11 日，中国政府发布首个关于防灾减灾工作的白皮书《中国的减灾行动》[110]。2016 年，国务院办公厅印发《国家综合防灾减灾规划（2016—2020 年)》[111]，提高全社会抵御自然灾害的综合防范能力，切实维护人民群众生命财产安全，为全面建成小康社会提供坚实保障。2022 年，国家减灾委员会印发《"十四五"国家综合防灾减灾规划》[112]，明确积极推进自然灾害防治体系和防治能力现代化。

　　近年来，国家和地方政府均设置了防灾减灾工作领导小组，先后颁布实施了《中华人民共和国防洪法》《中华人民共和国防震减灾法》《中华人民共和国消防法》《中华人民共和国气象法》《建设工程安全生产管理条例》《地质灾害防治条例》《国家突发公共事件总体应急预案》《国家自然灾害救助应急预案》等国家法律和国务院政令，以法律形式确定了政府、官员和民众在防灾减灾工作中的责任和义务，形成了全方位、多层级、宽领域的防灾减灾法律体系，以确保防御与减轻灾害，保护人民生命和财产安全，保障社会主义建设事业的顺利进行。2008 年 5 月 12 日发生的四川汶川特大地震，造成重大人员伤亡和财产损失，给我国人民带来巨大伤痛。我国决定，自 2009 年开始，每年的 5 月 12 日为国家"防灾减灾日"。经过多年坚持不懈的努力，灾害损失增长趋势得到一定抑制，特别是因灾死亡人数明显减少，取得了较大的经济效益和显著的社会效益。图 7-4 为我国目前已初步建立的防灾减灾系统框架示意图。

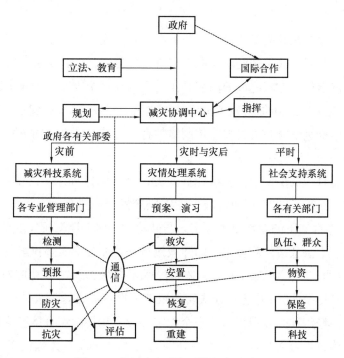

图 7-4　我国防灾减灾系统框架示意图

　　2022 年，国家减灾委员会印发《"十四五"国家综合防灾减灾规划》，对"十三五"期间防灾减灾工作取得的成效进行了全面的总结。"十三五"时期，党中央、国务院对防灾减灾救灾工作作出一系列决策部署，各地区各部门狠抓落实，社会各界广泛参与，我国防灾减灾救灾体系建设取得明显成效。

　　（1）自然灾害管理体系不断优化。中共中央、国务院印发《关于推进防灾减灾救灾体制机制改革的意见》。深化中国特色应急管理体制机制改革，组建应急管理部，统筹协调、分工负责的自然灾害管理体制基本建立，灾害风险综合会商研判、防范救援救灾一体化、救援队伍提前预置、扁平化指挥协调等机制进一步健全。修订施行《防洪法》《森林法》《消防法》《地震安全性评价管理条例》等法律法规，加快推进自然灾害防治立法，一批自然灾害应急预案和防灾减灾救灾技术标准制修订实施。

（2）自然灾害防治能力明显增强。组织实施自然灾害防治重点工程，第一次全国自然灾害综合风险普查形成阶段性成果并发挥重要作用，山水林田湖草沙生态保护修复工程试点、海岸带保护修复工程、特大型地质灾害防治取得新进展，房屋市政设施减隔震工程和城乡危房改造等加快推进了建设。灾害监测预报预警水平稳步提升，国产高分辨率卫星、北斗导航等民用空间基础设施在防灾减灾救灾领域得到广泛应用。

（3）救灾救助能力显著提升。强化全灾种全过程综合管理和应急力量资源优化管理，灾害信息报送更加及时，综合监测预警、重大风险研判、物资调配、抢险救援等多部门、跨区域协同联动更加高效。基本建成中央、省、市、县、乡五级救灾物资储备体系，中央财政自然灾害生活补助标准不断提高，灾害发生 12 小时内受灾人员基本生活得到有效保障。

（4）科普宣传教育成效明显。在全国防灾减灾日、安全生产月、全国消防日、国际减灾日等重要节点，开展形式多样的防灾减灾科普宣传教育活动，防灾减灾宣传进企业、进农村、进社区、进学校、进家庭成效凸显，年均受益 5 亿余人次。创建全国综合减灾示范社区 6397 个，确定首批全国综合减灾示范县创建试点单位 13 个，建设 12 个国家级消防科普教育馆，有序推进防灾减灾科普宣传网络教育平台建设，公众防灾减灾意识和自救互救技能明显提升。

（5）国际交流合作成果丰硕。积极践行人类命运共同体理念，落实联合国 2030 年可持续发展议程和《2015－2030 年仙台减少灾害风险框架》进展明显，上海合作组织、中国-东盟等区域合作框架下的合作更加务实，与共建"一带一路"国家交流合作不断扩大。中国国际救援队、中国救援队积极参与国际救援行动，充分彰显了我国负责任大国形象。

"十三五"时期，我国防灾减灾救灾体系经受了严峻考验，成功应对了九寨沟地震、"利奇马"超强台风、2020 年南方洪涝灾害等重特大自然灾害，最大程度减少了人民群众生命财产损失，为经济社会发展提供了安全稳定环境。年均因灾直接经济损失占国内生产总值的比重和年均每百万人口因灾死亡率分别为 0.4％、0.7，大幅低于"十三五"时期提出的 1.3％、1.3 的规划目标。年均全国因灾死亡失踪人数、倒塌房屋数量、农作物受灾面积、森林草原火灾受害面积、直接经济损失占国内生产总值的比重，与"十二五"时期相比分别下降 37.6％、70.8％、22.7％、55.3％、38.9％。

"十三五"时期是我国全面建成小康社会的决胜阶段，也是全面提升防灾减灾救灾能力的关键时期，面临诸多新形势、新任务与新挑战。在全球气候变暖背景下，我国极端天气气候事件多发频发，高温、暴雨、洪涝、干旱等自然灾害易发高发。随着城镇化、工业化持续推进，基础设施、高层建筑、城市综合体、水电油气管网等加快建设，产业链、供应链日趋复杂，各类承灾体暴露度、集中度、脆弱性不断增加，多灾种集聚和灾害链特征日益突出，灾害风险的系统性、复杂性持续加剧。面对复杂严峻的自然灾害形势，我国防灾减灾救灾体系还存在短板和不足。

（1）统筹协调机制有待健全。一些地方应急管理体制改革还有待深化，防灾减灾救灾统筹协调亟须强化。极端天气气候事件多发频发，灾害风险隐患排查、预警与响应联动、社会动员等机制不适应新形势新要求。自然灾害防治缺少综合性法律，单灾种法律法规之间衔接不够。基层应急组织体系不够健全，社会参与程度有待提高。

（2）抗灾设防水平有待提升。自然灾害防御能力与实施国家重大战略还不协调不配套。交通、水利、农业、通信、电力等领域部分基础设施设防水平低，城乡老旧危房抗震能力差，城市排水防涝设施存在短板，部分中小河流防洪标准偏低，病险水库隐患突出，蓄滞洪区和森林草原防火设施建设滞后，应急避难场所规划建设管理不足，"城市高风险、农村不设防"的状况尚未根本改观。

（3）救援救灾能力有待强化。地震、地质、气象、水旱、海洋、森林草原火灾等灾害监测网络不健全。国家综合性消防救援队伍在执行全灾种应急任务中，面临航空救援等专业化力量紧缺、现代化救援装备配备不足等难题。地震灾害救援、抗洪抢险以及森林草原火灾扑救等应急救援队伍专业化程度不高，力量布局不够均衡。应急物资种类、储备、布局等与应对巨灾峰值需求存在差距。新科技、新技术应用不充分，多灾种和灾害链综合监测和预报预警能力有待提高，灾害综合性实验室、试验场等科研平台建设不足。

（4）全社会防灾减灾意识有待增强。一些地方领导干部缺少系统培训，风险意识和底线思维尚未牢固树立。公众风险防范和自救互救技能低，全社会共同参与防灾减灾救灾的氛围不够浓厚。社会应急力量快速发展需进一步加强规范引导。灾害保险机制尚不健全，作用发挥不充分。

我国在《"十四五"国家综合防灾减灾规划》中，提出了国家综合防灾减灾的基本原则：主要坚持党的全面领导；坚持以人民为中心；坚持主动预防为主；坚持科学精准；坚持群防群治。同时，《"十四五"国家综合防灾减灾规划》提出了总体规划目标：到2025年，自然灾害防治体系和防治能力现代化取得重大进展，基本建立统筹高效、职责明确、防治结合、社会参与、与经济社会高质量发展相协调的自然灾害防治体系。力争到2035年，自然灾害防治体系和防治能力现代化基本实现，重特大灾害防范应对更加有力有序有效。

《"十四五"国家综合防灾减灾规划》提出了"十四五"期间的建设任务包括：①深化改革创新，健全防灾减灾救灾管理机制；②突出综合立法，健全法律法规和预案标准体系；③强化源头管控，健全防灾减灾规划保障机制；④推动共建共治，健全社会力量和市场参与机制；⑤强化多措并举，健全防灾减灾科普宣传教育长效机制；⑥服务外交大局，健全国际减灾交流合作机制；⑦加强防灾减灾基础设施建设，提升城乡工程设防能力；

⑧聚焦多灾种和灾害链，强化气象灾害预警和应急响应联动机制；⑨立足精准高效有序，提升救援救助能力；⑩优化结构布局，提升救灾物资保障能力；⑪以新技术应用和人才培养为先导，提升防灾减灾科技支撑能力；⑫发挥人民防线作用，提升基层综合减灾能力。

参 考 文 献

[1] 李树刚，刘志云．防灾减灾工程[M]．北京：中国劳动社会保障出版社，2011.

[2] 周云，李伍平．土木工程防灾减灾概论[M]．北京：高等教育出版社，2005.

[3] 陈龙珠，梁发云．防灾工程学导论[M]．北京：中国建筑工业出版社，2005.

[4] 江见鲸，徐志胜．防灾减灾工程学[M]．北京：机械工业出版社，2005.

[5] 常理．2021年全国自然灾害1.07亿人次受灾[N]．经济日报，2022-1-22(3).

[6] 张志敏．我国经济发展中防灾减灾的政治经济学研究[D]．陕西：西北大学，2016.

[7] 李新乐．工程灾害与防灾减灾[M]．北京：中国建筑工业出版社，2012.

[8] 2025年底前全部完成现有病险水库除险加固[J]．大坝与安全，2021(5)：55.

[9] 黄立文，朱永清．长江流域国家级重点防治区水土流失动态监测与消长情况分析[J]．青年科技论坛，2019，3(2)：105-110.

[10] 殷宝库，曹夏雨，张建国，等．1999—2018年黄河源区水土流失动态变化[J]．水土保持通报，2020，40(3)：216-220.

[11] 强万利．新时期公路工程施工中常见地质灾害防治处理分析[J]．建材与装饰，2021，17(3)：253-254.

[12] 李耀庄．防灾减灾工程学[M]．武汉：武汉大学出版社，2014.

[13] 杨静，李大鹏，岳清瑞，等．建筑与基础设施全寿命周期智能化的研究现状及关键科学问题[J]．中国科学基金，2021，35(4)：620-626.

[14] 杨引尊，刘万明．滑坡形成条件与勘察技术简析[J]．城市建设理论研究，2019(8)：96.

[15] 赵立峰，王孝勇．滑坡、泥石流地质灾害成因及防治措施浅析[J]．中国新技术新产品，2016(19)：105-106.

[16] 谢宝堂．滑坡的分类与治理探讨[J]．中国高新技术企业，2007(8)：172-174.

[17] 巨能攀，黄润秋，许强，等．边坡岩体块体稳定性分析系统的开发与研究[J]．工程地质学报，2001，9(4)：408-414.

[18] 许强、黄润秋，巨能攀，等．滑坡治理方案的计算机辅助设计系统(SlopeCAD)的开发与研究[J]．中国地质灾害与防治学报，2000，11(4).32-38.

[19] 齐文艳．滑坡防治原则与工程措施[J]．内蒙古民族大学学报，2012，18(2)：41-42.

[20] 綦建峰，冯双，何如，等．滑(边)坡防治原则与防治措施简析[J]．人民长江，2011，42(S2)：95-97.

[21] 王恭先．滑坡防治工程措施的国内外现状[J]．中国地质灾害与防治学报，1998(1)：2-10.

[22] 张倬元．滑坡防治工程的现状与发展展望[J]．地质灾害与环境保护，2000(2)：89-97，181.

[23] 许强，黄润秋，殷跃平，等.2009年6·5重庆武隆鸡尾山崩滑灾害基本特征与成因机理初步研究[J]．工程地质学报，2009，17(4)：433-444.

［24］　刘传正．重庆武隆鸡尾山危岩体形成与崩塌成因分析［J］．工程地质学报，2010，18(3)：297-304.

［25］　郑光，许强，巨袁臻，等．2017 年 8 月 28 日贵州纳雍县张家湾镇普洒村崩塌特征与成因机理研究［J］．工程地质学报，2018，26(1)：223-240.

［26］　曾廉．崩塌与防治［M］．成都：西南交通大学出版社，1990.

［27］　孙明付．崩塌(危岩体)地质灾害的稳定性与防治措施研究［J］．有色金属设计，2020，47(3)：98-100.

［28］　高福兴．崩塌危岩体地质灾害的稳定性分析与防治措施研究［J］．西部资源，2019(2)：98-99.

［29］　于德浩，李霞，龙凡，等．崩塌灾害成因分析及防治措施［C］//第九届国家安全地球物理专题研讨会论文集，第九届国家安全地球物理专题研讨会，2013：43-49.

［30］　魏进兵，高春玉．环境岩土工程［M］．成都：四川大学出版社，2016.

［31］　周必凡．泥石流防治指南［M］．北京：科学出版社，1991.

［32］　肖和平．地质灾害与防御［M］．北京：地震出版社，2000.

［33］　康志成，李焯芬，马蔼乃，等．中国泥石流研究［M］．北京：科学出版社，2004.

［34］　余斌，杨永红，苏永超，等．特大泥石流调查研究［J］．工程地质学报，2010，18(4)：437-444.

［35］　郑铣鑫，武强，侯艳声，等．城市地面沉降研究进展及其发展趋势［J］．地质论评，2002，48(6)：612-618.

［36］　殷跃平，张作辰，张开军．我国地面沉降现状及防治对策研究［J］．中国地质灾害与防治学报，2005，16(2)：8.

［37］　崔振东，唐益群．国内外地面沉降现状与研究［J］．西北地震学报，2007，29(3)：275-292.

［38］　龚士良．上海地面沉降影响因素综合分析与地面沉降系统调控对策研究［D］．上海：华东师范大学，2008.

［39］　王景明．地裂缝及其灾害的理论与应用［M］．西安：陕西科学技术出版社，2000.

［40］　徐林生，王兰生，李天斌．国内外岩爆研究现状综述［J］．长江科学院院报，1999，16(4)：5.

［41］　张镜剑，傅冰骏．岩爆及其判据和防治［J］．岩石力学与工程学报，2008，27(10)：9.

［42］　李宏男，陈国兴．地震工程学［M］．北京：机械工业出版社，2013.

［43］　任爱珠，许镇，纪晓东，等．防灾减灾工程与技术［M］．北京：清华大学出版社，2014.

［44］　阎石，李宏男，林皋．可调频调液柱型阻尼器振动控制参数研究［J］．地震工程与工程振动，1998，18(4)：96-102.

［45］　王永学．圆柱容器液体晃动问题的数值计算［J］．空气动力学学报，1991，9(1)：112-119.

［46］　瞿伟廉，李肇胤，李桂青．U 型水箱对高层建筑和高耸结构风振控制的试验和研究［J］．建筑结构学报，1993，14(5)：37-41.

［47］　刘恢先．唐山大地震震害［M］．北京：中国建筑工业出版社，2010.

［48］　阎石，李宏男．变截面 U 型水箱减振性能的研究［J］．地震工程与工程振动，1999，19(1)：197-201.

［49］　中国地震局．中国地震动参数区划图：GB 18306—2001［S］．北京：中国建筑工业出版社，2001.

［50］　中华人民共和国住房和城乡建设部．建筑工程抗震设防分类标准：GB 50223—2008［S］．北京：中国建筑工业出版社，2008.

［51］　中华人民共和国住房和城乡建设部．建筑抗震设计规范(2016 年版)：GB 50011—2010［S］．北京：

中国建筑工业出版社，2010.

[52] 刘晶波，杜修力. 结构动力学[M]. 北京：机械工业出版社，2005.

[53] 钱稼茹，赵作周，叶列平. 高层建筑结构设计：第2版.[M]. 北京：中国建筑工业出版社，2012.

[54] 李爱群，丁幼亮，高振世. 工程结构抗震设计[M]. 北京：中国建筑工业出版社，2010.

[55] 武田寿一. 建筑物隔震防振与控振[M]. 北京：中国建筑工业出版社，1997.

[56] 吕西林，朱玉华，施卫星，等. 组合基础隔震房屋模型振动台试验研究[J]. 土木工程学报，2001，34(2)：43-49.

[57] 戴国莹. 房屋建筑的隔震设计和消能减震设计[J]. 建筑科学，2002，18(5)：56-62.

[58] 李海龙，刘超群，陈花玲，等. 磁流变阻尼器阻尼性能研究[J]. 振动测试与诊断，2005，35(5)：135-138.

[59] 陈吉安，张博明，王殿富，等. 三种电流变阻尼器阻尼特性的比较分析[J]. 应用力学学报，2000，17(4)：58-65.

[60] 全国气象防灾减灾标准化技术委员会. 风力等级：GB/T 28591—2012[S]. 北京：中国标准出版社，2012.

[61] 王文秀，郭汝风，陈世发，等. 1951—2016年登陆我国华南地区台风的时空分布特征分析[J]. 防护林科技，2018(6)：16-18.

[62] 中华人民共和国住房和城乡建设部. 建筑结构荷载规范GB 50009—2012[S]. 北京：中国建筑工业出版社，2012.

[63] 周云. 土木工程防灾减灾学[M]. 广州：华南理工大学出版社，2002.

[64] 刘海卿，张曙光. 建筑结构抗震与防灾[M]. 北京：高等教育出版社，2010.

[65] 中华人民共和国住房和城乡建设部. 高层建筑混凝土结构技术规程：JGJ 3—2010[S]. 北京：中国建筑工业出版社，2010.

[66] 欧进萍，段忠东，常亮. 中国东南沿海重点城市台风危险性分析[J]. 自然灾害学报，2002，11(4)：9.

[67] 肖玉凤，段忠东，肖仪清，等. 基于数值模拟的台风危险性分析综述(Ⅰ)-台风风场模型[J]. 自然灾害学报，2011，20(2)：82-89.

[68] 段忠东，肖玉凤，肖仪清，等. 基于数值模拟的台风危险性分析综述(Ⅱ)-随机抽样模拟与极值风速预测[J]. 自然灾害学报，2012，21(2)：1-8.

[69] 陈煜. 基于统计动力学-全路径合成的台风危险性分析方法研究[D]. 哈尔滨：哈尔滨工业大学，2019.

[70] 金玉芬，杨庆山，李启. 轻钢房屋围护结构的台风灾害调查与分析[J]. 建筑结构学报，2010(增刊2)：197-201，203.

[71] 吴凤波. 台风作用下轻型钢结构的风灾易损性分析[D]. 成都：西南交通大学，2020.

[72] 于聪. 台风荷载作用下输电塔线体系弹塑性失稳破坏研究[D]. 重庆：重庆大学，2018.

[73] 中华人民共和国住房和城乡建设部. 110kV～750kV架空输电线路设计规范：GB 50545—2010. 北京：中国计划出版社，2010.

[74] 黄本才. 结构抗风分析原理及应用[M]. 上海：同济大学出版社，2001.

[75] 伍明. 超高层建筑台风风效应及风洞试验研究[D]. 广州：广州大学，2022.

[76] 中华人民共和国住房和城乡建设部. 钢结构设计标准：GB 50017—2017[S]. 北京：中国建筑工业

出版社．2017.

[77]　中华人民共和国公安部．火灾分类：GB/T 4968——2008[S]．北京：中国标准出版社，2009.

[78]　张正雨，吴庆勇，秦从律．某高层装配式混合结构防火设计[J]．建筑结构，2020，50（S2）：413-416.

[79]　宋谦益．建筑钢结构防火设计规范及要点[J]．建筑结构，2020，50（24）：1-10.

[80]　陈龙珠．防灾工程学概论[M]．北京：中国建筑工业出版社，2005.

[81]　韩林海，宋天诣．钢-混凝土组合结构抗火设计原理[M]．北京：科学出版社，2012.

[82]　肖建庄．高性能混凝土结构抗火设计原理[M]．北京：科学出版社，2015.

[83]　曹双寅，舒赣平，冯健，等．工程结构设计原理[M]．南京：东南大学出版社，2012.

[84]　叶继红，冯若强，丁幼亮，等．建筑结构防灾设计工程实例[M]．北京：中国建筑工业出版社，2015.

[85]　厦岑岭．城镇防洪理论与实践[M]．合肥：安徽科学技术出版社，2001.

[86]　张智．城镇防洪与雨水利用[M]．北京：中国建筑工业出版社，2016.

[87]　王茹．土木工程防灾减灾学[M]．北京：中国建材工业出版社，2008.

[88]　谷洪波，顾剑．我国重大洪涝灾害的特征、分布及形成机理研究[J]．山西农业大学学报：社会科学版，2012，11（11）：1164-1169.

[89]　中国市政工程东北设计研究总院．给水排水设计手册第三版：第7册 城镇防洪[M]．北京：中国建筑工业出版社，2013.

[90]　中华人民共和国住房和城乡建设部．城镇内涝防治技术规范：GB 51222—2017[S]．北京：中国计划出版社，2017.

[91]　中华人民共和国国务院．中华人民共和国国民经济和社会发展第十四个五年规划和2035年远景目标纲要[EB/OL]．http：//www. gov. cn/xinwen/2021-03/13/content_5592681. htm.

[92]　黄廷林，马学尼．水文学：第5版[M]．北京：中国建筑工业出版社，2014.

[93]　赵昱．各国雨洪管理理论体系对比研究[D]．天津：天津大学，2017.

[94]　任南琪，张建云，王秀蘅．全域推进海绵城市建设，消除城市内涝，打造宜居环境[J]．环境科学学报，2020，40（10）：3481-3483.

[95]　常元莉．西咸新建小区海绵城市方案设计分析[J]．科学技术创新，2021（14）：152-153.

[96]　李沛容，梁庆华，朱林，等．海绵城市理念在某老旧小区综合改造中的应用[J]．中国给水排水，2020，36（24）：39-44.

[97]　徐宗学，叶陈雷．城市暴雨洪涝模拟：原理、模型与展望[J]．水利学报，2021，52（4）：381-392.

[98]　徐宗学，李鹏．城市化水文效应研究进展：机理、方法与应对措施[J]．水资源保护，2022，38（1）：7-17.

[99]　夏军，张印，梁昌梅，等．城市雨洪模型研究综述[J]．武汉大学学报（工学版），2018，51（2）：95-105.

[100]　黄国如．城市雨洪模型及应用[M]．北京：中国水利水电出版社，2013.

[101]　LEWIS A R．雨水管理模型 SWMMH（5.1版）用户手册[M]．俄亥俄州辛辛那提市美国环境保护局．

[102]　张智．城镇防洪与雨水利用：第2版[M]．北京：中国建筑工业出版社，2016.

［103］ 中华人民共和国住房和城乡建设部．城市防洪工程设计规范：GB/T 50805—2012［S］．北京：中国计划出版社，2012．

［104］ 中华人民共和国水利部．堤防工程设计规范：GB 50286—2013［S］．北京：中国计划出版社，2013．

［105］ 邓坚．加强非工程措施全面构筑现代防洪体系［J］．中国水利，2001(1)：41-42．

［106］ 中央人民政府政务院．关于荆江分洪工程的规定［N］．人民日报，1952-3-31．

［107］ 中央人民政府政务院．关于发动群众继续开展防旱、抗旱运动并大力推行水土保持工作的指示［N］．人民日报，1952-12-27．

［108］ 中央防汛总指挥部．关于1956年防汛工作的指示［J］．中华人民共和国国务院公报，1956(17)：395-397．

［109］ 中华人民共和国国务院办公厅．国家综合减灾"十一五"规划［N］．人民日报，2007-08-15(5)．

［110］ 中华人民共和国国务院新闻办公室．中国的减灾行动［N］．人民日报，2009-05-12(7)．

［111］ 中华人民共和国国务院办公厅．国家综合防灾减灾规划(2016—2020年)的通知［J］．中华人民共和国国务院公报，2017(4)：24-31．

［112］ 邱超奕．《"十四五"国家综合防灾减灾规划》印发［N］．人民日报，2022-07-22(4)．